普通高等教育“十一五”国家级规划教材（高职高专）

# 纤维化学及面料

杭伟明　主编

中国纺织出版社

## 内 容 提 要

本书简要介绍了高分子化合物的基础知识，系统叙述了纤维素纤维、蛋白质纤维、主要合成纤维和新型纤维的结构、性能及其与纺织染整的关系。最后介绍了纱线和面料的基础知识，以增强本书的实用性。

本书可作为高等职业院校染整技术专业及相关专业的教学用书，也可供纺织、染整等行业技术人员阅读。

**图书在版编目(CIP)数据**

纤维化学及面料/杭伟明主编.—北京：中国纺织出版社，2009.3（2026.2重印）

普通高等教育“十一五”国家级规划教材.高职高专

ISBN 978-7-5064-5491-9

Ⅰ.纤… Ⅱ.杭… Ⅲ.纤维化学—高等学校：技术学校—教材 Ⅳ.TQ340.1

中国版本图书馆CIP数据核字(2009)第012416号

策划编辑：朱萍萍　责任编辑：曹昌虹　责任校对：陈　红
责任设计：李　歆　责任印制：何　建

中国纺织出版社出版发行
地址：北京市朝阳区百子湾东里A407号楼　邮政编码：100124
邮购电话：010—67004461　传真：010—87155801
http://www.c-textilep.com
中国纺织出版社天猫旗舰店
官方微博 http://weibo.com/2119887771
北京虎彩文化传播有限公司印刷　各地新华书店经销
2026年2月第12次印刷
开本：787×1092　1/16　印张：12.25
字数：258千字　定价：38.00元

2005 年 10 月，国发[2005]35 号文件“国务院关于大力发展职业教育的决定”中明确提出“落实科学发展观，把发展职业教育作为经济社会发展的重要基础和教育工作战略重点”。高等职业教育作为职业教育体系的重要组成部分，近些年发展迅速。编写出适合我国高等职业教育特点的教材，成为出版人和院校共同努力的目标。早在 2004 年，教育部下发教高[2004]1 号文件“教育部关于以就业为导向深化高等职业教育改革的若干意见”，明确了促进高等职业教育改革的深入开展，要坚持科学定位，以就业为导向，紧密结合地方经济和社会发展需求，以培养高技能人才为目标，大力推行“双证书”制度，积极开展订单式培养，建立产学研结合的长效机制。在教材建设上，提出学校要加强学生职业能力教育。教材内容要紧密结合生产实际，并注意及时跟踪先进技术的发展。调整教学内容和课程体系，把职业资格证书课程纳入教学计划之中，将证书课程考试大纲与专业教学大纲相衔接，强化学生技能训练，增强毕业生就业竞争能力。

2005 年底，教育部组织制订了普通高等教育“十一五”国家级教材规划，并于 2006 年 8 月 10 日正式下发了教材规划，确定了 9716 种“十一五”国家级教材规划选题，我社共有 103 种教材被纳入国家级教材规划，其中本科教材 56 种，高职教材 47 种。47 种高职教材包括了纺织工程教材 12 种、轻化工程教材 14 种、服装设计与工程教材 12 种、其他 9 种。为在“十一五”期间切实做好教材出版工作，我社主动进行了教材创新型模式的深入策划，力求使教材出版与教学改革和课程建设发展相适应，充分体现职业技能培养的特点，在教材编写上重视实践和实训环节内容，使教材内容具有以下三个特点：

(1)围绕一个核心——育人目标。根据教育规律和课程设置特点，从培养学生学习兴趣和提高职业技能入手，教材内容围绕生产实际和教学需要展开，形式上力求突出重点，强调实践，附有课程设置指导，并于章后附形式多样的习题等，提高教材的可读性，增加学生学习兴趣和自学能力。

(2)突出一个环节——实践环节。教材出版突出高职教育和应用性学科的特点，注重理论与生产实践的结合，有针对性地设置教材内容，增加实践、实验内容，并通过多媒体等直观形式反映生产实际的最新进展。

(3)实现一个立体——多媒体教材资源包。充分利用现代教育技术手段，将授课知识点、实践内容等制作成教学课件，以直观的形式、丰富的表达，充分展现教学内容。

教材出版是教育发展中的重要组成部分，为出版高质量的教材，出版社严格甄选作者，组织专家评审，并对出版全过程进行过程跟踪，及时了解教材编写进度、编写质量，力求做到作者权威，编辑专业，审读严格，精品出版。我们愿与院校一起，共同探讨、完善教材出版，不断推出精品教材，以适应我国高等教育的发展要求。

中国纺织出版社
教材出版中心

# 前言

本书是根据中国纺织服装教育学会高职高专教学工作委员会制定的教学大纲，由中国纺织服装教育学会组织行业专家、资深教师编写的。

按照高等职业院校的教学特点和教学要求，本书简明扼要地介绍了纤维的基本概念和高分子化合物的基础知识，系统叙述了各种常用纤维的结构、性能及相互之间的关系。在主要叙述棉纤维的同时，介绍了麻纤维，适当增加了天丝、竹纤维、莫代尔(Modal)及天然彩色棉等内容；在蛋白质纤维部分增添了大豆蛋白纤维的内容；在合成纤维部分增添了新型合成纤维及制品、环保纤维等知识。本书尽可能结合当前行业的生产实际和发展方向，较多地增加与生产实践和技能培养直接相关的内容，注重纤维性质与染整工艺的关系。

本书由济南纺织职业技术学院申春华老师、武汉职业技术学院解子燕、何方容老师、苏州经贸职业技术学院周燕、张小英、杭伟明等老师编写。具体分工如下：申春华老师编写第一章、第二章，何方容老师编写第三章，周燕老师编写第四章，解子燕老师编写第五章，张小英老师编写第六章，全书由杭伟明老师整理和统稿。

本书在编写、整理过程中得到了中国纺织服装教育学会高职高专教学工作委员会全体委员的指导和各有关学校、企业领导的大力支持，在此表示衷心地感谢。

由于编者水平有限，经验不足，书中难免会有不妥、疏漏甚至错误之处，敬请读者批评指正。

编者

2008年10月

## 课程设置指导

**课程名称** 纤维化学及面料

**适用专业** 染整技术

**总学时** 48~50

**理论教学时数** 40 **实践教学时数** 6~8 **考查机动时数** 2

**课程性质** 本课程为染整技术专业的专业基础课。

**课程目的**

1. 了解纺织纤维的种类和相关基础知识。

2. 掌握纤维素纤维(棉、黏胶纤维等)、蛋白质纤维(蚕丝、羊毛)、合成纤维(涤纶、锦纶、腈纶)的主要物理性质和化学性质。

3. 了解如丙纶、氨纶、维纶等合成纤维、各种新型纤维和环保纤维的性能和发展。

4. 了解纱线和面料的基本知识以及织物的结构和风格。

5. 通过本课程的教学,熟悉纤维性能与染整加工的关系,培养学生必需的纤维基本知识和基本技能,具有分析和判断各种纤维性能的能力,并能初步分析和解决出现的问题。

**课程教学的基本要求** 教学环节包括课堂教学、现场教学、作业、课堂练习、阶段测验和考试。通过各教学环节重点培养学生对理论知识的理解和运用能力。

1. 课堂教学 在讲授本课程时,应根据当前各印染厂的特点,讲授各种纤维的基本知识以及主要物理—机械性能和化学性质,在理论教学中要注意联系工厂实际进行讲授。

2. 实践教学 在本课程教学过程中,可安排到实验室、印染厂等进行现场教学,实地观察各种纤维,讲解纤维的性能,提高学生理论联系实际的能力。

3. 课外作业 每章给出若干思考题,尽量系统反映该章的知识点,布置适量书面作业。

4. 考核 本课程采取闭卷考核,题型一般包括名词解释、填空、选择、问答题等。

## 课程设置指导

**教学学时分配**

| 章　　数 | 讲授内容 | 学时分配 |
|---|---|---|
| 第一章 | 绪论 | 1 |
| 第二章 | 高分子化合物 | 6 |
| 第三章 | 纤维素纤维 | 12 |
| 第四章 | 蛋白质纤维 | 6 |
| 第五章 | 合成纤维 | 12 |
| 第六章 | 纱线与织物的基本知识 | 3 |
| 其他 | 实践教学(含实验) | 6～8 |
| | 考查 | 1 |
| | 机动 | 1 |
| 合　　计 | | 48～50 |

# 第一章 绪论

远在原始社会，我们的祖先已经利用天然的葛、麻、蚕丝或者狩猎获得的兽皮、毛羽加工成简单的衣服，以遮体御寒。原始社会后期，随着社会的进步，生产的发展，特别是农牧业的发展，人们开始学会了种麻索缕，育蚕抽丝，养羊取毛，以获取纺织所需要的原料——纺织纤维（textile fibre）。

纺织纤维对化学纤维、纺织、染整工业的技术进步起到了极大的推进作用。尤其是自20世纪30年代，科学家对纤维素结构的成功解剖，不仅为化学纤维工业的发展奠定了坚实的基础，而且对染整加工基础理论的产生和发展起到了重大的作用。

染整加工的基本对象是纤维（fibre）及由纤维形成的织物，它是通过物理、化学或两者兼有的方法改善或赋予纤维及其制品一定性能的加工过程。因此，熟悉和掌握纤维的基本性能，对染整工作者来说是十分重要的。

## 一、纤维的含义

在日常生活中，人们每时每刻都要接触到各种用途的织物，这些织物的原料就是纺织纤维。

纺织纤维就是长度远远大于直径，并且具有一定柔韧性，能纺成纱线并通过机织、针织、编结以及其他编织方式制成各种纺织品的纤维。纤维的长度一般用毫米（mm）、厘米（cm）、米（m）度量，而直径一般用微米（μm）度量。根据长度的不同，可将纤维分为短纤维（如棉、麻等）和长纤维（或长丝，如蚕丝）。短纤维的长度较短，如棉的长度在30～40mm、亚麻的长度在11～38mm、山羊绒的长度在30～40mm等。由于化学纤维是通过纺丝方法制成的，所以其长度可以自由调节，可以根据需要制成不同的长度，如仿棉型纤维的长度在30～40mm、仿毛型纤维其长度在75mm左右。长度在51～75mm的纤维称为中长纤维，丝的长度一般在几十米以上。

自然界中存在着许多种类的纤维，但这些纤维并不是都能用于纺织加工，这是因为纤维形成织物需要进行一系列的化学和物理机械加工过程。而且人们在使用这些织物时，也需要织物具有一定的服用性能。因此，为满足纺织加工的需要和人们对织物服用性能的要求，纺织纤维必须具备一定的性能。

## 二、纺织纤维应具备的性能

简单地说，凡是能用于纺织的纤维就称为纺织纤维。为适应纺织加工的需要及满足人们的服用要求，纤维应具备以下性能。

**1. 物理—机械性能**

(1)长度。长度在10mm以上的纤维才具有纺织价值。过短，则可纺性差，只能用作造纸或再生纤维的原料。

(2)机械性能。纺织纤维在加工及使用过程中，经常受到外力的拉伸、揉搓、摩擦等作用。因此，纺织纤维必须具备一定的强度、延伸性、弹性等物理—机械性能。

(3)热性能。纺织纤维对热应具有一定的稳定性，以保证纤维在使用及加工过程中遇高温不分解，遇低温不僵硬。

此外，纺织纤维还应具有一定的光泽、吸湿性、柔软性等性能，以保证服用过程中的舒适性。

**2. 化学性能**

纤维经纺织加工后形成的产品绝大多数不能直接使用，其制品一般要经过染整加工才能成为具有使用价值的纺织产品。而在染整加工中，纤维或坯布要经受许多化学加工过程，经常接触水、化学品(如酸、碱、氧化剂、还原剂等)、染料和助剂等。所以，纺织纤维必须具备一定的耐水性、化学稳定性和可染性，以保证正常加工的需要。

为满足人们的服用要求，纺织纤维还应具有耐日晒、耐紫外线、耐气候等性能。

## 三、纺织纤维的分类

纺织工业目前使用的纤维种类很多，但纺织纤维按其来源来分只有两大类，即天然纤维和化学纤维。纺织纤维的分类如下所示。

- 纺织纤维
  - 天然纤维
    - 植物纤维，如棉、麻、竹等
    - 动物纤维，如羊毛、蚕丝、驼毛、兔毛等
    - 矿物纤维，如玻璃纤维、石棉等
  - 化学纤维
    - 再生纤维
      - 再生纤维素纤维，如天丝、莫代尔等
      - 再生蛋白质纤维，如大豆纤维、牛奶纤维等
    - 合成纤维
      - 聚酯纤维，商品名为涤纶
      - 聚酰胺纤维，商品名为锦纶
      - 聚丙烯腈纤维，商品名为腈纶
      - 聚氨酯纤维，商品名为氨纶
      - 聚丙烯纤维，商品名为丙纶

## 复习指导

1. 了解纤维的含义。
2. 掌握纤维应具有的性质。
3. 掌握纺织纤维的分类。

## 思考题

1. 解释下列概念

(1)纤维　　(2)纺织纤维　　(3)中长纤维

2. 纺织纤维应具有哪些性质?

3. 简述纤维的分类方法。

# 第二章　高分子化合物

高分子化合物(high－molecular compound)与人们的日常生活有着密切的联系,人们的衣食住行都离不开高分子化合物。人们穿的衣服、吃的食物都是高分子化合物,甚至就连人体本身也是由许多高分子化合物组成的。人们熟知的橡胶、塑料和纤维都是高分子化合物。

纺织纤维都是高分子化合物,因此要深入了解纺织纤维的结构与性能就必须对高分子化合物的基本知识有所了解。

## 第一节　高分子化合物的基本概念

### 一、高分子化合物的含义

高分子化合物简称高分子或高聚物。合成高分子化合物一般是由含有两个或两个以上官能团的低分子化合物通过共价键的形式连接而成的产物。与低分子化合物相比,高分子化合物在性质上存在着明显的差异,如高分子化合物一般具有高强度、高弹性、力学状态的多重性等特点。

### 二、高分子化合物的基本特性

**1. 高分子化合物具有很高的相对分子质量**

高分子化合物的相对分子质量一般在 $10^4$ ~ $10^7$ 之间,而普通低分子化合物的相对分子质量只有几十或几百。表 2－1 是几种常见物质的相对分子质量比较。

**表 2－1　常见物质的相对分子质量比较**

| 低分子化合物 | | 高分子化合物 | |
|---|---|---|---|
| 物　质 | 分子量 | 物　质 | 分子量 |
| 水 | 18 | 淀粉 | 10 000 ~ 80 000 |
| 乙醇 | 46 | 天然纤维素 | 约 2 000 000 |
| 葡萄糖 | 198 | 涤纶 | 12 000 ~ 20 000 |
| 丙烯 | 42 | 锦纶 | 15 000 ~ 23 000 |
| 对苯二甲酸乙二醇酯 | 211 | 聚丙烯 | 6 000 ~ 20 0000 |

**2. 高分子化合物大分子是以共价键连接的**

高分子化合物的大分子是由许多相同或相似的结构单元通过共价键连接而成的，如聚乙烯大分子可表示为 $\left[\!-CH_2-CH_2-\right]_n$、聚丙烯大分子为 $\left[\!-CH_2-\underset{\displaystyle CH_3}{\underset{|}{CH}}-\right]_n$、聚硅氧烷大分子为 $\left[\!-\underset{\displaystyle CH_3}{\underset{|}{\overset{\displaystyle CH_3}{\overset{|}{Si}}}}-O-\right]_n$。$n$ 为组成大分子的基本单元（基本链节）的重复次数，称为聚合度，一般用 $\overline{DP}$ 表示。

高分子化合物的相对分子质量（$M$）是基本单元相对分子质量（$M_A$）的总和。即：

$$M = M_A \cdot \overline{DP} \tag{2-1}$$

由此可见，聚合度也可以用来表示高分子化合物分子的大小。

由于合成过程中反应机理和反应条件不同，使得链引发、链增长、链终止等有多种可能，因此同一高分子化合物通常是由许多链节相同、聚合度不同的同系物大分子组成。这些同系物之间的链节数相差为整数，即 $n$ 的数值不同。

**3. 高分子化合物具有多分散性**

由上可知，在同一种高分子化合物中，大分子的化学组成基本相同，但相对分子质量和分子结构会在一定范围内变化。高分子化合物的相对分子质量和分子结构可在一定范围内变化而又不影响其物理化学性质的特性，称为多分散性。

高分子化合物的多分散性包括两个方面，即相对分子质量的多分散性和结构的多分散性。

低分子化合物有着严格的相对分子质量，如果相对分子质量发生变化，即便是微小的变化，也会对物质性质产生影响。而高分子化合物的相对分子质量很高，所以相对分子质量在一定范围内的变化并不影响它的基本特性。虽然同系物的性质会随着相对分子质量的增加发生一定的变化，但当相对分子质量增加到一定程度时，其性质就趋于稳定。

由于高分子化合物相对分子质量的多分散性，所以通常所指的高分子化合物的相对分子质量是 平均值。其多分散性的程度一般用相对分子质量分布来表示，如图2－1所示。

在图 2－1 中，曲线 1 表示高分子化合物的相对分子质量主要集中分布在某一狭窄的范围内，其相对分子质量分散性小；而曲线 2 则相反，相对分子质量分布范围较宽，表示其相对分子质量分散性大。应注意的是，平均分子量相同的高分子化合物，它们的相对分子质量分布不一定相同。一般用于制造纤维的高分子化合物，其相对分子质量的多分散性要小一些；而用于制造塑料的高分子化合物，其相对分子质量的分散性可以大些。

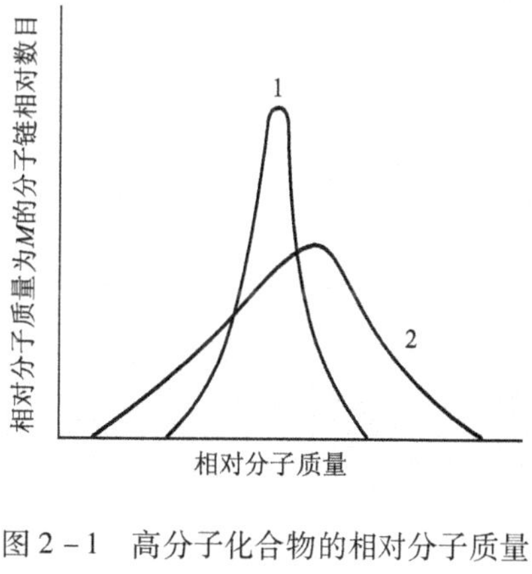


图 2－1　高分子化合物的相对分子质量分布曲线

1—分散性小　2—分散性大

同样，高分子化合物的分子结构在一定范围内变化时，也不影响它的基本特性。

必须提及的是，多分散性对高分子化合物的某些性质，如熔点、溶解度、密度等，还是有一定影响的。因此，在制备高分子化合物时，要求其分散性愈小愈好。

## 三、高分子化合物大分子的几何形状

高分子化合物大分子是由一定的基本结构单元重复连接而成的。但单体所含官能团数量不同，形成的大分子的结构也就不同。一般仅含一个官能团的单体只能形成低分子化合物，而含有两个或两个以上官能团的单体会形成不同几何形状的高分子化合物。

高分子化合物的几何形状包括线型、支链型和体型三种，如图 2－2 所示。

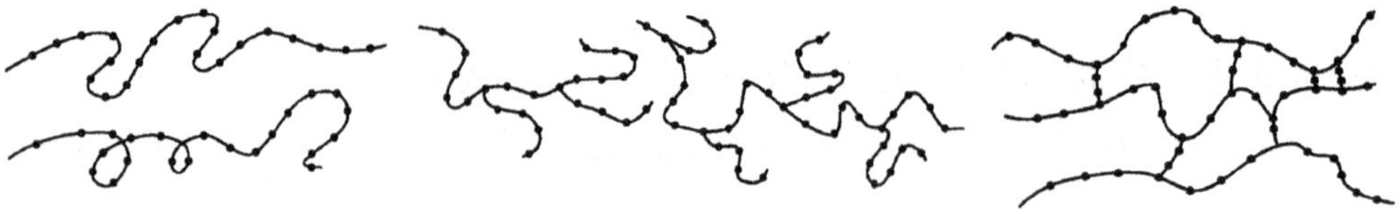

(a) 线型　　(b) 支链型　　(c) 体型

图 2－2　高分子化合物大分子的几何形状示意图

### 1. 线型大分子

这类高分子化合物一般是由双官能团的单体形成的。它像一条线形长链，呈卷曲状，少有支链。若以 A 代表基本结构单元，则线型结构的大分子可表示为：

$$A'—A—A\cdots A—A—A''$$

由线型大分子组成的高分子化合物称为线型高分子化合物。

### 2. 支链型大分子

高分子化合物的主链上带有相当数量的支链，支链的长短、数量各不相同。由支链型大分子组成的高分子化合物称为支链型高分子化合物。其结构可表示为：

```
   …A—A—A…               …A—A…
        /                  /
…A—A—A—A—A—A—A—A—A—A…
                 \
       …A—A—A—A—A…
```

### 3. 体型大分子

这类高分子化合物是线型大分子或支链型大分子间以共价键的形式连接而成的，具有空间网状结构。由体型大分子组成的高分子化合物称为体型高分子化合物。其结构可表示为：

```
…A—A—A—A—A—A—A—A—A…
     |              |
…A—A—A—A—A—A—A—A—A…
           |              |
…A—A—A—A—A—A—A—A—A…
```

高分子化合物的性质与其几何形状有着密切的关系。由于线型和支链型高分子化合物的分子形状不同,影响到分子链的排列和分子间相互作用不同。所以,即使二者具有相同的化学组成和相同的平均分子量,其性质也不同。具体而言,由于支链型高分子化合物分子间排列较为松散,分子间相互作用力较弱,所以它的溶解度比线型高分子化合物的溶解度大,而熔点和机械强度则较小。线型和支链型高分子化合物可以溶解于适当的溶剂中,受热也会熔融,大多数纺织纤维都呈线型结构。而体型高分子化合物一般不能溶解,受热也不能熔融,且具有高硬度,一般不能用作纺织纤维。

## 四、高分子化合物的分子间力

物质分子之间普遍存在着相互作用力。通常分子间力很小,其能量一般只有8~41kJ/mol。低分子化合物的分子间力远远低于主价键力,甚至可以忽略不计。但高分子化合物具有很高的相对分子质量,其分子间力的总和会远远大于分子链上每个单键的能量。

由于高分子化合物分子间力的这一特点,使高分子化合物具备一些特有的性能,如只有液态和固态,没有气态。这是因为高分子化合物的分子链很长,有着很高的分子间力,单个大分子不可能挣脱分子间力的约束而离开高分子化合物,所以它没有气态。

分子间力又称为次价键力,它包括范德华力和氢键。

### 1. 范德华力

范德华力是物质间普遍存在着的一种作用力,包括色散力、取向力和诱导力三种。

原子正负电中心在瞬间内的偏离使分子形成瞬时偶极,瞬时偶极间的相互作用力称为色散力。色散力的能量一般在0.8~8kJ/mol。

取向力是极性分子永久偶极间的相互静电作用力,其能量在12~21kJ/mol。取向力会随温度的升高而下降。

非极性分子能在极性分子的作用下产生诱导偶极,诱导偶极与永久偶极间的相互作用力称为诱导力,它的能量一般在6.3~12kJ/mol。

只有当分子间距离在0.28~0.5nm时,范德华力才会产生,其作用力的大小与距离的6次方成反比。

### 2. 氢键

氢键是指氢原子与电负性较大而半径较小的原子(如F、O、N等)相结合形成的一种次价键。氢键键能一般在21~42kJ/mol。

只有当分子间距离小于0.26nm时,氢键才能产生。高分子化合物大分子的分子间和分子内部均可形成氢键。

由于高分子化合物相对分子质量很大,而且还存在着多分散性,所以高分子化合物的分子间力不能简单地用某一种力表示。实际上,高分子化合物分子间存在的力并不都是引力,也存在着斥力。因此衡量高分子化合物分子间力的大小,应该是分子间各种引力和斥力的总和。为了表示高分子化合物分子间力的大小,通常采用内聚能或内聚能密度指标。

所谓内聚能($\Delta E$),是指1mol分子聚集在一起的总能量,它等于将同样数量的分子分离时的总能量。内聚能密度(CED)是指单位体积的内聚能。

$$\Delta E = \Delta H_V - RT \tag{2-2}$$

$$\text{CED} = \frac{\Delta E}{V_m} \tag{2-3}$$

式中：$\Delta H_V$——摩尔蒸发热；

$RT$——转化为气体时所做的膨胀功；

$V_m$——摩尔体积。

不同高分子化合物的内聚能密度不同。由于高分子化合物不能气化，因而难以直接测定，只能采用与低分子溶剂相比的方法进行估计。表 2－2 为部分高分子化合物的内聚能密度。

**表 2－2　某些高分子化合物的内聚能密度**

| 高分子化合物 | 内聚能密度(J/mol) | 高分子化合物 | 内聚能密度(J/mol) |
|---|---|---|---|
| 聚乙烯 | 259 | 聚甲基丙烯酸甲酯 | 347 |
| 聚异丁烯 | 272 | 聚氯乙烯 | 381 |
| 天然橡胶 | 280 | 聚对苯二甲酸乙二醇酯 | 477 |
| 丁苯橡胶 | 276 | 锦纶 66 | 774 |
| 聚苯乙烯 | 305 | 聚丙烯腈 | 992 |

高分子化合物的内聚能密度不同，其性质也不相同。一般当高分子化合物的内聚能密度在 292J/mol 以下时，分子链比较柔顺，容易变形，具有较好的弹性，通常用作橡胶；高分子化合物的内聚能密度在 418J/mol 以上时，分子间力大，具有较高的机械强度和耐热性，一般可用作纤维。

## 五、高分子化合物的合成反应

很多高分子化合物是由简单的低分子化合物通过化学方法合成的，这些简单的低分子化合物称为单体。由单体合成高分子化合物的化学方法主要有缩聚反应和加聚反应两类。

**1. 缩聚反应**

缩聚反应是由含两个或两个以上官能团的单体之间，通过官能团的缩合作用形成大分子且有低分子物质(如 $H_2O$)生成的过程。例如，聚酯的合成反应如下：

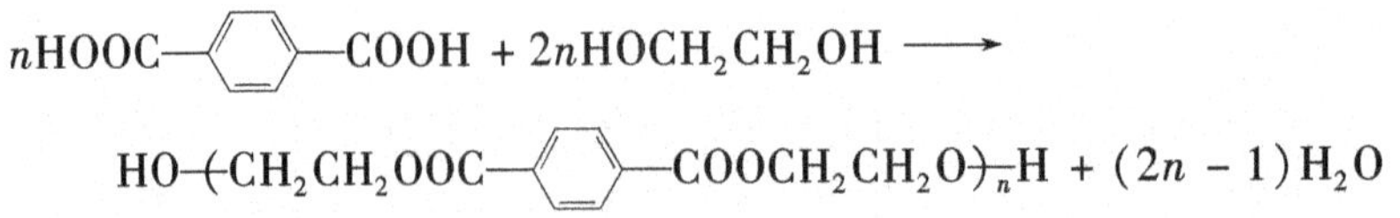


上述反应中，生成物除了聚酯大分子外，还有低分子物质——水。

按照参加反应的单体，缩聚反应可分为均缩聚反应、混缩聚反应和共缩聚反应三种。

(1)均缩聚反应。采用一种单体进行的缩聚反应，称为均缩聚反应。如采用己内酰胺为原料制备聚己内酰胺、采用对苯二甲酸双羟乙酯制备聚对苯二甲酸乙二醇酯等。

(2)混缩聚反应。采用两种单体进行的缩聚反应,称为混缩聚反应。如采用对苯二甲酸和乙二醇制备聚对苯二甲酸乙二醇酯、采用己二酸和己二胺制备聚己二胺己二酸等。

(3)共缩聚反应。由三种或三种以上单体进行的缩聚反应,称为共缩聚反应。共缩聚反应一般是为改进产品的某种性能而加入其他组分的缩聚反应。如改性涤纶和腈纶的生产都采用了共缩聚反应。

由缩聚反应生成的高分子化合物的结构与单体的官能团有关。二官能团的单体可形成线型大分子,二官能团和三官能团的单体反应可形成支链型或体型大分子。若三官能团或四官能团的单体进行反应,则形成体型大分子。

**2. 加聚反应**

加聚反应是由许多相同或不同的不饱和单体,通过加成反应生成高分子化合物的过程。所形成的大分子的化学组成与单体的化学组成基本上相同。例如,聚丙烯的聚合反应:

$$n\underset{\displaystyle CH_3}{CH_2{=}\underset{|}{CH}} \longrightarrow -\!\!\left(CH_2-\underset{\underset{\displaystyle CH_3}{|}}{CH}\right)\!\!-_n$$

加聚反应中,一种单体进行的聚合反应称为均聚合反应;两种或两种以上的单体进行的聚合反应称共聚合反应。

加聚反应与缩聚反应的区别在于,缩聚反应中会产生低分子化合物,如水、醇、氨、卤化氢等,生成的高分子化合物中链节的化学组成与单体的化学组成不同;加聚反应没有低分子副产物生成,其链节的化学组成与单体的化学组成相同。

## 六、高分子化合物的分类和命名

高分子化合物的命名目前还没有统一的方法。天然高分子化合物的命名多沿用俗名或专有名称,如纤维素、蛋白质、淀粉等。合成高分子化合物,若结构明确,一般在其重复结构单元名称前加“聚”字,如由乙烯为原料制成的高分子化合物称为聚乙烯、由丙烯为原料制成的高分子化合物称为聚丙烯,由对苯二甲酸乙二醇酯为原料制成的高分子化合物称为聚对苯二甲酸乙二醇酯等;对结构尚不明确的合成高分子化合物,一般在原料名称后加“树脂”一词,如酚醛树脂、脲醛树脂、氰醛树脂等。另外,习惯上也有采用商品名命名高分子化合物的,例如涤纶、锦纶、氨纶等。俗称和商品名一般不能反映该高分子化合物的化学结构,但由于名称简单易记,在实际生活和生产中也得到广泛应用。

高分子化合物的分类目前有多种方法,下面是比较常见的几种分类方法。

(1)按来源分类。可分为天然高分子化合物和合成高分子化合物两大类。棉、麻、丝、淀粉等属于天然高分子化合物,涤纶、腈纶、聚乙烯等属于合成高分子化合物。

(2)按用途分类。可分为纤维、塑料和橡胶三大类。

(3)按受热或药剂作用下的性能分类。可分为热塑性、热固性和元素固化性高分子化合物三大类。热塑性高分子化合物是指受热(低于分解温度)可以软化或变形,能受多次反复加热模压的高分子化合物,如聚酯、聚酰胺、聚苯乙烯等。热塑性高分子化合物一般都是线型结构。热固性高分子化合物是指受热后转变为不熔状态的高分子化合物,如氰醛树脂、酚醛树脂等。热固性高分子化合物一般都是体型结构。元素固化性高分子化合物是指在一定元素(如 S 和 O)作用下能转变为不熔状态的高分子化合物,如橡胶。

(4)按大分子主链结构分类。可分为碳链(如聚乙烯、聚乙烯醇等)、杂链(如聚酯、聚酰胺等)、元素高分子化合物(如聚硅氧烷、聚钛氧烷等)3 大类。

# 第二节　高分子化合物的结构

高分子化合物的结构比常见的低分子化合物要复杂得多。这是由于它的分子较大,从而带来分子结构、形态、聚集状态等的差异。通过各种观测方法对高分子化合物结构进行研究后发现,高分子化合物是由许多不同层次、不同形式的结构组成的,它们具有各自的运动特点。正是由于这种结构、运动的多重性,使得高分子化合物呈现出不同的性能。

高分子化合物的结构层次一般包括一次结构、二次结构和三次结构。一次结构是指大分子的化学组成和构型,一般称为分子链的化学结构;二次结构是指分子链的构象或称分子的形态结构;三次结构是指大分子的聚集态结构。

## 一、高分子化合物大分子链的构型

所谓构型(configuration),是指高分子化合物分子中的原子或基团在空间排列的方式。由于这种排列方式是由化学键固定的,因而非常稳定。

在有机化学中我们知道,当碳原子上所连的 4 个原子或基团不对称时,会形成立体异构。例如含取代基的乙烯类高分子化合物,如果将其拉成平面锯齿形,取代基 R 分别位于碳原子所形成平面的上、下两侧位置。从立体结构的规整性看,高分子化合物会出现 3 种构型。图 2-3 为乙烯类高分子化合物的 3 种立体异构示意图。

图 2-3(a)表示的是取代基 R 排列在主链平面的同侧,这种构型称为全同(等规)立构;图 2-3(b)表示的是取代基 R 交替出现在主链的两侧,这种构型称为间同(间规)立构;图 2-3(c)表示的是取代基 R 无规则地排列在主链平面两侧时,这种构型称为无规立构。

全同立构和间同立构的高分子化合物称为有规高聚物;无规立构的高分子化合物称为无规高聚物。一般情况下,高分子化合物中有规高聚物和无规高聚物同时存在,只是所占比例不同。通常将高分子化合物中有规高聚物所占的比例称为等规度。

高分子化合物大分子的构型对其性能有明显的影响。等规度高的高分子化合物,由于分子排列规整,其结构就比较紧密,容易形成结晶,高分子化合物密度大,熔点高,不易溶解。例如有规聚苯乙烯的熔点为 240℃,不溶于苯;而无规聚苯乙烯的软化温度为 80℃,溶于苯。再如有规聚丙烯的熔点为 165℃,密度为 0.92g/cm$^3$,经纺丝可制成丙纶;而无规聚丙烯的熔点为 75℃,密度为 0.75g/cm$^3$,目前尚无使用价值。

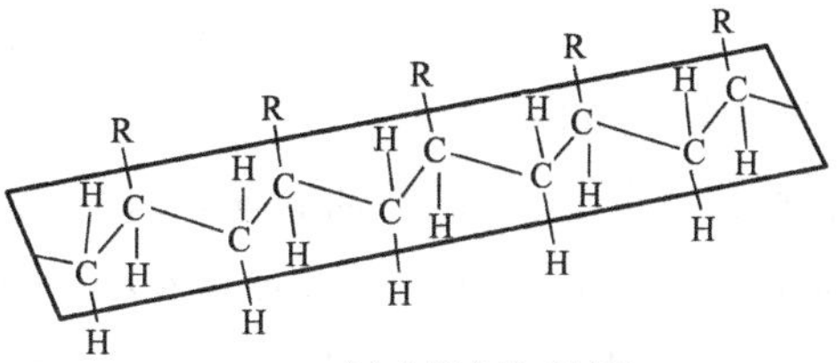

(a) 全同立构（等规）

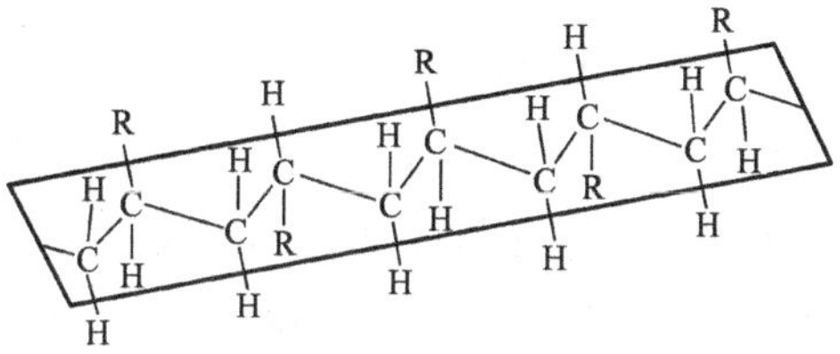

(b) 间同立构（间规）

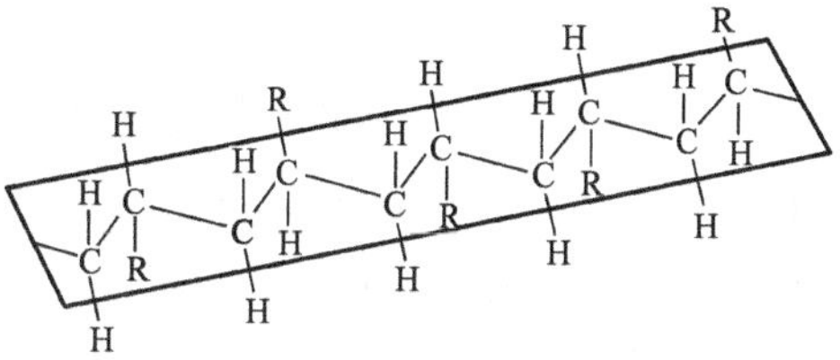

(c) 无规立构

图 2－3　乙烯类高分子化合物的 3 种立体异构示意图

## 二、高分子链的构象

高分子材料大多具有高弹性，如橡胶，它受力时可伸长数倍，释放外力又可迅速恢复原状。这一现象产生的原因主要是高分子化合物大分子的长链结构和链上各键的自由旋转。

**1. 单键的内旋转**

高分子化合物大分子主链结构中存在着许多单键，这些单键是由 σ 电子组成的。两个由 σ 键连接的原子可以相对旋转而不影响其电子云分布。因此，单键可以绕轴旋转，称为内旋转。如果将以 3 个单键相连的 C—C—C—C 放在坐标上，键角为 109°28′。在保持键角不变的情况下，若 $\sigma_1$ 键以自身为轴旋转，则 $\sigma_2$ 键就会在与 $C_2$ 相连的圆锥面上转动。这样由 3 个键组成的碳链就可以在空间产生许多的形态。这种由于单键内旋转而产生的分子在空间的不同形态称为构象。图 2－4 为 C—C 单键内旋转示意图。

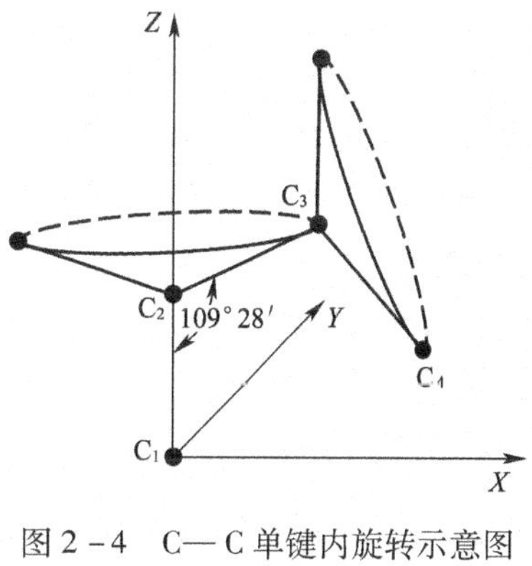


图 2－4　C—C 单键内旋转示意图

由于高分子化合物主链中所含的碳原子数很多，单键成千上万，若每个单键都能进行自由内旋转，大分子在空间就会蜷缩成无数形态，所以高分子化合物大分子链不会是僵硬的直线形，而是像一个杂乱的线团，人们称之为“无规线团”。高分子化合物大分子链的构象在外力作用下或随温度的升高会产生变化。

事实上，完全自由的单键内旋转是不可能存在的，因为在碳原子上总会带有其他原子或基团。所以单键内旋转时，必须克服一定的阻力才能进行，这种内旋转称为受阻内旋转。受阻内旋转所受到的阻力称为位垒。由于位垒的存在,使高分子化合物的构象更加复杂。

**2. 高分子化合物大分子链的柔顺性**

链状大分子在分子内旋转的情况下可以卷曲收缩,可以扩展伸长,从而改变其构象的性质,称为柔顺性。显然构象越多,分子链的卷曲倾向越大,分子链越柔顺。表示大分子柔顺性的方法有两种,一种是链段长度表示法,另一种是均方末端距表示法,其中常用的是链段长度法。

在大分子中,任何一个单键在进行内旋转时,必定会带动周围链节一起运动。但由于大分子链很长,不可能所有的链节都一起运动。受到带动而一起运动的若干链节称为链段,它被视为能够独立运动的最小单元。链段越短,大分子中能够运动的单元越多,构象越容易改变,大分子的柔顺性越好;反之,分子链柔顺性越差,呈现一定的刚性。如锦纶 66 的链段长度为 1.66nm,聚丙烯腈的链段长度为3.17nm,所以,锦纶 66 比聚丙烯腈柔顺得多。

高分子化合物分子链的柔顺性影响大分子的聚集状态,从而对高分子化合物的物理—机械性能产生很大的影响。一般认为,影响大分子柔顺性的因素主要是主链因素、侧链因素和外界因素。

(1)主链因素。主链结构对大分子柔顺性的影响主要包括主链的组成及主链的长短两方面。

高分子化合物的大分子链并不都是由 C—C 链组成的,除 C—C 链外,还存在着 Si—O 、C—O 链等。主链所含的原子不同,形成的键长、键角不同,因此大分子内旋转所受到的阻力就不相同,导致大分子的柔顺性不同。通常,不同主链的大分子的柔顺性依次为:

$$\text{Si—O} > \text{C—O} > \text{C—C}$$

这是因为 Si—O 链的键长、键角大于 C—O 链的键长、键角,使得内旋转更容易,柔顺性更好;而 C—O 链的柔顺性好于 C—C 链,是因为 C—O 链上的非主链原子间的距离大于 C—C 链,因此柔顺性好。

如果主链结构中含有芳环或杂环,由于芳环或杂环不易绕单键进行内旋转,所以大分子的柔顺性下降。

对含双键的主链,双键对主链柔顺性的影响有两种情况。含孤立双键的大分子虽然连接的原子不能内旋转,但可使与双键相邻的单键内旋转更自由,从而可增加柔顺性;而含共轭双键的大分子,由于 π 键的覆盖,使其内旋转困难,导致柔顺性下降。实际上,含共轭双键的大分子通常呈现刚性。

(2)侧链因素。侧链取代基的体积大小、极性强弱以及取代基的数量等对高分子化合物大分子链的柔顺性有很大的影响。取代基体积大,内旋转所受阻力就大,分子链的柔顺性降低。同样,取代基的数量越多,分子链的柔顺性越差。就取代基的极性而言,极性增强,会增加大分子的分子间力,甚至使其产生交联,由于交联点的单键无法内旋转,使其柔顺性下降。通常,交联越多,大分子的柔顺性越差,刚性越强。

(3)外界因素。外界因素对大分子柔顺性的影响主要是温度。温度不同,大分子的运动状态不同。随温度的升高，提供给大分子内旋转所需克服阻力的能量越多，分子热运动加强，使大分子中的原子、取代基、链段等越容易运动，大分子间的相互作用力也容易克服，从而使大分子柔顺性提高。如果温度降低，分子热运动能力降低，导致内旋转困难，大分子链的柔性就会降低。当温度下降到一定程度时，链段会发生“冻结”，这时大分子链会呈现僵硬状态。

利用温度可以改善大分子链的柔顺性这一特点，在高分子化合物的加工过程中，常常配合其他条件，以改变高分子化合物的形态结构以及物理—机械性质。

## 三、高分子化合物的聚集态结构

高分子化合物的聚集态结构(aggregation structure)指的是许许多多单个大分子在高分子化合物内部的排列状况及相互联系，也称为超分子结构或微结构。需要特别指出的是，由于高分子化合物的聚集态结构直接影响到物质的加工和使用性质。对染整工作者来说，熟悉和掌握高分子化合物的聚集态结构是非常重要的。在这里主要讨论固体高分子化合物的聚集态结构。

低分子固体物质有晶态和非晶态两种结构。若组成物质的分子、原子或离子在空间以几何方式有规则的排列，称为晶态；若无规则排列，则称为非晶态。

自从应用X射线研究高分子化合物聚集态结构后，发现许多高分子化合物虽然不像低分子晶体那样有规则的排列，但其内部也有一定数量的微小晶区。而且晶区内部也具有最小的单元晶胞。因此，可以认为固体高分子化合物也有晶态和非晶态之分。不过，固体高分子化合物中大分子链的真实排列情况至今尚无定论。虽然目前有关高分子化合物聚集态的理论还存在着一定的问题，但对帮助人们认识高分子化合物的基本结构和性质，还是很有价值的。

尽管高分子化合物和低分子化合物都有晶态和非晶态，但与低分子化合物不同的是，同一化学结构的高分子化合物会因合成条件和加工条件的不同，形成不同的晶体，从而导致高分子化合物性能的差异。例如，聚对苯二甲酸乙二醇酯既可以做成高强度低伸长的纤维，也可以做成低强度高伸长的纤维。同一材料具有不同的应用性能，其关键在于高分子化合物超分子结构的差别。

固体高分子化合物有晶态、非晶态和取向态三种聚集形式。为了更好地描述高分子化合物的聚集态结构并直观地反映超分子结构与性能的关系，人们在提出结构理论的同时往往伴以相应的模型进行分析解释。有关高分子化合物聚集态的理论与模型有很多，比较实用的结构理论与模型主要有以下几种。

### 1. 高分子化合物的晶态结构

高分子化合物的晶态结构存在着两种模型，即两相结构模型和折叠链模型。

(1)两相结构模型。两相结构模型也称缨状微胞模型，后又发展成缨状原纤结构模型，如图2－5所示。

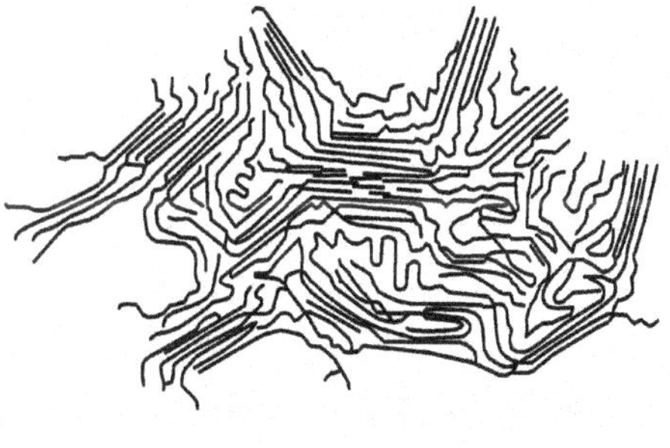

图2－5 结晶高分子化合物缨状微胞模型示意图

在用X射线对高分子化合物的聚集态结构进行大量研究的基础上，人们提出了结晶高分子化合物缨状微胞模型。在这一模型中，大分子规则排列的部分称为晶区，它是由若干个分子链段相互规整、紧密排列形成的。大分子链呈无规则卷曲和相互缠结的部分称为非晶区。科学家发现，很多高分子化合物中既含有结晶部分也含有非晶（无定形）部分，因此认为高分子化合物的晶态结构是晶区与非晶区同时存在、不可分割的两相结构。其中单个大分子链可以同时贯穿几个晶区与非晶区。

这个模型对解释高分子化合物化学反应的不匀性、纤维的物理—机械性能、染色性等起到了很大的作用。但随着测试技术的发展，在观察纤维超分子结构时发现了比微晶体大得多的丝状组织，称为原纤结构，因而对两相结构模型进行了修正，提出了缨状原纤结构模型。这个模型认为原纤内部的分子排列是有序的、结晶的，但可能存在缺陷，而原纤之间则属于非晶态。

(2)折叠链模型。这个模型是在应用电子显微镜直接观察高分子化合物晶体结构的基础上产生的。它认为，伸展的分子链倾向于相互聚集在一起形成链束。链束细而长，由于表面能很大，不稳定，会自发折叠成具有较小表面的带状结构，带状结构再进一步堆砌成晶片，由晶片堆砌最终形成晶体。图2-6为折叠链晶片模型示意图。

在一般结晶高分子化合物中，折叠链与伸直链、结晶区与非晶区往往是共存的，其比例视大分子的结构和结晶条件不同而不同，结晶部分占40%~90%。在综合了晶态高分子化合物结构中可能存在的各种形态，人们提出了一种折中的结构模型，即半晶高分子化合物折叠链模型，如图2-7所示。这个模型特别适合描述部分结晶高分子化合物的复杂结构形态。

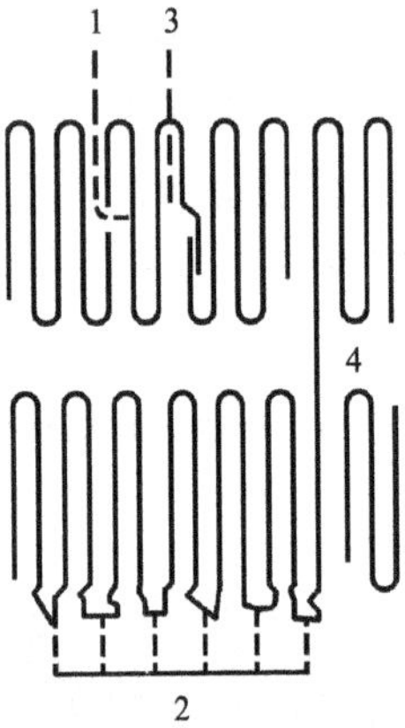


图2-6 折叠链晶片模型示意图

1—链末端 2—无序的表面层

3—缺陷 4—层间的连接链

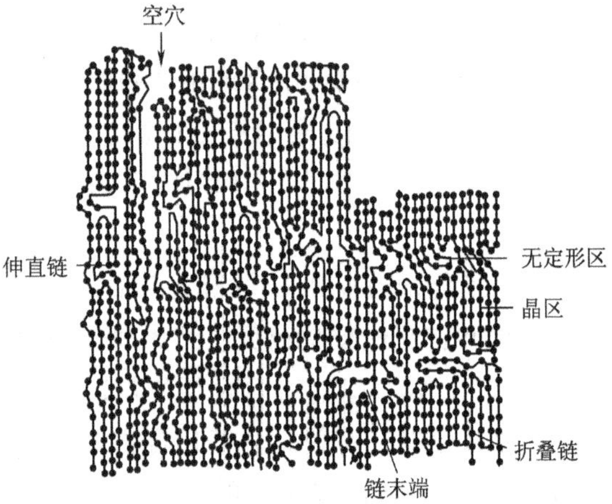


图2-7 半晶高分子化合物折叠链模型示意图

一般用结晶度衡量结晶高分子化合物的结晶程度。其含义是结晶部分在整个聚集体中所占的百分数。它有两种表示方法，一种是质量结晶度($f_W$)，另一种是体积结晶度($f_V$)。

$$f_W = \frac{W_0}{W} \times 100\% \qquad (2-4)$$

$$f_V = \frac{V_0}{V} \times 100\% \tag{2-5}$$

式中：$W_0$——结晶部分的质量；

$V_0$——结晶部分的体积；

$W$——聚集体的质量；

$V$——聚集体的体积。

结晶度大小对高分子化合物的性能有很大影响。结晶度增加，高分子化合物的强度、硬度、尺寸稳定性等提高，而延伸度、吸湿性、染色性等下降。

**2. 高分子化合物的非晶态结构**

物体仅有固体外表，没有晶格的结构称为非晶态结构，又称无定形结构。

人们曾经认为非晶态结构的高分子化合物中的分子链完全无规则地缠结在一起，像一块“毛毡”。它的分子间力较弱，易于卷曲，分子链会随外力的施加而伸长，随外力的释放而回复。但实验发现，非晶态结构也有一定程度的有序。因此出现了高分子化合物非晶态结构模型。

在这一模型中，高分子化合物的晶区与非晶区不存在截然分开的物理界面，而是逐步过渡状态，这可用侧序度的概念加以说明。所谓侧序度，是指单位体积内所含的分子间键能或氢键数。显然，侧序度不同，大分子排列的紧密程度不同。高分子化合物的侧序度分布如图 2－8 所示。

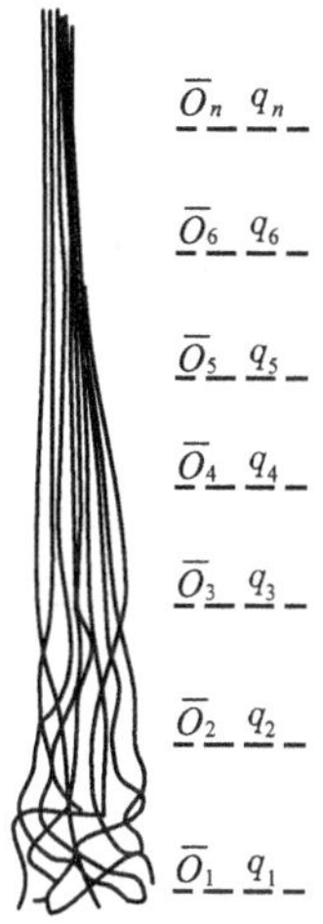


图 2－8　高分子化合物侧序度分布示意图

图 2－8 中，最无序的非晶区用侧序度 $\overline{O}_1$ 表示，随着有序度连续增大，任意将全部结构分为若干区域，其侧序度分别为 $\overline{O}_1$，$\overline{O}_2$，$\overline{O}_3$，…，$\overline{O}_n$，$\overline{O}_n$ 为最有序的结晶区。

通过模型可以看出，在完全无定形区，分子链排列比较散乱，分子间堆砌比较松散，分子间力较小。由于分子间存在着许多间隙和空洞，所以密度较小。在这些区域内大分子链间既有结合点，也有缠结点。

**3. 高分子化合物的取向态结构**

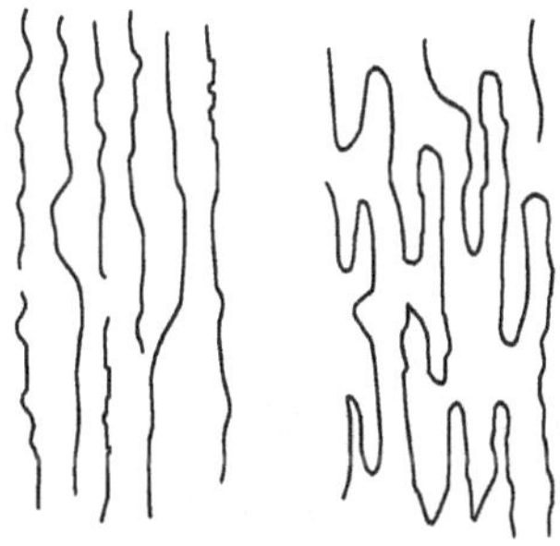


图 2－9　取向示意图

高分子化合物中，大分子链、链段或晶体结构沿外力方向作有序排列，这一过程称为取向，其有序排列的程度称为取向度。取向态和结晶态虽然都是分子的有序排列，但其状态不同。取向态一般是一维或二维有序，而结晶态则是三维有序。

取向包括大分子取向、链段取向和结晶区取向，如图 2－9所示。一般情况下，非晶态高分子化合物只发生大分子取向和链段取向，而晶态高分子化合物的情况较为复杂，它还会发生结晶区取向。但无论哪一种取向，在外力作用下，首先发生的是链段取向，然后才是大分子取向。

高分子化合物取向时，外力和温度是必不可少的条件。在外力作用时，由于内旋转位垒及分子间引力发生破坏，使大分子或其链段沿外力方向发生分子重排，达到取向目的。但是外力引发的取向并不是一个稳定的状态，一般情况下，取消外力会发生“解取向”。要使取向达到相对稳定的状态，温度是相当重要的条件。因为温度是引起分子热运动的重要因素，提高温度可以使大分子的热运动加剧，有利于克服分子间的阻力。外力作用容易使大分子、链段等产生移动，从而完成取向。但由于分子热运动总是使分子趋于紊乱无序，即解取向过程，所以取向完成时，为了维持取向状态，在释放外力前，必须先降低温度，以便将大分子和链段的运动“冻结”。

取向和无取向的同一高分子化合物在性质上有很大的差异，其物理—机械性能、光学性能及其他性能都会发生一定的变化。对纺织纤维，要使纤维既有较高的强度，又有一定的弹性，必须使大分子链取向而链段解取向。

## 第三节　高分子化合物的分子运动和力学性质

### 一、高分子化合物分子运动的特点

物质的结构不同，其性质也不同。但物质的结构并不是决定其性质的唯一因素，如果分子的运动方式不同，同一种物质的物理—机械性质也不相同。

按分子运动状态不同，低分子化合物可分为气态、液态和固态三种。低分子化合物的分子运动有转动、振动和移动三种方式。当低分子化合物为气态和液态时，这三种运动方式同时存在；当低分子化合物为固态时，则分子只能转动和振动，不能自由移动。因此在宏观上，气体能被压缩，液体能够流动，而固体不易变形。高分子化合物不同于低分子化合物，其分子热运动有以下几个主要特点。

#### 1. 运动单元的多重性

高分子化合物具有长链结构，分子链具有柔性。大分子中不仅链段、支链和取代基可以运动，整个大分子也可以运动。因此，高分子化合物的运动单元具有多重性。

#### 2. 大分子热运动是一个松弛过程

大分子运动时，各运动单元之间有很大的阻力。在外力和温度的作用下，高分子化合物通过热运动从一种平衡状态过渡到另一平衡状态并不是瞬间完成的，而是需要一定的松弛时间。松弛时间的长短反映了平衡状态转换的快慢。

#### 3. 大分子热运动对温度的依赖性

温度对分子的热运动有两种作用：首先使运动单元活化；其次使分子体积膨胀。前者为运动单元提供了运动所需能量，而后者为分子运动提供了自由体积。这两种作用都使运动单元自由迅速地运动，从而缩短了松弛时间。

## 二、非晶态高分子化合物的力学状态及转变

物质在外力作用下会表现出不同的力学性质，不同条件下其力学性质不同。高分子化合物的力学性质直接影响其使用价值，因此非常重要。

非晶态高分子化合物在所受外力作用不变的情况下，会随温度的变化呈现玻璃态、高弹态和黏流态三种不同的力学状态。图 2-10 是非晶态高分子化合物的温度—形变曲线图。图中 $T_g$ 和 $T_f$ 是高分子化合物的两个特性温度。$T_g$ 称为玻璃化温度，指高分子化合物从玻璃态转变到高弹态的温度；$T_f$ 称为黏流温度，指高分子化合物从高弹态转变到黏流态的温度。

### 1. 玻璃态

当温度较低时（低于 $T_g$），大分子链段基本处于冻结状态，不能进行分子内旋转，只能在本位上振动，此时高分子化合物所表现出的力学性质与玻璃相似。当受到外力作用时，只能引起键长、键角的变化，形变很小（0.01%～0.1%），且形变与所受外力大小成正比。高分子化合物的这种状态称为玻璃态或普弹态。玻璃态时产生的形变称为普弹形变。

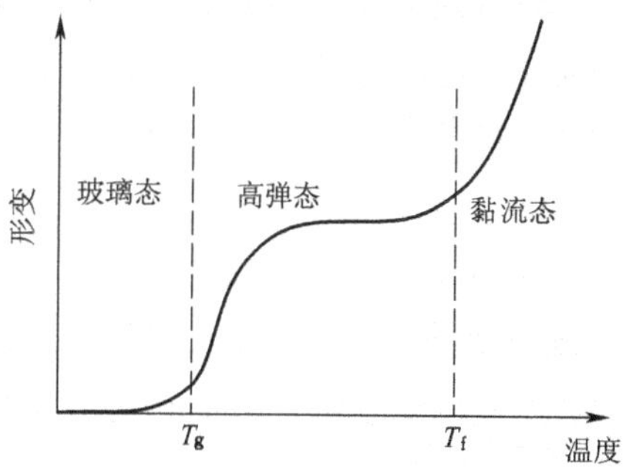


图 2-10　非晶态高分子化合物的温度—形变曲线图

### 2. 高弹态

当温度高于某一定值（$T_g$）时，分子的热运动能量不断增加，虽然整个大分子还不能移动，但分子热运动的能量足以克服内旋转阻力，链段不仅可以转动，还可以发生部分移动，大分子链间的相互作用力降低。在外力作用下容易沿受力方向从卷曲状态转变成伸直状态，发生很大的形变（100%～1000%）。外力释放后又可回复原态。这种受力后会产生很大形变，去除外力又能回复原状的力学性质称为高弹态。高弹态时产生的形变称为高弹形变。这是高分子化合物特有的力学状态。

但是，当温度低于 $T_g$ 时，如果施加的外力过大，也可迫使链段运动，发生较大的形变，但这种形变没有高弹态下的形变回复性，一般将这种形变称为“强迫高弹形变”。

### 3. 黏流态

当温度继续升高（超过 $T_f$）时，分子的热运动能量超过了大分子链间的结合力，分子链间可以产生相对位移。当受外力作用时，高分子化合物会像液体一样发生黏性流动，产生很大的形变，外力释放后，形变也不能回复。此时非晶态高分子化合物所处的力学性质称为黏流态。黏流态产生的形变称为塑性形变。

高分子化合物的三种力学状态（玻璃态、高弹态、黏流态）和两个转变温度（$T_g$ 和 $T_f$），对高分子材料的加工和应用有很高的实用价值。通常纤维和塑料要求有一定的强度、硬度、耐热性、尺寸稳定性等，这正是玻璃态高分子化合物所具有的性质。因此 $T_g$ 是这类材料使用温度的上限，提高其 $T_g$ 可以扩大使用范围，也就是提高材料的耐热性。橡胶的正常使用状态是高弹态，降低 $T_g$ 可以提高橡胶的耐寒性。由此可以看出，$T_g$ 是衡量高分子材料性能的重要指标。一般

地，$T_g$ 高于常温的高分子材料称为塑料或纤维；$T_g$ 低于常温的称为橡胶。高分子材料的加工成型往往在黏流态进行，因此成型温度一般选择在 $T_f$ 以上。

## 三、晶态高分子化合物的力学状态和转变

完全结晶的高分子化合物只有晶态和熔融态（液态）两种状态，结晶熔化的温度称为熔点（$T_m$）。图 2－11 为晶态高分子化合物的温度—形变曲线。

普通的晶态高分子化合物内既包含结晶区，也包含无定形区。因此它们具有晶态高分子化合物和非晶态高分子化合物力学状态的综合反映。高弹态仅发生在无定形区，所以形变量很小。当温度继续上升达到 $T_m$时，结晶高分子化合物晶区熔融，但是否进入黏流态，则要视高分子化合物的相对分子质量大小而定。

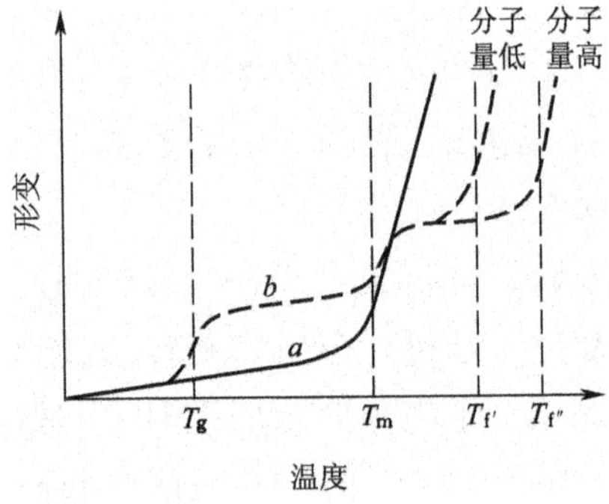


图 2－11　晶态高分子化合物的温度—形变曲线

*a*—晶态高分子化合物的温度—形变曲线

*b*—半晶高分子化合物的温度—形变曲线

$T_f$—黏流温度

## 四、晶态高分子化合物的力学性质

### 1. 高分子化合物的拉伸性能

在受外力拉伸时，高分子化合物会发生形变。为免遭破坏，其分子内部会产生抵抗力，这种抵抗力与外力大小相等，方向相反。通常，将单位面积上产生的抵抗力称为应力。在外力作用下，高分子化合物相应的变形率称为应变。应力（$\sigma$）又称抗张强度，其单位是牛顿/米$^2$（N/m$^2$）。在纺织纤维中常用牛顿/特（N/tex）表示。应变（$\varepsilon$）是以 $\Delta L/L_0$ 表示，$\Delta L$ 为材料的伸长，$L_0$ 为材料的原长。

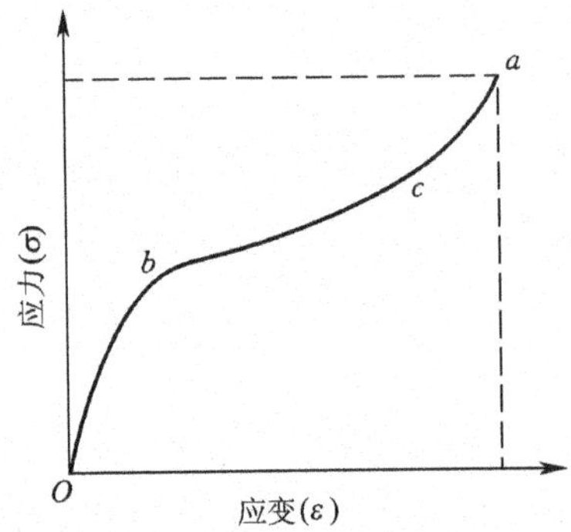


图 2－12　高分子化合物的应力—应变曲线

描述高分子化合物拉伸性能时，一般采用应力—应变曲线。它是将高分子化合物在外力作用下从开始发生形变直至断裂的过程绘成一条曲线（图 2－12）。

曲线中，开始阶段（*Ob*）应力与应变几乎呈直线关系，在这个阶段施加外力，高分子化合物发生形变，释放外力形变回复。其形变大小与外力成正比，符合普弹形变变化规律。其直线的斜率为弹性模量（$E$），也称杨氏模量。

$$E = \frac{\sigma}{\varepsilon} \tag{2-6}$$

这个阶段产生的形变很小，主要是键长、键角的变化。当应力超过 $b$ 点，形变随应力迅速增大，因此 $b$ 点又称为屈服点。屈服点所对应的应力称为屈服应力，所对应的应变称为屈服应变。高分子化合物在 $b$ 点前显示刚性，在 $b$ 点后显示柔性。这是因为高分子化合物大分子在外力作用下，分子间力受到破坏，链段甚至大分子均被拉直，因而形变很大。这种形变即便释放，外力也不能完全回复。$ca$ 段表示分子链取向度已经提高，再拉伸困难，所以形变减小，直至拉断($a$)。$a$ 点对应的应力称为断裂应力或极限强度，对应的应变称为断裂应变或断裂伸长率。

应力—应变曲线包含的面积代表断裂功，它表示高分子材料被拉断时所需的外功。它的大小在一定程度上反映出高分子材料的耐用性。

由于高分子材料的分子结构和超分子结构各异，导致其拉伸性能不同，因此不同材料的应力—应变曲线有很大的差异。图 2－13 就是几种比较典型的高分子化合物的应力—应变曲线。

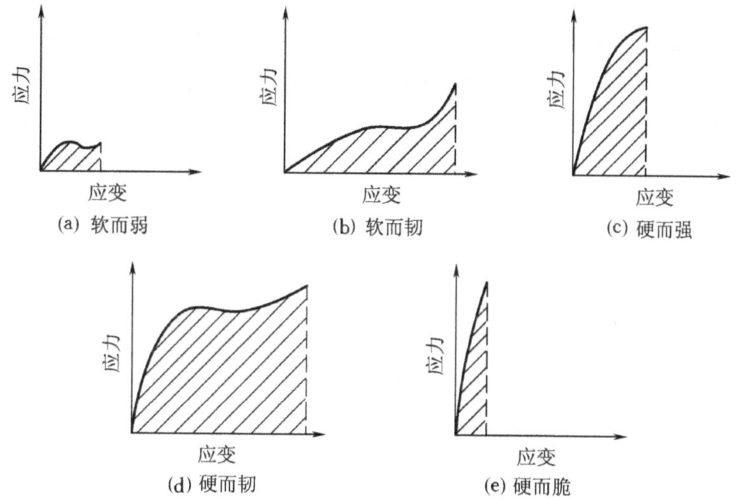


图 2－13　几种比较典型的高分子化合物的应力—应变曲线

应力—应变曲线的特征见表 2－3。

**表 2－3　不同类型应力—应变曲线的特征**

| 类　型 | 特　　征 | | | |
|---|---|---|---|---|
| | 弹性模量 | 屈服应力 | 极限强度 | 断裂伸长 |
| (a)软而弱 | 低 | 低 | 低 | 中等 |
| (b)软而韧 | 低 | 低 | 中等 | 高 |
| (c)硬而强 | 高 | 高 | 高 | 中等 |
| (d)硬而韧 | 高 | 高 | 高 | 高 |
| (e)硬而脆 | 高 | 无 | 中等 | 低 |

**2. 高分子化合物的力学松弛现象**

一个理想的弹性体受到外力作用时,发生的形变与时间无关;一个理想的黏流体受到外力时,发生的形变与时间呈直线关系。高分子材料的形变既与温度有关,也与时间有关,因此高分子材料通常被称作黏弹性材料。

高分子化合物的力学性质随时间而变化的现象称为力学松弛。利用力学松弛可以解释纤维材料的变形、形变回复等产生的原因,并对纤维的定型加工有理论指导意义。

力学松弛现象包括蠕变、应力松弛、滞后现象和内耗。

(1)蠕变。蠕变是指在一定的温度和较小的恒定外力作用下,高分子材料的形变随时间的增加而增大的现象。如塑料雨衣在钉子上长时间悬挂而下坠变形、绷直固定的塑料晾衣绳会随时间的延长而松弛。不随时间变化的形变不属于蠕变,如弹性形变,当开始拉伸时,弹性形变就已经存在。

高分子材料的蠕变过程是大分子链、链段运动的宏观表现。在外力作用下,随时间的延长,大分子链段不断运动,由卷曲变为伸直,表现出高分子材料的高弹形变。如果受力时间继续延长,分子链之间会产生相对滑移,形成部分塑性形变。释放外力后,蠕变过程中的形变回复只是高弹形变的回复。人们将高分子化合物在恒定应力作用下和放松后的形变—时间关系绘成曲线,称为蠕变曲线,如图 2 – 14 所示。

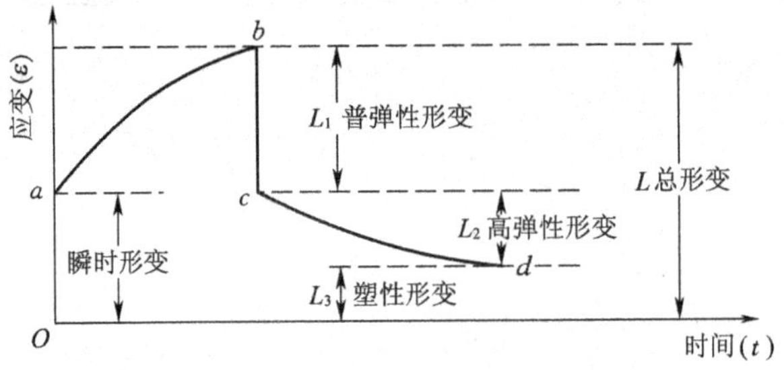


图 2 – 14　高分子化合物的蠕变曲线图

高分子材料的蠕变现象与温度高低和外力大小有关。一般温度低,外力小,蠕变缓慢;反之,蠕变明显。

(2)应力松弛。在保持高分子材料形变一定的情况下,高分子化合物内部应力随时间的增加而逐渐衰弱的现象称为应力松弛。用橡皮筋捆扎物体,开始捆扎得很紧,但日久会逐渐变松,这就是应力松弛现象。

应力松弛产生的原因在于高分子材料受力时,分子链的伸展和相对位移来不及进行,因此应力很大。随着时间的推移,链段进行重排,分子链缓慢伸展,导致应力逐渐衰弱。当外力作用时间足以使分子链产生位移时,应力会逐渐消失。

应力松弛与蠕变一样,都反映了高分子化合物受外力作用后,分子链由一种平衡状态转变到另一种平衡状态的松弛过程。因此,应力松弛也与温度、时间有关,提高温度可以使松弛时间缩短。涤纶等合成纤维的热定型加工正是利用了高分子化合物应力松弛的性质。

(3)滞后现象。在很多情况下,高分子材料受力并不恒定,而是周期性变化。在不断变化的外力作用下，由于大分子的构象改变困难，使得形变不能及时跟上应力的变化速度，与理想弹性体相比，无论应力增加还是减少，形变总是滞后于应力的变化。高分子化合物这种形变总是落后于应力的现象称为滞后现象。图 2－15 是高分子材料滞后现象的示意图。

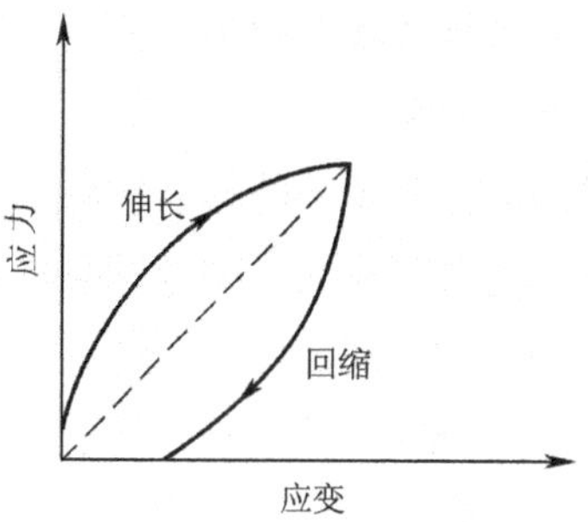


图 2－15 高分子材料滞后现象的示意图

(4)内耗。所谓内耗，是指高分子化合物在周期性变化的应力作用下，每一循环都要消耗一部分能量的现象。因为高分子化合物在外力拉伸和放松回缩时，形变的变化要适应应力的变化必须克服一定的阻力，从而导致内耗的产生。

对高分子材料而言，内耗既有有利的一面也有不利的一面。减震、隔音等材料要求内耗大一些，因为内耗大，吸收的能量多，效果好。而橡胶、纤维等材料的内耗应小些。如橡胶轮胎在使用过程中会产生内耗，而内耗是以热的形式释放的，这会导致轮胎温度升高，加速橡胶的老化，从而降低其使用寿命。

## 第四节 高分子化合物溶液及相对分子质量的测定方法

研究高分子化合物的溶液性质具有很强的实用价值。通过高分子化合物溶液，不仅可以对高分子化合物的相对分子质量进行测定，而且通过溶解和沉淀可以对高分子化合物进行分离、提纯。另外，利用高分子化合物溶液进行加工还可以达到简化加工工艺的目的。

### 一、高分子化合物的溶解

高分子化合物的结构不同，其溶液性质也不相同。由于高分子化合物的结构较为复杂，其溶解现象比低分子化合物的溶解要复杂得多。一般而言，绝大多数线型高分子化合物都能溶解在适当的溶剂中，而体型高分子化合物则不能溶解。

高分子化合物的溶解过程分为两个阶段，即溶胀和溶解。所谓溶胀是指溶剂分子进入高分子化合物内部，引起高分子化合物体积增大的现象。而溶解是溶剂分子完全破坏了大分子链间的结合，从而形成大分子的均匀分散状态。显然，溶胀是高分子化合物溶解的前提。因此可以将高分子化合物的溶解看作是一种无限溶胀的现象。不过，某些高分子化合物只能溶胀而不能溶解。

影响高分子化合物溶解的因素很多，其中大分子间的作用力是影响溶解的最主要因素。

**1. 相对分子质量**

对线型高分子化合物，相对分子质量越大，溶解越困难，溶解度越小，溶解后溶液黏度越大。通常，相对分子质量小于 5 000 的高分子化合物较易溶解，而相对分子质量大于 10 000 的，溶解就比较困难。这是因为物质的分子间力随相对分子质量的增大而增大，使得溶剂难以拆散大分子间的结合,导致溶解困难。

**2. 分子极性**

极性越大,分子间的相互作用力越大,溶解越困难。显然,要使极性大分子溶解,必须选用极性溶剂。同样,非极性大分子溶解时也只能选用非极性溶剂。这符合化学的"相似相溶"原则。如非极性的橡胶可溶于非极性的汽油、苯等溶剂中,而聚乙烯醇可溶于水、乙醇中,聚丙烯腈可溶于二甲基甲酰胺中。

**3. 取代基**

取代基的存在对大分子的溶解有两种影响。当取代基为非极性取代基时,它的存在使高分子化合物大分子间的结构较为松弛,不易取向,相互间的引力较低,因此溶解度较高。但对极性取代基,由于取代基之间产生较大的引力,甚至会产生交联结合,因而溶解困难,只能进行有限的溶胀。其溶胀程度取决于主链的性质、交联性质及交联的程度。通常,分子链越长,溶胀越大;而交联越多,溶胀越小。

**4. 链的柔性**

高分子化合物分子链间的引力随分子链的性质而变化。由于柔性大分子链卷曲大,分子间的结合点少,因而容易被适当的溶剂分离发生溶解。而刚性大分子溶解时需同时拆散的结合点多,使其溶解困难。例如,纤维素与聚乙烯醇,二者所含碳数与羟基数的比例相近,但前者不溶,后者极易溶解,其原因与链的柔性有关。纤维素大分子链呈刚性,而聚乙烯醇分子链呈柔性。

除此之外,温度对高分子化合物的溶解也有一定的影响。一般在相同条件下,高分子化合物的溶解度随温度的提高而增加。

## 二、高分子化合物相对分子质量的表示方法

无论是天然高分子化合物还是合成高分子化合物,实际上都是由相对分子质量不等而结构相同的同系物组成的。因此,高分子化合物的相对分子质量不可能是一个定值,只能采取统计的方法计算其平均值。由于统计方法不同,相对分子质量的表示方法也不相同。常用的相对分子质量表示方法主要有数均分子量、重均分子量和黏均分子量。应当指出的是,对同一物质采用不同的方法统计,相对分子质量也不相同。

假定某一高分子化合物试样的总摩尔数为 $n$,质量为 $W$,各组分的相对分子质量分别为 $M_1$, $M_2$, $M_3$, …, $M_i$;各组分的质量分别为 $W_1$, $W_2$, $W_3$, …, $W_i$;各组分的摩尔数分别为 $n_1$, $n_2$, $n_3$, …, $n_i$。

组分的总摩尔数 $n$ 为:

$$n = n_1 + n_2 + n_3 + \cdots + n_i = \sum n_i$$

组分的总质量 $W$ 为:

$$W = W_1 + W_2 + W_3 + \cdots + W_i = \sum W_i$$

某一组分的质量占全部分子总质量的分数称为质量分数。$i$ 组分的质量分数 $f_i$ 为：

$$f_i = \frac{W_i}{\sum W_i} \tag{2-7}$$

某一组分的分子数占全部分子总数的分数称为数量分数。$i$ 组分的数量分数 $N_i$ 为：

$$N_i = \frac{n_i}{\sum n_i} \tag{2-8}$$

**1. 数均分子量**

高分子化合物按分子数统计平均的相对分子质量称为数均分子量。它是物质中某一相对分子质量的数量分数与其相应相对分子质量乘积的总和。定义为：

$$\begin{aligned}\overline{M}_n &= \frac{n_1}{\sum n_i}\cdot M_1 + \frac{n_2}{\sum n_i}\cdot M_2 + \frac{n_3}{\sum n_i}\cdot M_3 + \cdots + \frac{n_i}{\sum n_i}\cdot M_i \\ &= \frac{\sum n_i \cdot M_i}{\sum n_i} = \sum N_i \cdot M_i \end{aligned} \tag{2-9}$$

**2. 重均分子量**

高分子化合物按质量统计平均的相对分子质量称为重均分子量。它是物质中某一相对分子质量的质量分数与其相应相对分子质量乘积的总和。

$$\begin{aligned}\overline{M}_w &= \frac{W_1}{\sum W_i}\cdot M_1 + \frac{W_2}{\sum W_i}\cdot M_2 + \frac{W_3}{\sum W_i}\cdot M_3 + \cdots + \frac{W_i}{\sum W_i}\cdot M_i \\ &= \frac{\sum W_i \cdot M_i}{\sum W_i} = \sum f_i \cdot M_i \end{aligned} \tag{2-10}$$

**3. 黏均分子量**

高分子化合物由黏度法测得的相对分子质量称为黏均分子量，定义为：

$$\overline{M}_\eta = \left(\frac{\sum n_i \cdot M_i^{(\alpha+1)}}{\sum n_i \cdot M_i}\right)^{\frac{1}{\alpha}} = \left(\sum N_i \cdot M_i^{\alpha}\right)^{\frac{1}{\alpha}} \tag{2-11}$$

式中：$\alpha$——经验常数，一般为 0.5 ~ 1。

对均一体系，$\overline{M}_n = \overline{M}_w = \overline{M}_\eta$。而对非均一体系，各种平均分子量有较大的差异，一般的规律是 $\overline{M}_w > \overline{M}_\eta > \overline{M}_n$。高分子化合物的多分散性越大，其差值越大。

## 三、高分子化合物相对分子质量的测定方法

高分子化合物的相对分子质量有多种测定方法，它们都是利用高分子化合物溶液的性质进

行的。非溶性高分子化合物无法进行相对分子质量的测定。具体而言,线型、支链型高分子化合物可以测定,而体型高分子化合物不能测定。表2-4是目前常用的高分子化合物相对分子质量测定方法及适用范围。

**表2-4　不同相对分子质量测定方法及适用范围**

| 测定方法 | 适用分子量范围 | 测得分子量的表示方法 |
|---|---|---|
| 端基分析 | $3\times10^4$ 以下 | 数均分子量 |
| 沸点升高 | $3\times10^4$ | 数均分子量 |
| 冰点降低 | $3\times10^4$ | 数均分子量 |
| 气相渗透压 | $3\times10^4$ | 数均分子量 |
| 膜渗透压 | $(2\times10^4)\sim(5\times10^5)$ | 数均分子量 |
| 光散射 | $(1\times10^4)\sim(1\times10^7)$ | 重均分子量 |
| 超速离心沉降速度 | $(1\times10^4)\sim(1\times10^7)$ | 各种平均分子量 |
| 超速离心沉降平衡 | $(1\times10^4)\sim(1\times10^8)$ | 重均、黏均分子量 |
| 黏度 | $(1\times10^4)\sim(1\times10^7)$ | 黏均分子量 |
| 凝胶渗透色谱 | $(1\times10^3)\sim(5\times10^8)$ | 各种平均分子量 |

目前,测定高分子化合物相对分子质量的最常用的方法是端基分析法和黏度法。

### 1. 端基分析法

端基分析法是用来测定高分子化合物相对分子质量的一种化学方法。如果高分子化合物的化学结构比较明确,且高分子化合物分子链的末端有可以用化学方法作定量分析的基团,如—$NH_2$、—COOH、—CHO等,可以采用端基分析法测定数均分子量:

$$\overline{M}_n=\frac{\text{试样质量}}{\text{试样中大分子的物质的量}}$$

若一个分子链末端只有一个可分析基团,则试样中所含大分子的物质的量等于试样中所含末端基的物质的量;若一个大分子链末端含有若干个可分析基团,则:

$$\text{试样中大分子的物质的量}=\frac{\text{试样中所含末端基的摩尔总数}}{\text{一个大分子链所含可分析基团数}}$$

如测定纤维素的数均分子量,可利用纤维素大分子链的末端含有一个潜在的醛基,以碘量法进行测定,反应式:

$$R\text{—}\overset{\overset{\displaystyle O}{\|}}{C}\text{—}H+I_2+3NaOH\longrightarrow R\text{—}\overset{\overset{\displaystyle O}{\|}}{C}\text{—}ONa+2NaI+2H_2O$$

由于醛基消耗碘是1∶1(物质的量之比)的关系,所以:

$$\overline{M}_n = \frac{1000 \times W}{c \cdot V} \tag{2-12}$$

式中：$W$——纤维素试样的质量，g；

$c$——碘液的浓度，mol/L；

$V$——消耗碘液的体积，mL。

通常碘液的浓度规定为 $c\left(\frac{1}{2}I_2\right) = 0.1\text{mol/L}$，而碘液消耗的体积以碘值表示，若测定样品为 1g，则其纤维素平均分子量可简化为：

$$\overline{M}_n = \frac{20000}{碘值} \tag{2-13}$$

对于合成纤维中的锦纶 6，其化学结构式如下：

$$H\!\left[NH(CH_2)_5CO\right]_n\!OH$$

分子链的一端有氨基，另一端有羧基，中间是酰胺缩合结构，可以用酸碱滴定法测定端基数，如用 KOH 标准溶液滴定锦纶 6 中的羧基，反应如下：

$$H\!\left[NH(CH_2)_5CO\right]_n\!OH + nKOH \longrightarrow H\!\left[NH(CH_2)_5CO\right]_n\!OK + nH_2O$$

所以锦纶 6 的数均分子量计算如下：

$$\overline{M}_n = \frac{1000 \times W}{c \cdot V} \tag{2-14}$$

式中：$W$——锦纶 6 试样的质量，g；

$c$——KOH 标准溶液的浓度，mol/L；

$V$——KOH 标准溶液的消耗体积，mL。

相对分子质量的端基分析法是一种比较简便的方法，但相对分子质量太高的试样，端基相对变少，测定误差大，因此一般常用于相对分子质量在 $3 \times 10^4$ 以下的线型缩聚物，如聚酰胺、聚酯等。采用端基分析法测相对分子质量时要注意下列问题：

（1）端基是否发生了变性；

（2）体系中是否有杂质的影响；

（3）选择适当的条件，使所有的端基都能进行反应。

**2. 黏度法**

用黏度法测高分子化合物的相对分子质量，设备简单，操作方便，精确度较高，是目前应用最广泛的一种方法，但是黏度法不能直接测得平均分子量的绝对值，而是依靠黏度与相对分子质量间建立起的经验方程加以计算而得。

（1）常用的黏度表示方法。

①相对黏度（$\eta_r$）。高分子化合物溶于某纯溶剂后，溶液的黏度比纯溶剂的黏度大得多，二

者的比值称为相对黏度。

$$\eta_r = \frac{\eta}{\eta_0} \tag{2-15}$$

式中：$\eta$——高分子溶液的黏度；

$\eta_0$——纯溶剂的黏度。

②增比黏度（$\eta_{sp}$）。高分子溶液的黏度比纯溶剂的黏度增加的倍数称为增比黏度。

$$\eta_{sp} = \frac{\eta - \eta_0}{\eta_0} = \eta_r - 1 \tag{2-16}$$

③比浓黏度（$\eta_{sp}/c$）。增比黏度与浓度之比称为比浓黏度。

$$\frac{\eta_{sp}}{c} = \frac{\eta_r - 1}{c} \tag{2-17}$$

④特性黏度（$[\eta]$）。浓度趋于零时的比浓黏度称为特性黏度，它代表单个分子对溶液黏度的贡献。

$$[\eta] = \lim_{c \to 0} \frac{\eta_{sp}}{c} \tag{2-18}$$

（2）黏度的测定。高分子溶液黏度的测定常采用毛细管式黏度计，如图2－16所示。

测定黏度时，采用同一支黏度计，在恒温下分别测出不同浓度的高分子溶液及溶剂从刻度线 $a$ 降至刻度线 $b$ 时所需的时间，一般流动时间与黏度成正比：

$$\eta_r = \frac{\eta}{\eta_0} = \frac{t}{t_0} \tag{2-19}$$

$$\eta_{sp} = \eta_r - 1 = \frac{t}{t_0} - 1 \tag{2-20}$$

式中：$t$——高分子溶液流动时间；

$t_0$——纯溶剂流动时间。

以几个不同试样浓度的比浓黏度（$\eta_{sp}/c$）值对 $c$ 作图，并外推 $c$ 为0时，其纵坐标的截距即为特性黏度（$[\eta]$），如图2－17所示。

高分子溶液的特性黏度与相对分子质量存在下列经验关系式：

$$[\eta] = K \cdot M^{\alpha} \tag{2-21}$$

式中：$K$，$\alpha$——常数。

在一些文献中列出了很多种高分子化合物的 $K$、$\alpha$ 值，可供我们对相同材料的未知相对分子质量进行简便计算，现将部分高分子化合物的 $K$、$\alpha$ 值列于表2－5中。

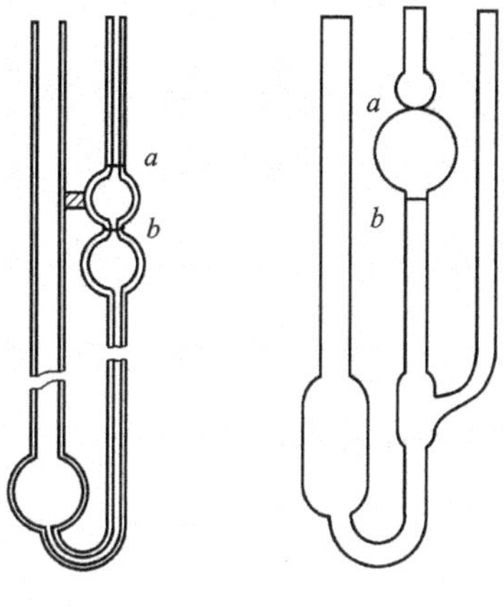

(a) 奥氏黏度计　(b) 乌氏黏度计

图 2－16　毛细管式黏度计示意图

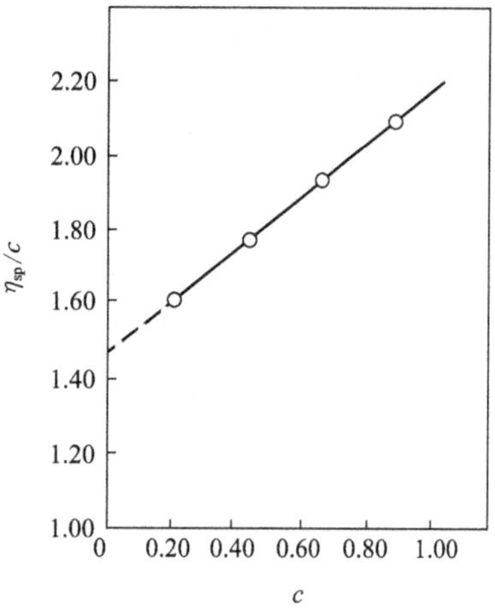

图 2－17　外推法求特性黏度

**表 2－5　部分高分子化合物的 $K$、$\alpha$ 值**

| 高分子化合物 | 溶　剂 | 温度(℃) | $M\times10^{-3}$ | 测定方法 | $K\times10^{4}$ | $\alpha$ |
|---|---|---|---|---|---|---|
| 聚丙烯 | 十氢萘 | 135 | 100～1100 | 光散射 | 1.00 | 0.80 |
| | 四氢萘 | 135 | 40～650 | 渗透压 | 0.80 | 0.80 |
| 聚乙烯醇 | 水 | 30 | 30～120 | 渗透压 | 6.62 | 0.64 |
| 涤纶 | 酚:四氯乙烷(1:1) | 20 | 3～30 | 端基滴定 | 7.55 | 0.685 |
| 锦纶 6 | 甲酸(85%) | 20 | 4.5～16 | 端基滴定 | 7.5 | 0.70 |
| 锦纶 66 | 甲酸(90%) | 20 | 6.5～26 | 端基滴定 | 11 | 0.72 |
| 聚丙烯腈 | 二甲基甲酰胺 | 25 | 28～1000 | 渗透压 | 3.92 | 0.75 |

## 复习指导

1. 熟悉高分子化合物的基本概念,掌握高分子化合物的基本特性。
2. 了解高分子化合物大分子的几何形状,熟悉其性质与几何形状的关系。
3. 熟悉高分子化合物的结构层次及研究对象,掌握结构与性质的关系。
4. 了解高分子化合物分子运动特点。
5. 熟悉非晶态高分子化合物的力学状态及转变。
6. 掌握高分子化合物的力学性质
7. 熟悉高分子化合物力学松弛现象。
8. 熟悉高分子化合物溶解过程,了解高分子化合物的相对分子质量测定。

## 思考题

1. 解释下列名词或术语

(1)高分子化合物　(2)聚合度　(3)内聚能密度　(4)等规度　(5)结晶度

(6)侧序度　(7)取向　(8)蠕变　(9)应力松弛　(10)溶胀

2. 从衣食住行中,写出六种常见的高分子化合物。

3. 试述高分子化合物的基本特性。

4. 何谓柔顺性？影响柔顺性的因素有哪些？

5. 高分子化合物的结构包括哪些层次？它们的研究对象是什么？

6. 高分子化合物为什么没有气态？

7. 高分子化合物聚集态有几种形式？

8. 取向和结晶有何不同？取向对高分子材料的性质有何影响？

9. 简述高分子化合物分子运动特点。

10. 高分子化合物的力学状态有几种？简述其特点。

11. 高分子材料的黏弹性表现在哪些方面？

12. 高分子化合物为什么先溶胀后溶解？影响溶解的因素有哪些？

13. 高分子化合物相对分子质量的表示方法有几种？它们之间有何关系？

14. 解释下列现象产生的原因：

(1)捆绑物品的塑料绳日久变松弛；

(2)久挂的衣服变形；

(3)制作高保真音箱。

# 第三章　纤维素纤维

纤维素纤维(cellulosic fibre)包括天然纤维素纤维中的棉和麻，再生纤维素纤维中的黏胶纤维、铜氨纤维和醋酯纤维，新型纤维中的天丝、竹纤维、Modal 等。本章将介绍这几种纤维的形态结构，并以棉为代表介绍纤维素纤维的化学结构、大分子结构、超分子结构、主要物理—机械性能及化学性质。

## 第一节　纤维素纤维的形态结构

### 一、棉纤维的形态结构

棉纤维是从棉籽表皮上细胞突起生长而成的。每根棉纤维就是一个细胞，棉纤维的生长、发育分为两个阶段。第一阶段为纤维细胞延长生产阶段，这时细胞发育，并逐渐成为一个具有薄壁、内部充满原生质的圆形小管，在授粉后的 15 ~ 25 天中，纤维细胞增长到成熟时的长度；第二阶段是胞壁增厚阶段，这时细胞壁不断加厚，即由原生质转变为纤维素，并逐渐沉积在细胞内壁上。随着细胞壁的加厚，细胞腔逐渐缩小，当纤维成熟时，细胞腔中的液体逐渐干涸。在棉纤维的细胞壁内纤维素的生长排列方向不同，造成内应力不均匀，因而成熟纤维出现了收缩和扭曲，一般扭曲数在 60 ~ 120 个/cm，棉纤维成熟度愈高，天然扭曲数愈多。成熟棉纤维组成成分见表 3 - 1。

表 3 - 1　成熟棉纤维组成(以绝对干燥纤维重量计算)

| 成　分 | 含量(%) | 成　分 | 含量(%) |
|---|---|---|---|
| 纤维素 | 94.0 | 有机酸 | 0.8 |
| 蜡状物质 | 0.6 | 果胶质(以果胶酸计) | 0.9 |
| 灰分 | 1.2 | 未定部分 | 0.9 |
| 含氮物质(蛋白质计) | 1.3 | | |

通过显微镜观察，成熟棉纤维的外形为上端尖而封闭，下端粗而敞口，整根纤维为细长的扁平带子状，有螺旋状扭曲，纤维截面呈腰子型，中间有干瘪的空腔，成熟棉纤维的形态如图 3 - 1 所示。

将棉纤维经过适当处理和溶胀后，在显微镜下进一步观察发现一根纤维从外到里分成 3

层，最外层称为初生胞壁，中间为次生胞壁，内部为胞腔。图 3－2 为棉纤维形态结构模型示意图。其中 $S_1$、$S_2$、$S_3$分别表示次生胞壁的外、中、内层。

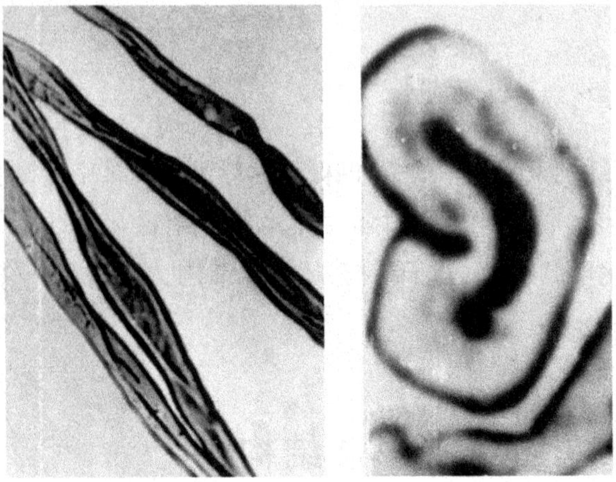

(a) 纵向　　(b) 截面

图 3－1　成熟棉纤维在显微镜中的形态图

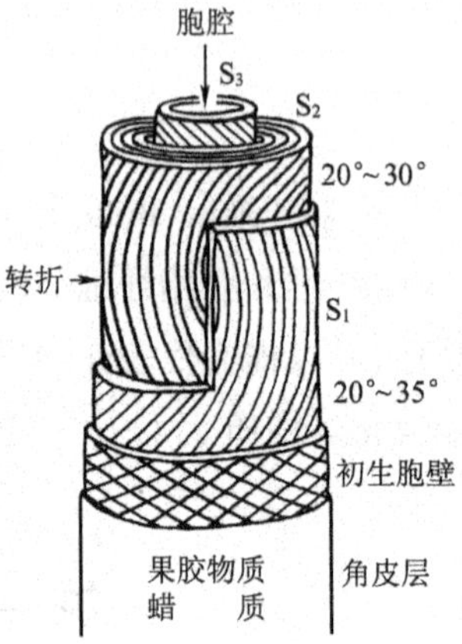


图 3－2　棉纤维形态结构模型示意图

**1. 初生胞壁**

初生胞壁的厚度为 0.1～0.2μm，与纤维的宽度（约 20μm）相比是较薄的一层。通过化学分析知道，其纤维素含量比较低，而其他纤维素共生物含量却较高，尤其是果胶质、蜡状物的含量。具体含量见表 3－2。

**表 3－2　棉纤维内的主要成分**

| 组　成 | 初生胞壁（%） | 次生胞壁（%） | 组　成 | 初生胞壁（%） | 次生胞壁（%） |
|---|---|---|---|---|---|
| 纤维素 | 52 | 94.3 | 灰分 | 7 | 0.6 |
| 果胶质 | 12 | 1 | 有机酸与糖类 | 14 | 1 |
| 蜡状物 | 3 | 0.9 | | | |

初生胞壁决定了棉纤维的表面性质。初生胞壁具有拒水性，在棉纤维的自然生长中起保护作用，而在染整加工中会阻碍药品向纤维内部扩散，影响化学反应进行，造成织物渗透性差，染色不均匀等疵病。初生胞壁中的纤维素含量较少，其聚合度也较低，故强度不高。就整根纤维来看，初生胞壁对染整加工不利，对纤维的使用价值影响不大，所以应在染整加工的初期，将其破坏并去除。初生胞壁不是结构均一的物质，它又可分为三层，外层基本上是果胶和蜡质所组成的皮层，第二、第三层含有相当多的纤维素，这些纤维素大分子排列成很不整齐的小纤维素，呈现绕纤维轴旋转的网状结构。

**2. 次生胞壁**

次生胞壁是纤维素沉积最厚的一层，约 4μm，是构成纤维的主体部分，纤维素含量很高。这一层的质量约占整个纤维质量的90%以上，其组成和结构决定了棉纤维的主要性质。由于棉纤维在生长期受到光照和温度的不同，因而在纤维的截面上，形成25～40层左右的同心圆日轮。每层厚0.1～0.4μm，其厚薄视品种和生长期的长短而异。次生胞壁大体上可分为3层，即外层、中层和内层。每层原纤的走向与相邻层不同，但绕纤维轴呈20°～23°的螺旋状排列。图3－3为棉纤维的生长日轮图。

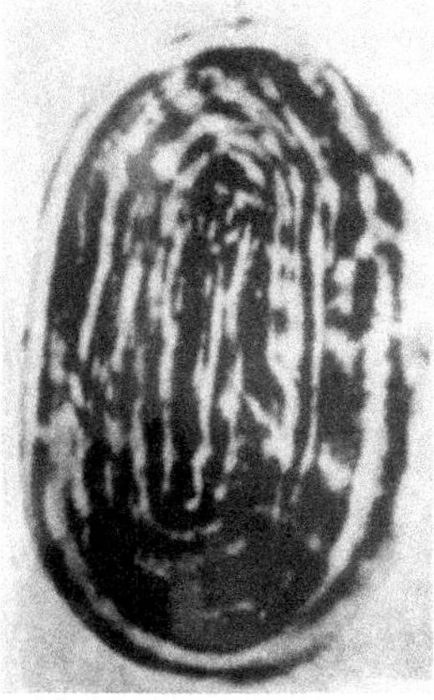

图3－3　棉纤维的生长日轮图

**3. 胞腔**

棉纤维的胞腔是输送养料和水分的通道，在生长初期胞壁薄而腔大，内部充满原生质。随着纤维的逐渐成熟，胞壁逐渐加厚，此时胞腔渐渐变窄，以致完全干涸变瘪，蛋白质、色素等物质的残渣沉积在细胞壁上，胞腔是纤维内最大的空隙，因此也就成了棉纤维染色和化学处理时重要的通道。

## 二、麻纤维的形态结构

麻的种类很多，本章主要介绍作服用纺织纤维的苎麻和亚麻。

苎麻原产自中国，有中国草之称，以我国的产量最多，其品种优良，有较好的光泽，呈青白色和黄白色。苎麻织物宜作夏季服装的面料和西装面料，同时也是抽纱、刺绣工艺品的优良用布。

亚麻对气候的适应性强，种植区域很广。我国的主要产地是黑龙江省和吉林省。亚麻的品质较好，脱胶后呈淡黄色，用途较广，除服装和装饰外，亦可用于水龙带等工业用布。

黄麻、洋麻、苘麻、剑麻、蕉麻等一般不用作纺织纤维，常用作麻袋、麻布、麻绳等包装材料、地毯底布等。

亚麻和苎麻纤维生长在韧皮层中，纤维束是由多根纤维以中间层相互连接起来，单纤维在纵向彼此穿插。因此，纤维束连续纵贯全层，等于植物的高度，纤维束在横向又绕全茎相互连接。

单根麻纤维是一个厚壁、两端密闭、内有狭窄胞壁的长细胞。苎麻单纤维两端呈锤头形或分支；亚麻两端稍细，呈纺锤形。如图3－4所示。

苎麻纤维主要分布于苎麻茎的纤维层，横切面呈椭圆形、多边形和不规则形，细胞壁厚度均匀，具有成层结构，可看到2～3层，胞壁上具有单纹孔与外围纤维细胞或薄壁细胞相通。胞腔和纤维细胞壁一样呈椭圆、多边形和不规则形等各种形状，胞腔部分中空，部分边缘附着细胞质。

从图3－4可以看出纤维上具有竖纹和横节。竖纹的形成与纤维中分子组成的原纤排列有关，而横节则是由于纤维张紧处弯曲使原纤分裂所致。

电子显微镜观察苎麻纤维结构，有交叉和扭曲现象，扭曲主要是在近端部，中部较少，如图3－5和图3－6所示。

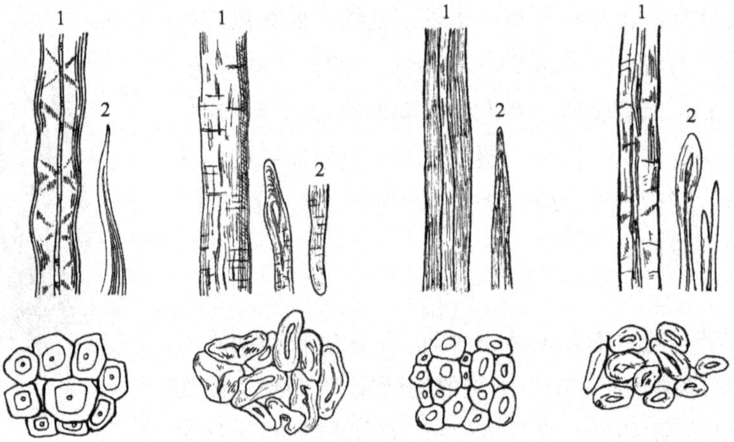


(a) 亚麻　(b) 大麻　(c) 黄麻　(d) 苎麻

图 3－4　麻纤维纵切面和横截面示意图

1—中段　2—末段

图 3－5　苎麻纤维茎段切片

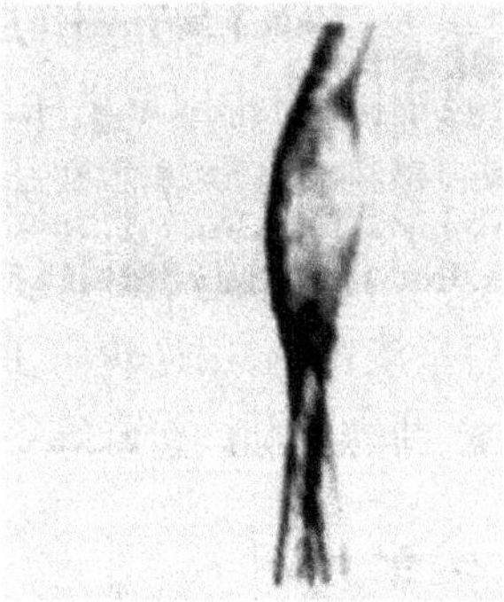

图 3－6　光学显微镜下苎麻纤维扭曲状态

几种麻纤维的长度和截径见表 3－3。

**表 3－3　几种麻纤维的长度和截径**

| 纤　维 | 长度(mm) | 截径(μm) | 纤　维 | 长度(mm) | 截径(μm) |
|---|---|---|---|---|---|
| 苎麻 | 127～152 | 20～75 | 大麻 | 13～25 | 16～50 |
| 亚麻 | 11～38 | 11～20 | 黄麻 | 2～5 | 20～25 |

和棉纤维一样，麻纤维的主要化学成分也是纤维素，但含量较低，此外麻纤维还含有蜡状物、木质素、果胶物质、含氮物质和灰分等。我国苎麻化学成分见表 3－4。

表 3-4 苎麻组成

| 成 分 | 纤维素 | 水分 | 蜡状物 | 木质素 | 果胶物质 | 未测定部分 | 合 计 |
|---|---|---|---|---|---|---|---|
| 含量(%) | 61.02 | 11.10 | 1.02 | 2.00 | 14.81 | 9.05 | 100 |

近年来，麻纤维的纺织加工技术有了很大进展，特别是对麻织物易皱、接触皮肤有刺痒感和粗糙不适感等缺点有了较大改进。同时，麻纤维材料符合人们保护环境、回归自然的崇尚。因此，除原有的苎麻、亚麻材料外，罗布麻、菠萝叶纤维等野杂麻类产品也成了开发热点。

罗布麻纤维具有保健性。人们发现此类麻纤维中含有麻甾醇等物质，对金黄葡萄球菌、绿脓杆菌、大肠杆菌等有不同的抑菌作用，并具有防霉、防臭、活血降压等功能。因此，当精梳棉纱与罗布麻混纺、交织的罗布麻保健服饰一出现，就受到重视和欢迎。

## 第二节 纤维素大分子的分子结构

棉、麻和黏胶纤维的基本组成物质都是纤维素。纤维素是一种多糖物质，其大分子主要是由很多葡萄糖剩基连接起来的，分子式可写成$(C_6H_{10}O_5)_n$。由于大分子具有多分散性，实际上纤维素是一个复杂的混合物，式中 $n$ 为聚合度。棉的聚合度为 2 500 ~ 10 000，麻的聚合度为 10 000 ~ 15 000，黏胶纤维的聚合度为 250 ~ 500。

纤维素大分子的化学结构是由$\beta-D-$葡萄糖剩基彼此以 1,4－苷键连接而成，结构如下所示。

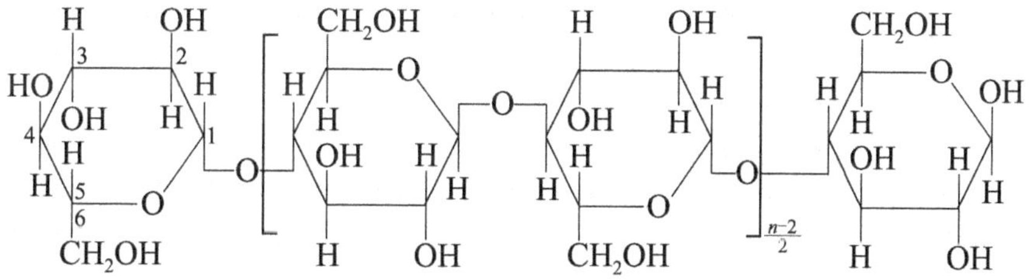

上式表现出每个相邻剩基扭转 180°，每隔两环有周期性重复。因此，两环为一基本链节，链节数目为$\frac{n-2}{2}$，$n$ 为葡萄糖剩基数，即纤维的聚合度。$\beta-D-$葡萄糖剩基中，$\beta$ 表示葡萄糖环中 $C_1$ 苷羟基在投影式中向左方，$D$ 表示开环中 $C_5$ 上的羟基与 $C_6$ 上的羟基为同侧的构型。

从上式还可以看出，纤维素分子中的葡萄糖剩基（不包括两端）上有 3 个自由存在的羟基，其中 2 位、3 位上是两个仲羟基，6 位上是一个伯羟基，它们具有一般醇的特性。在两端的葡萄糖剩基上有 4 个自由存在的羟基，实际上在右端的剩基中含有一个潜在的醛基，使得纤维素具有还原性，但由于醛基数量很少，还原性不显著。纤维素的还原性会随着其相对分子质量的变小而逐渐明显。

# 第三节　纤维素纤维的超分子结构

纤维素纤维的超分子结构(supramde cular structure),也称微结构,主要是指纤维素纤维中次生胞壁纤维素大分子的聚集态结构。人们借助于X射线衍射仪、电子扫描显微镜、扫描隧道显微镜等手段,可以了解纤维素大分子排列状态、排列方向、聚集紧密程度等微结构方面的情况。

## 一、用X射线研究

### 1. 棉纤维的X射线图像

当用X射线对棉纤维及丝光棉纤维进行衍射试验时,它们的衍射图像并非完全模糊的阴影,也不是明暗相间的同心圆,而是有干涉点或干涉弧存在,说明这两个纤维的超分子结构不是完全无定形的,而是有晶体存在,并且它们的长轴虽然不是完全与纤维轴相平行,但也不是完全杂乱无序,而是具有一定的取向度,如图3-7所示。

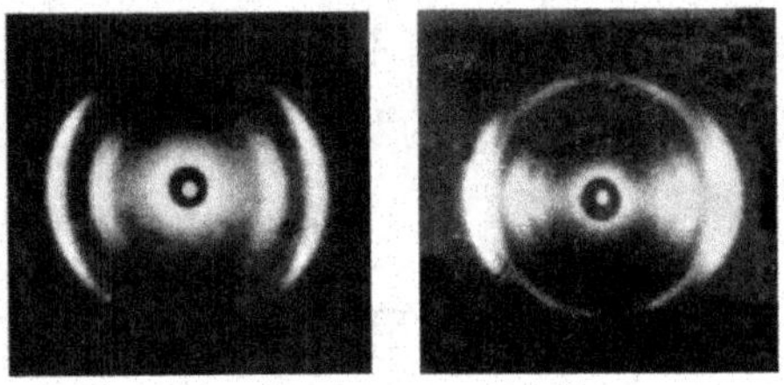

(a) 棉　　(b) 丝光棉

图3-7　棉及丝光棉纤维的X射线衍射图

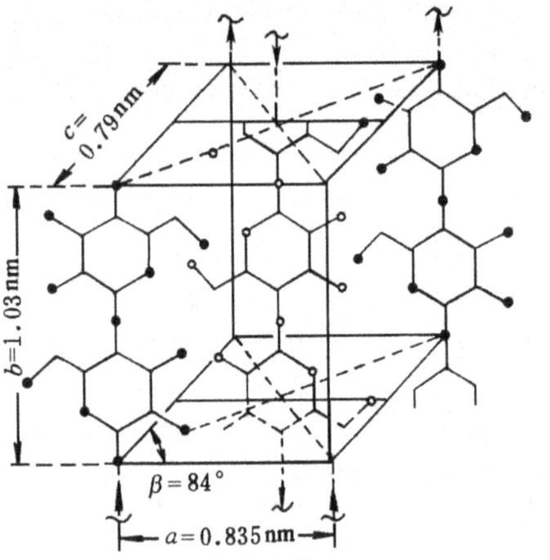


(a) 晶格图

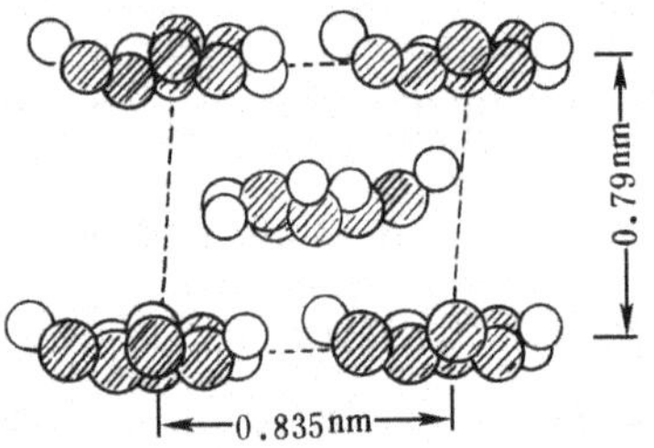


(b) 投影图

图3-8　天然纤维素单元晶格及其投影示意图

### 2. 棉纤维中纤维素的单元晶格

根据丝光前后棉纤维的X射线衍射图中干涉点与弧的位置、间距以及纤维素的分子结构,推算出其单元晶格属于单斜晶系,天然纤维素被称为纤维素Ⅰ,它的单元晶格及其投影如图3-8(a)所示。

图3-8中,$a$轴、$b$轴、$c$轴3轴各不相等。$a$、$c$轴夹角$\beta=84°$,其他轴夹角均为90°。

从图3-8中可以看出,每一个晶格中包括5个纤维素大分子链中的两个环,晶格中心的大分子链与四角的分子链走向相反,且相错半个葡萄糖环高度。

纤维素大分子沿$b$轴排列,以双糖长度为单元晶格的恒定周期,如图3-8(b)所示。

棉纤维经丝光后,天然纤维素的晶格参数发生一定变化,呈现另一种X射线衍射图像,此种纤维素称纤维素Ⅱ。纤维素Ⅱ仍属于单斜晶系,其晶格参数:

$a=0.81\text{nm}, b=1.03\text{nm}, c=0.91\text{nm}$;

$a$、$c$ 轴夹角 $\beta=62°$，其他轴夹角均为 90°。

**3. 纤维的结晶度和取向度**

通过对纤维素纤维的 X 射线衍射图像中衍射强度的分析，可推算出结晶度。结晶度为结晶部分在整体纤维中的含量。棉纤维的结晶度约为 70%，麻纤维约为 90%，无张力丝光棉纤维约为 50%，黏胶纤维约为 40%。纤维的结晶度与纤维的物理性质、化学性质和力学性质均有密切关系。

纤维中的晶体在自然生长过程中形成一定的取向性，晶体的长轴与纤维轴的夹角称为螺旋角，螺旋角愈小，取向度愈高。棉纤维次生胞壁外层的螺旋角在 30°～35°，麻纤维的螺旋角为 6°左右。

## 二、用电子显微镜和扫描隧道显微镜研究

**1. 棉纤维的扫描隧道显微镜图**

利用普通光学显微镜可以观察到棉纤维中存在着粗大的原纤，但发现微原纤是在电子显微镜问世以后。用扫描电镜（SEM）可以直接观察到棉纤维中的原纤组织（图 3－9）。但电子显微镜的分辨率较低，现在可用更为先进的扫描隧道显微镜（STM）对微晶纤维素的超显微结构进行直接观察（图 3－10 和图 3－11）。

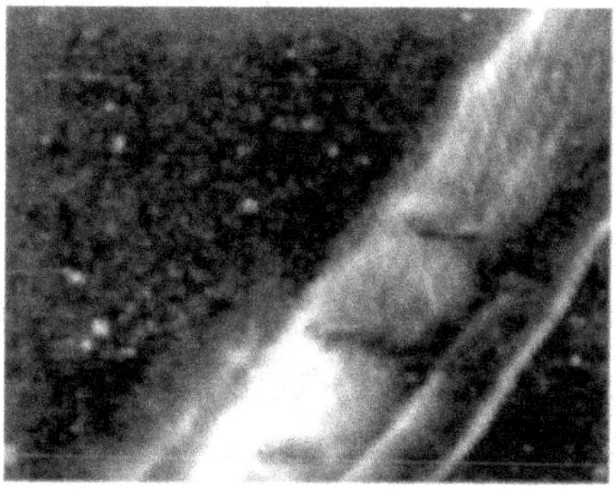

图 3－9　棉纤维的 SEM 图

图 3－9 是用 KYKY—2000 型扫描电镜观察脱脂棉的表面形态。从棉花纤维的 SEM 图片中可清楚地观察到纤丝，直径为 500nm 左右，它是组成纤维素纤维的最大结构单元，纤丝平行排列在一起，但由于 SEM 分辨率较低，加之实验时需在纤维素纤维表面喷一层金膜，因此从 SEM 图像中很难进一步观察到纤丝的精细结构。

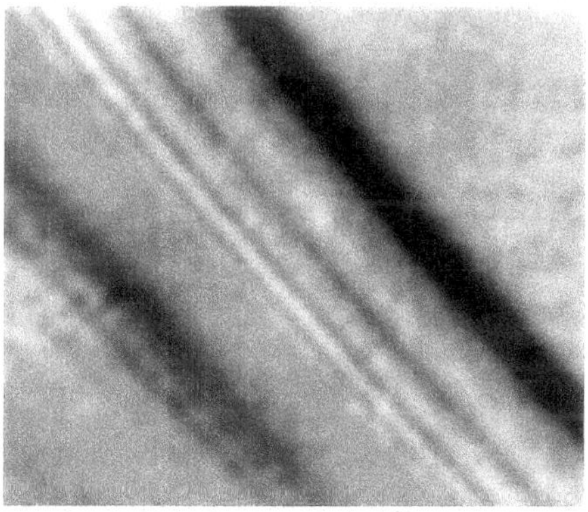

图 3－10　脱脂棉纤维超显微结构的 STM 图像

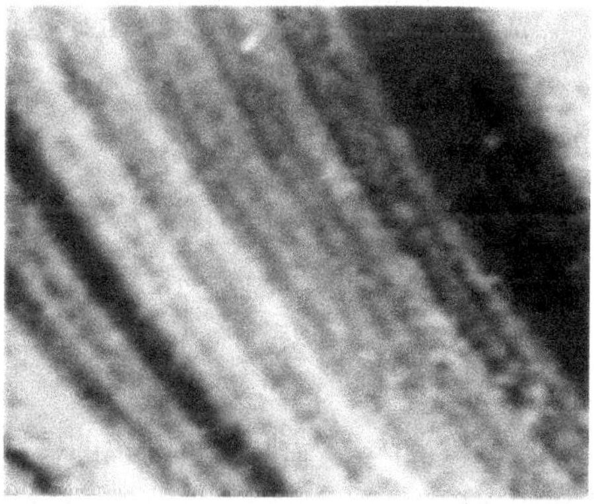

图 3－11　棉纤维超显微结构的 STM 图像

图 3－10 是脱脂棉纤维的 STM 图像，由于 STM 的扫描范围较小，因此 STM 针尖只能在棉花纤维表面的局部区域扫描。图中显示的是组成纤维素的微纤丝，微纤丝的宽度在几十纳米的范围内，而其长度远远超出了扫描范围。从缩小扫描范围得到的图 3－11 中可以观察到，微纤丝（microfibril）又由更细的结构——基原纤丝（elementary fibril）以平行排列方式组成，基原纤丝的直径为 2～4nm，它的结构单元是以 $\beta$－1，4－苷键连接而成的纤维素分子。

20 世纪 20 年代以来，通过 X 射线衍射等试验，提出了纤维素的物理结构模式，即纤维素超分子结构二相体系理论。按照这一被普遍承认的理论，纤维素首先在分子内和分子间形成大量氢键，进而构成刚性的不溶性微纤丝。在微纤丝形成过程中，有的区域中葡聚糖长链沿分子长轴平行排列，呈现一定的规律，形成高度有序的结晶区，其间又夹杂很多无序结构，形成交织的无定形区。微纤丝就不可能平行排列、贯穿整个长度，而只能交叉、融合形成分叉结构。

图 3－12 棉纤维的结晶区与无定形区结构的 STM 图是上述理论模式的直接验证。由图 3－12可以清楚地看到，在两个高度有序、平行排列的区域之间存在着间隔区，间隔区里没有明显的有序结构，而呈现一种模糊、杂乱的状态。可以推断，高度有序的区域应为棉纤维的结晶区，中间间隔的无序区域应为非结晶区，这表明纤维素确实是一种结晶不完全的多聚物。从图中还可以观察到，结晶区与无定形区之间没有明显的界限，它们构成了一种逐渐过渡的连续结构。出现这种情况是由于一根微纤丝可以贯穿几个结晶区与无定形区。另外，图 3－12 显示出结晶区的长度并非是均一的，其长度变化范围为 5～9nm。图 3－13 显示的是棉纤维形成的叉状结构，而且这种叉状结构在纤丝与微纤丝的结构单元中都存在。这又证明了微纤丝中的纤维素分子可以通过交叉而融合在一起，形成较其本身长得多的微纤丝；微纤丝也可以同样的方式形成更长的纤丝，进而构成长度比宽度大上百倍的纤维材料。

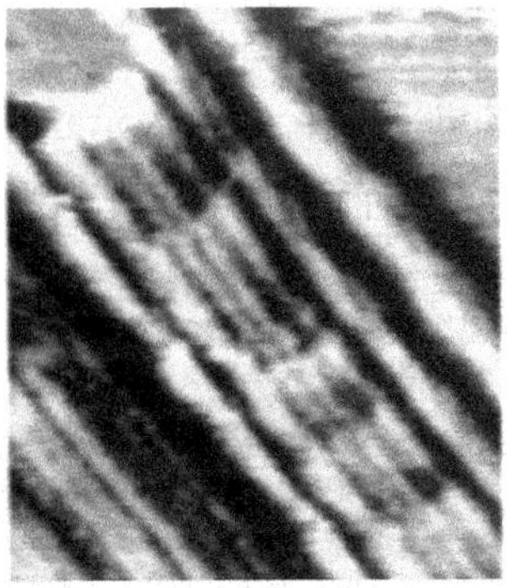

图 3－12　棉纤维的结晶区与无定形区结构的 STM 图像

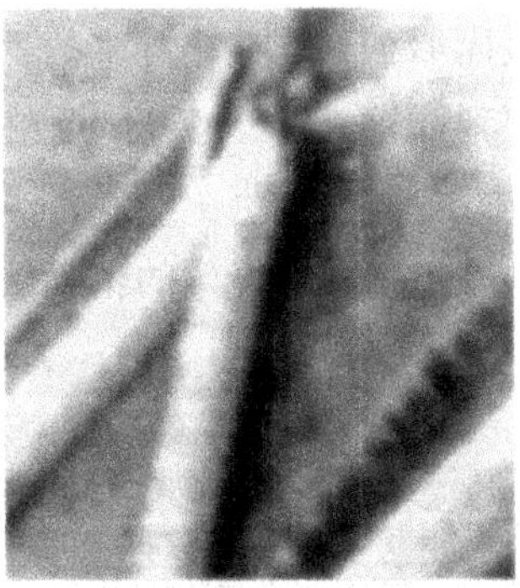

图 3－13　棉纤维的叉状结构的 STM 图像

**2. 麻纤维的电子显微镜图**

纺织材料学认为，苎麻韧皮纤维的巨原纤是由纤维素大分子经基原纤、微原纤、原纤逐级大体平行排列构成大分子束，半纤维素、木质素等伴生物分布于各级原纤之间及其内部的缝隙和孔洞中，纤维刚性强、弹性差、抱合力较小是由于纤维素大分子的结晶度和取向度较高的缘故。

苎麻韧皮纤维细胞壁的巨原纤在其原始状态下，大体上呈圆柱形，扭曲较多，表面平滑，极个别有不规则的膨大现象（图 3－14），直径为 0.25μm 左右。相邻的巨原纤之间普遍存在着交织现象，但绝大部分趋向纤维轴向排列（图3－15）。在细胞壁的不同部位，巨原纤存在着局部的和整齐的间断现象（图 3－16）。

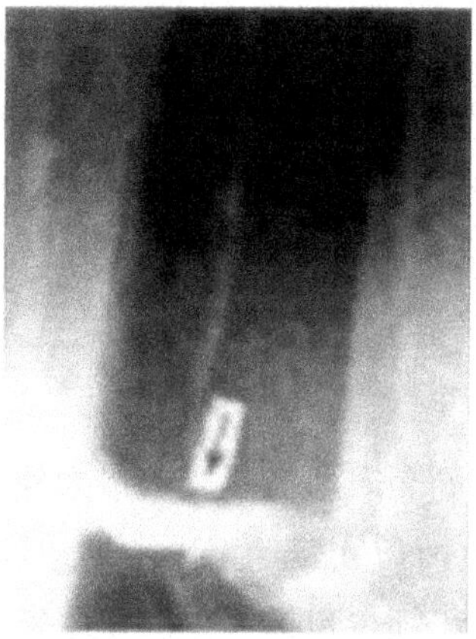

图 3－14　苎麻纤维巨原纤外观形态

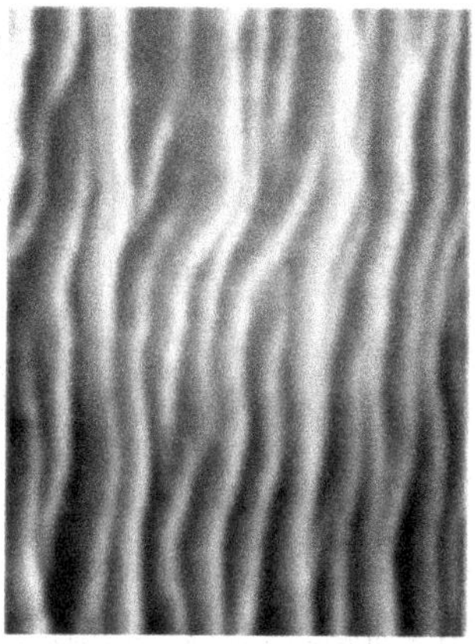

图 3－15　苎麻纤维表面巨原纤轴向排列现象

麻茎纵切片扫描电镜观察表明，巨原纤由螺旋状的原纤与筒状结壳物质构成。当巨原纤表面的结壳物质被除去后，原纤仍维持螺旋体结构，单根原纤又由多股略呈扭曲的微原纤相互缠绕而成，直径为 0.031～0.045μm，螺距为 0.20μm（图 3－17）。苎麻韧皮纤维的非纤维素物质主要分布在巨原纤的外围，它们使得纤维变得刚硬，而螺旋体的原纤结构又使得纤维富有弹性。这是苎麻韧皮纤维不同于其他纤维的重要超微结构特征，是导致纤维刚性强、弹性差、抱合力较小的又一个不容忽视的细胞学因素。

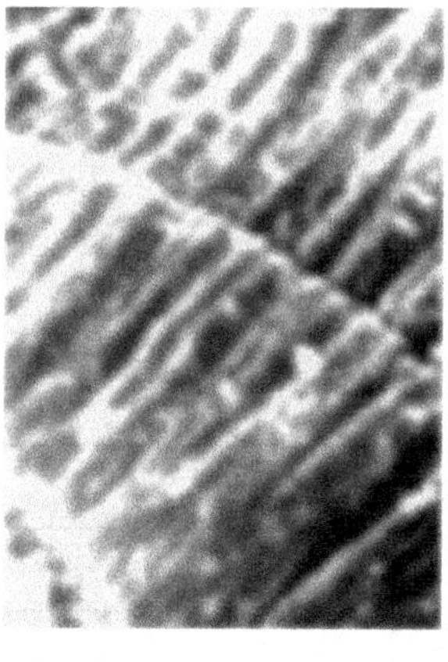

图 3－16　苎麻纤维巨原纤局部整齐的间断现象

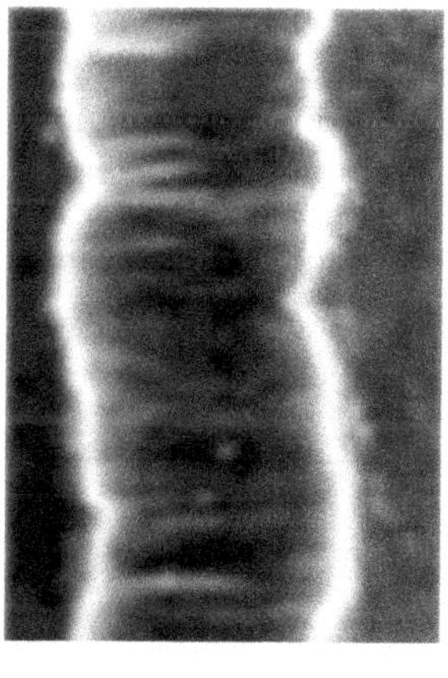

图 3－17　苎麻纤维原纤的螺旋结构图

# 第四节　纤维素纤维的主要物理—机械性能

纺织品在生产和使用过程中,必然会受到各种机械力的作用,而纤维是组成纺织品的基本材料,它的物理—机械性能将对纺织品的耐用性起着决定性影响。织物在使用过程中虽然会受到各种各样的作用,但最常见的是拉伸作用,因此纤维的拉伸性能与织物耐用性之间有着密切的联系。而纤维的断裂强度、断裂伸长率、应力—应变曲线、弹性等与纤维拉伸性能有关,本节将对此作简要介绍,并根据纤维的结构性能加以简要分析。

## 一、纤维素纤维的断裂强度和断裂伸长率

纤维的断裂强度(breaking tencity)是指纤维在拉伸至断裂时所能承受的最大外力。衡量纤维强度的最简单的方法,就是测定纤维所能承受的最大负荷($P$),即绝对强力。但这种方法没有考虑纤维的细度,因而没有可比性。通常采用将纤维的粗细也包括进去的强度来表示。

**1. 纤维的断裂强度(相对强度)**

断裂强度是指单位线密度的纤维或纱线所能承受的最大应力,单位为牛/特(N/tex),其计算式为:

$$P_{tex}=\frac{P}{\mathrm{Tt}} \tag{3-1}$$

$$P_{den}=\frac{P}{N_{den}} \tag{3-2}$$

式中:$P_{tex}$——特克斯制断裂强度,N/tex;

$P_{den}$——公制断裂强度,N/旦;

$P$——绝对强力,N;

Tt——纤维的线密度,tex;

$N_{den}$——纤维的线密度,旦。

几种纤维的断裂强度见表3-5。

**表3-5　纤维的断裂强度**

| 纤　维 | 断裂强度(N/tex) | |
|---|---|---|
| | 干　态 | 湿　态 |
| 棉纤维 | 0.18~0.31 | 0.22~0.40 |
| 黏胶纤维 | 0.18~0.26 | 0.11~0.16 |
| 麻纤维 | 0.49~0.59 | 0.51~0.68 |

纤维的强度又分为干强和湿强两种。干强是纤维达到平衡回潮时测定的,而湿强则是纤维在含湿状态下测定的。对吸湿性纤维而言,纤维的干、湿强度是不同的。棉、麻等纤维的湿强大于干强,而黏胶、毛等纤维则恰恰相反。对疏水性纤维,其干强和湿强几乎相等。产生这一现象的原因,将在本节的纤维断裂机理中讨论。

**2. 纤维的断裂伸长率**

纤维在拉力作用下将产生伸长,且随拉力作用时间的延长,纤维不断伸长,直至断裂。纤维断裂时的长度($L_R$)与原长($L$)之差称为断裂伸长($\Delta L$)。断裂伸长与纤维原长之比称为断裂伸长率(breaking elongation rate),以 $\varepsilon$ 表示。

$$\varepsilon = \frac{\Delta L}{L} \times 100\% \qquad (3-3)$$

式中:$\Delta L$——断裂伸长,$\Delta L = L_R - L$;

$L$——纤维原长。

纤维的断裂伸长率可以反映纤维的柔韧性,不同的纤维由于其化学结构和超分子结构不同,断裂伸长率不同。一般在结晶度相同的情况下,取向度越低,断裂伸长率高,韧性大;反之,则脆性大。

## 二、纤维素纤维的初始模量

初始模量(initial modulus)也称杨氏模量或弹性模量,它是指材料所受应力与其相应形变之比。纤维材料的初始模量通常是指使纤维产生1%伸长所需的力,以牛/特(N/tex)表示。

纤维的初始模量与大分子链的结构和分子间作用力有关。大分子链的柔顺性越高,纤维的初始模量越小。对同一类纤维,结晶度和取向度高的纤维初始模量较大。

初始模量可表示纤维在外力作用下变形的难易程度。初始模量大,纤维不易变形,织物具有抗皱性和挺括性;反之,则表现为柔性。

## 三、纤维素纤维的应力—应变曲线

将纤维随着应力的增大逐渐发生应变的情况绘成曲线,即为应力—应变曲线,又称纤维的负荷—延伸曲线,由实验值绘得。利用各种纤维的应力—应变曲线可求出纤维的断裂强度、断裂伸长率及模量等反映纤维性能的重要数据,还可直接看出纤维的刚柔情况。

一些纤维的应力—应变曲线如图3-18所示。

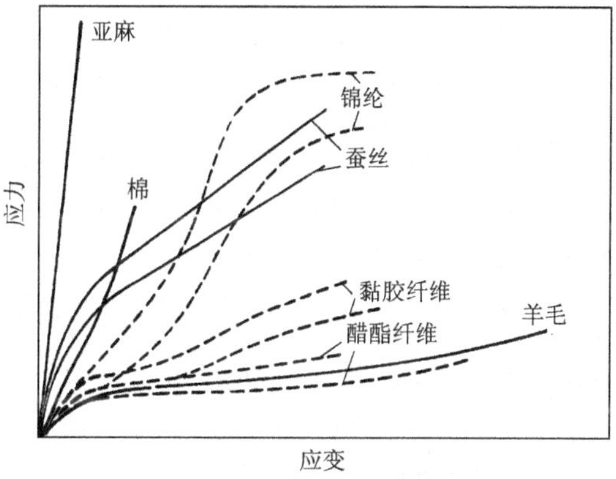


图3-18 一些纤维的应力—应变曲线图

从图 3－18 可以看到，亚麻与棉的应力—应变曲线相似，都近似一条直线，没有明显的屈服点，但前者的断裂强度和初始模量较高，断裂伸长率和断裂功较小，显得比较硬、脆，而棉纤维的韧性则较大。黏胶纤维的应力—应变曲线与棉纤维相比有显著的不同，前者有明显的屈服点，断裂强度和初始模量均较小，但断裂伸长率较大，是一种软弱的纤维。

## 四、纤维素纤维的断裂机理与纤维超分子结构的关系

一般来说，纤维在外力作用下发生断裂，是因为外力破坏了分子内的共价键或分子间力的结果。对纤维来说，无论是共价键还是分子间力，都与大分子链的长度和取向度有关。大分子链越长，共价键和分子间力越大，其强度越高；大分子取向度越高，分子间力越大，纤维的强度也越大。纤维材料既有较高的长链结构，也有较高的取向度，它的断裂机理目前存在着两种解释：一种解释是纤维大分子链在受外力作用时，由于不能承受外力的作用而发生大分子链的断裂，从而导致纤维材料的断裂；另一种解释是纤维在受外力作用时，大分子间的作用力不足以抵抗外力的作用，使得大分子链间发生相对位移，甚至滑脱，从而导致纤维的断裂。但对纤维素纤维来说，断裂不是由单纯的分子链断裂或分子链间相对滑移造成的。以麻纤维为例，其分子聚合度在 10 000 以上，结晶度高达 70%，原纤与纤维轴的交角小于 10°，它的强度高达 588N/tex（若纤维素纤维的密度以 $1.5g/cm^3$ 计，则相当于 9 $000kg/cm^2$），但与高分子材料的理想强度（$15 \sim 20) \times 10^4 kg/cm^2$ 相比还要相差几十倍，显然，单纯的分子链断裂不是麻纤维断裂的唯一原因。麻纤维素大分子上具有较多的羟基，分子间会形成大量的氢键，结晶度又高，因此单纯分子链间的相对滑移，也不是纤维断裂的主要原因。麻纤维的断裂很可能是由于超分子结构中存在缺口和弱点，在拉伸时弱点首先断裂，缺口逐渐扩大，进而应力集中，分子链断裂，导致纤维断裂。它的湿强比干强大，也是这种机理的佐证。潮湿状态下水的增塑作用可以部分消除纤维大分子结构中的弱点，使得大分子结构中的缺陷得到改善，使应力分布更加均匀，从而增大了纤维的强度。但对黏胶纤维来说，大分子的聚合度较低，只有 250～500，结晶度较低，取向度也不高，本身分子间作用力小，它的断裂主要是由大分子链或其他结构单元之间相对滑移形成的。黏胶纤维的湿强比干强低得多，可能是因为吸湿后由于水的溶胀作用，更降低了纤维的分子间力，有利于分子链间或结构单元间的相对滑移。因而它的湿强低于干强。如果在纤维的分子间引入交链，防止相对滑移，就会大大提高黏胶纤维的强度。在日常生活中，黏胶纤维织物水洗时要轻揉，船用缆绳一般采用麻纤维等就是利用上述原理。

棉纤维由于聚合度和结晶度都较高，具有与麻纤维相似的断裂机理，但由于其取向度比麻纤维差，所以强度也较麻纤维低。

由此可见，麻、棉和黏胶纤维的断裂机理是不同的。产生这种现象的原因，主要与纤维超分子结构和相对分子质量大小密切相关。

## 五、纤维素纤维的弹性

纤维的弹性（elasticity）就是纤维从形变中回复原状的能力，它是纤维主要的物理—机械性

能之一。弹性高的纤维组成的织物外观比较挺括，不易起皱，如毛织物。另外，纤维的弹性对纺织品的耐穿、耐用性能也有重要的影响。

纤维素纤维在受到较小的外力作用后产生的形变，放松后视外力或纤维形变大小而有不同程度的回缩。当应力或形变小于纤维的屈服应力或屈服应变时，放松后被拉伸了的纤维基本上能迅速回复到原来的长度，若超过了屈服点，有一部分形变难以回复或不可回复，这是因为纤维的弹性不一样。一般按回复的情况可分为可复弹性形变或不可回复形变，即纤维的弹性或塑性形变，如图3－19所示。

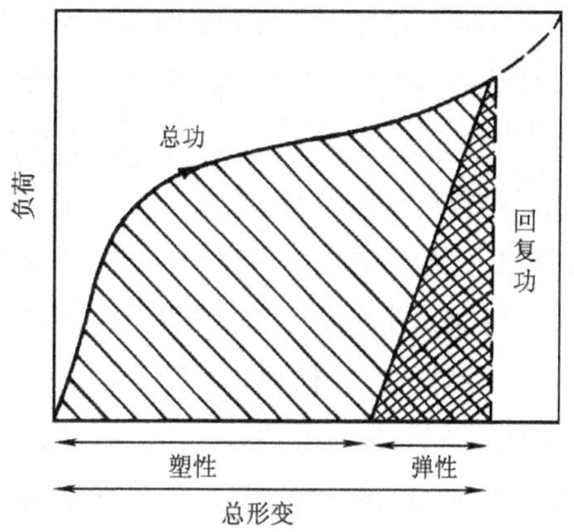


图 3－19 纤维的弹性和塑性形变示意图

为了表示纤维的弹性大小，可采用形变回复率和功回复率来表示：

$$形变回复率=\frac{弹性形变}{总形变}$$

完全回复时的形变回复率为1（或100%），完全不回复则为0，不完全回复者在0～1。

$$功回复率=\frac{回复时的回缩功（回复功）}{形变时的总功}$$

一些纤维的形变回复率与应力的关系如图 3－20 所示。一些纤维的形变回复率与形变的关系如图 3－21 所示。

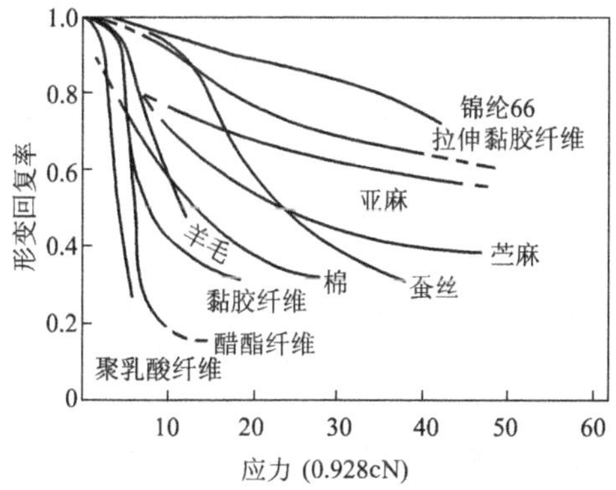


图 3－20 一些纤维的形变回复率与应力的关系曲线

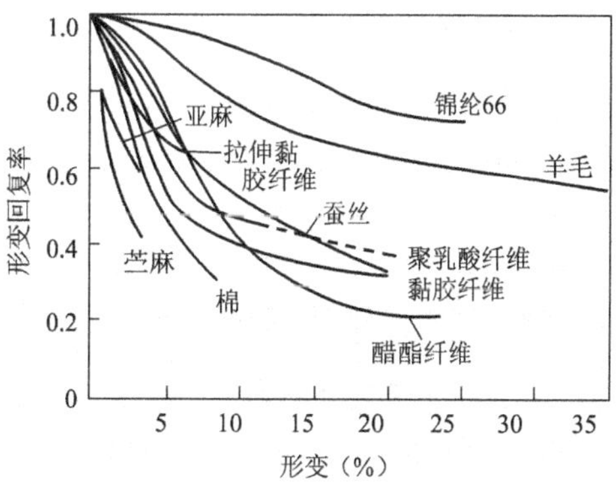


图 3－21 一些纤维的形变回复率与形变的关系曲线

纤维的弹性变化与纤维的结构是有关系的。从图 3－20 和图 3－21 可知，就纤维素纤维麻、棉和黏胶纤维来说，在应力相同的情况下，麻的形变最小，弹性表现较高；黏胶纤维的形变最大，弹性表现最差。但在形变相同的情况下，麻的弹性回复能力最差，黏胶纤维最好，棉介于麻和黏胶纤维之间。从纤维素的分子结构来看,分子主链上具有葡萄糖环,葡萄糖环上又有羟基存在,分子间可形成大量的氢键,内旋转困难,是一种比较僵硬的大分子,在一般条件下都是处于玻璃态,不能产生明显的高弹形变。棉、麻纤维由于结晶度和取向度都比一般黏胶纤维高,具有大的初始模量,显出类似硬弹簧的弹性,能承受较大应力的作用而不发生很大形变,放松后能回复原状,有较好的弹性。但当应力超过它的弹性极限,即屈服应力以后,可能会发生一定的强迫高弹形变甚至塑性形变。在强迫高弹形变中伴随有氢键断裂,部分晶体解体,形变发生后又有新氢键的生成和取向再结晶。所以,外力松弛后,只能部分缓缓回缩,造成形变回复率降低,弹性较差。而一般黏胶纤维由于结晶度、取向度、聚合度和杨氏模量都较低,因而与棉相比具有较低的弹性,而且发生塑性形变和永久形变的机会也较大,特别是潮湿状态更是如此,染整加工时应加以注意。

## 第五节　纤维素纤维的主要化学性质

纤维的结构决定纤维的性能,而纤维的性能是纤维结构的反映,两者是密切相关的。本节将借助纤维的结构来阐述与染整加工密切相关的几种纤维素纤维的主要化学性质,以及经过这些化学作用后,纤维在结构和性能方面所发生的一些主要变化。

从纤维素的分子结构来看,它至少可能进行两类化学反应:一类是与纤维素分子结构中连接葡萄糖剩基的苷键有关的化学反应,如强无机酸对纤维素的作用就属于此类;另一类则是纤维素分子结构中葡萄糖剩基上的3个自由羟基有关的化学反应,如纤维对染料和水分的吸附、氧化、酯化、醚化等。本节将对这些化学反应做详细介绍。

从纤维素纤维的形态和超分子结构来看,在保持纤维状态进行化学反应时,具有反应不均一的特征,染整加工所进行的化学反应往往多属于此类。这种现象主要与纤维的形态和超分子结构的不均一有关。纤维素纤维分子在纤维中组成原纤、晶区和无定形区,形成了特定的形态和超分子结构。不同的试剂在不同的介质中只能深入到纤维中某些区域,而不能到达纤维内排列紧密的晶区,造成各部分所发生的化学反应程度不同。

### 一、纤维素纤维的吸湿和溶胀

#### 1. 纤维素纤维的吸湿性

纺织纤维放在空气中,会不断地和空气进行水蒸气的交换。纤维一面不断地吸收空气中的水蒸气,一面不断向空气放出水蒸气,直至建立起动态平衡。如以前者为主即为吸湿过程,以后者为主即为放湿过程。纺织纤维在空气中吸收或放出水蒸气的能力称为吸湿性。吸湿性常用吸湿率(或回潮率)和含水率这两项指标来表示。所谓吸湿率,就是纤维内所含水分的重量与绝对干燥纤维的重量之比;而含水率是纤维内所含水分的重量与未经烘干纤维重量之比。

吸湿率(回潮率,$R$):

$$R = \frac{W}{D} \times 100\% \tag{3-4}$$

含水率（$M$）：

$$M = \frac{W}{D + W} \times 100\% \tag{3-5}$$

式中：$W$——试样吸收水分的重量；

$D$——绝对干燥试样的重量。

将纤维置于给定的大气中，它就以递减的速率逐渐吸收或失去水分，直至获得平衡为止，此时的吸湿率（回潮率）称为平衡吸湿率（平衡回潮率）。

**2. 纤维素纤维吸湿性的影响因素**

纤维的吸湿性与纤维本身的性质有关，如与纤维中的亲水性基团有关。纤维大分子中，亲水性基团的多少和亲水性基团的强弱均能影响其吸湿能力，如羟基（—OH）、酰氨基（—CONH—）、氨基（$—NH_2$）和羧基（—COOH）等较强亲水性基团，它们与水分子的亲和力较大，能与水分子形成结合水。这类基团越多，纤维的吸湿能力越高。纤维素纤维，如麻、棉、黏胶纤维、铜氨纤维等纤维，大分子中的每一葡萄糖剩基含有 3 个羟基，吸湿性较大，醋酯纤维中的大部分羟基被乙酰基取代，而乙酰基对水的吸附能力不强，因此吸湿性较差。

通过实验发现，棉和黏胶纤维虽然都是纤维素纤维，但两者在相同环境中的吸湿率是不同的。黏胶纤维的吸湿率要比棉纤维大得多，在 5% ~80% 相对湿度条件下的吸湿率之比约为 2∶1，见表 3 -6。

**表 3 -6　黏胶纤维与棉纤维的吸湿比**

| 相对湿度（%） | 5 | 20 | 40 | 60 | 80 |
|---|---|---|---|---|---|
| 吸湿比（黏胶纤维的吸湿率∶棉纤维的吸湿率） | 1.99∶1 | 2.13∶1 | 2.08∶1 | 2.03∶1 | 1.98∶1 |

这两种纤维吸湿率的不同，主要是由纤维超分子结构不同引起的。吸湿比恰好接近于这两种纤维无定形部分的含量之比，而且纤维吸湿时纤维的 X 射线衍射图像不发生变化，因此可以认为纤维的吸湿主要发生在纤维的无定形区和晶区的表面。棉纤维的结晶度为 70%，而黏胶纤维为 30%，所以黏胶纤维的吸湿性比棉纤维高得多。显然，纤维的结晶度越高，吸湿性越差。

纤维的吸湿性还与纤维的比表面积有关。单位重量的纤维所具有的表面积，称为比表面积。比表面积越大，表面能就越高，表面吸附能力就越强。纤维表面吸附的水分子数越多，表现为吸湿性越好。细纤维较粗纤维的吸湿率偏大。

纤维内的空隙越多，水分子越容易进入，毛细管凝结水增加，纤维吸湿性越强。黏胶纤维的结构比棉纤维疏松，它的吸湿性高于棉。合成纤维的结构一般比较紧密，而天然纤维组织中有微隙，天然纤维的吸湿率远大于合成纤维。

纤维素纤维的各种伴生物和杂质对吸湿性也有影响。如棉纤维中有含氮物质、蜡质和果胶物质等。其中含氮物质和果胶较其主要成分更能吸收水分。麻纤维中的果胶和蚕丝中的果胶有利于吸湿。

纤维的吸湿性还与所处空气的温度和湿度有关。棉纤维在相对湿度为 65%，温度为 20℃

的标准状态下，吸湿率为7%～8%。

**3. 纤维素纤维的溶胀**

随着纤维的吸湿过程，将发生纤维的膨化，这主要是由于水分子进入纤维内部，削弱了分子间的联系，使分子间力降低，分子间距离增大，使纤维的体积增大。即纤维发生膨化。膨化后的纤维有利于其他物质分子的进入，反应性及对染料的吸附能力大大提高。

纤维吸湿后的溶胀具有各向异性。所谓溶胀异向性，是指纤维吸湿后，沿直径方向的增长大大高于长度方向的增长。

纺织材料吸湿的多少会影响纤维的重量、强力等许多物理性能，从而影响其工艺加工和使用性能。纺织材料吸湿性的大小，直接影响着织物的穿着舒适性。吸湿性小的纤维不易吸收人体排出的汗液，常有闷热不适的感觉。

## 二、碱对纤维素的作用

**1. 纤维素对碱的稳定性**

印染厂常利用烧碱对棉织物进行处理和加工，如用稀碱液进行棉布的退浆和煮练、用浓碱液进行丝光，这说明纤维素对碱是很稳定的。但这种稳定性只是相对的，当碱液的浓度和温度都较高[如 $c(NaOH)=1.0mol/L$ 氢氧化钠溶液、170℃]时，纤维素的降解作用十分剧烈和迅速。在高温和有空气存在时，纤维素对碱十分敏感。这是因为碱对空气中的氧与纤维素的氧化反应起了催化作用。因此，纤维素织物在染整加工过程中使用烧碱时，在高温、高浓度的条件下，应予以足够重视，特别注意避免带碱织物长时间与空气接触，以免纤维受损。

**2. 浓碱对纤维素的作用**

在常温下，浓氢氧化钠溶液会使天然纤维素膨化，纵向收缩，直径增大，如设法施加张力防止收缩，并及时洗除碱后，可使纤维获得丝一样的光泽，这就是丝光。在显微镜下观察丝光后的纤维，原有胞腔几乎消失，纵向由原来的扭曲扁平带状变为平滑的圆柱状。用X射线进一步研究，发现晶格变化，结晶度下降，这说明棉纤维在浓碱作用下发生了剧烈溶胀。水仅能使纤维无定形部分分子间的结合力拆散，并使之发生溶胀；而浓碱液却能深入到纤维的晶区，部分地克服晶体内的结合力，使晶格发生一定的溶胀和拆散，但是仍然不能克服晶体内的所有结合力，而使晶格发生无限溶胀。水洗后，经过这样巨大变化后的分子链不可能完全回复，使纤维的形态和超分子结构产生了不可逆变化。因而，利用这种性能所获得的纺织品整理效果持久。

碱与纤维素的作用原理，一般有两种解释。一种观点认为纤维素是一种弱酸，它与碱发生了类似中和反应生成醇钠化合物，可表示为：

$$\text{Cell—OH} + \text{NaOH} \xrightleftharpoons{\text{放热}} \text{Cell—ONa} + H_2O$$

另一观点认为碱和纤维素的羟基结合，形成分子化合物。它是以分子间力，特别是氢键结合而成，其反应式表示如下：

$$\text{Cell—OH} + \text{NaOH} \xrightleftharpoons{\text{放热}} \text{Cell—OH} \cdot \text{NaOH}$$

碱与纤维素作用后的产物叫碱纤维素，碱纤维素是一种不稳定的化合物，经过水洗后仍能回复原来纤维素的结构，但微结构发生变化，通常称它为纤维素Ⅱ，也称它为水化纤维素或丝光纤维素，天然纤维素称为纤维素Ⅰ。纤维素Ⅰ和纤维素Ⅱ称为同质异晶体。纤维素Ⅱ与纤维素Ⅰ相比，结晶度下降，无定形区增加，因而对染料的吸附能力及化学反应能力大大提高，这一点对染整加工非常有利。

## 三、纤维素与酸的作用

在染整加工中，常常会用酸来处理织物，如漂白后的酸洗等。用酸时，必须对酸的浓度、温度和处理时间加以严格控制，此外还必须将酸从织物上彻底洗净，否则便会引起纤维损伤，导致纤维强度降低。这是因为酸对纤维素分子中的苷键水解起催化作用，导致纤维素大分子聚合度降低，使纤维受到损伤。因此，在实际生产中，了解酸与纤维素的作用原理及影响因素，严格控制条件，以减少对纤维素的损伤是十分必要的。

**1. 酸与纤维素的作用原理**

纤维素大分子的1,4－苷键具有缩醛性质，对碱稳定，对酸敏感，酸对纤维素大分子中苷键的水解起催化作用，反应如下：

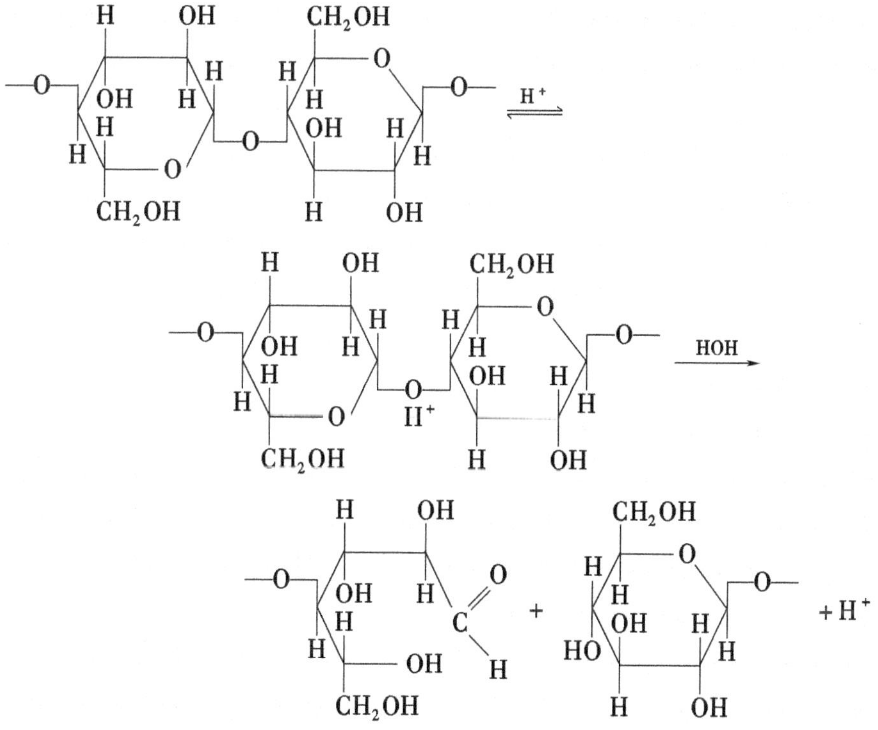

从上述水解反应可以看出，水解后在断链的一个葡萄糖基环上，形成半缩醛或醛基，出现还原性。随着苷键的水解，导致纤维素聚合度的降低和潜在醛基的增加，因此可以用测定纤维素的聚合度和还原性来判断纤维素受到酸损伤的程度。纤维素的还原性通常以碘值或铜值来测定。“碘值”是指1g干燥的纤维素能还原$c(\frac{1}{2}I_2)=0.1mol/L$ $I_2$液的毫升数。反应式为：

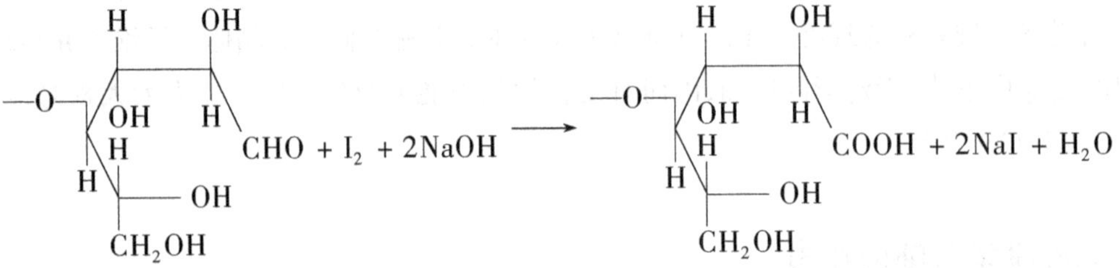

“铜值”是指100g干燥的纤维素将$Cu^{2+}$还原成$Cu^{+}$的克数。反应式为：

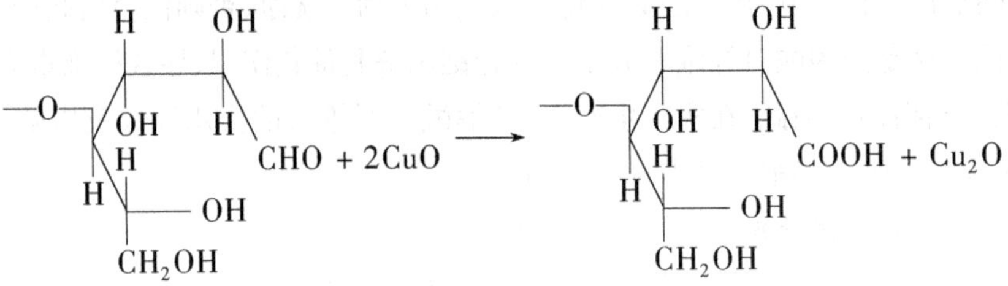

纤维素在酸溶液中发生部分水解，形成分子聚合度不同的混合物，称为水解纤维素。水解纤维素的化学组成与原纤维素并无区别，只是聚合度降低，相对分子质量具有更大的分散性。水解纤维素若继续与酸作用，聚合度降至50左右，称为纤维素糊精。如果将所有的苷键彻底水解断裂，则产物是葡萄糖：

$$(C_6H_{10}O_5)_n \xrightarrow[H^+]{H_2O} nC_6H_{10}O_5$$

纤维素与酸的反应并不是均一的，首先发生在纤维的无定形部分和晶区表面。随着反应的加深，也可使晶区发生由表及里的反应，使纤维解体最后完全水解为葡萄糖。纤维素纤维在染整加工过程中，一般不会遭受到使纤维解体那样极度的水解作用，而仍然保持着纤维状态，但纤维强度却随着水解程度的加深而下降。

**2. 影响纤维素酸性水解的因素**

影响纤维素水解的因素，主要有酸的性质、浓度、水解反应的温度、作用时间。

(1)酸的性质。酸性愈强，催化能力愈强，水解速率愈快。强的无机酸，如硫酸、盐酸等，作用最为剧烈，磷酸较弱，硼酸更弱。有机酸即便是酸性较强的蚁酸、醋酸，其作用也比较缓和。

(2)温度。酸的浓度恒定，在20~100℃时，温度每提高10℃，纤维素水解速率可提高2~3倍。

(3)浓度。图3-22是精制棉在不同浓度的盐酸中的水解情况。从图中可看出，酸的浓度越大，纤维素的水解程度越大，聚合度越小。同时，酸的浓度越大，纤维素的水解速率越快。在低浓度下，水解速率与酸的浓度几乎成正比。当酸的浓度较高时，纤维素的水解速率的增加比酸浓度的增大更快。

(4)时间。在其他条件相同的情况下，纤维素的水解速率与时间成正比。

此外，纤维素的水解速率快慢还与纤维素的种类有关，如麻、棉、丝光棉、黏胶纤维的水解速率是依次增加的，这主要是因为它们的纤维结构中无定形部分是依次增加的。

综上所述，纤维素对酸是比较敏感的，但在适当条件下，还是有一定的稳定性，即使在使用强的无机酸时，若能适当控制条件，也不会引起纤维严重的损伤。这种性质在实际生产中有很多应用，如氯漂后用稀硫酸脱氯、用酸中和织物上过量碱、棉织物用酸处理生产蝉翼纱、涤棉织物的烂花产品等。但在生产中必须严格控制酸的浓度、温度及处理时间，一般选用稀酸，温度不宜超过50℃，织物必须充分洗去酸，特别应避免带酸干燥。

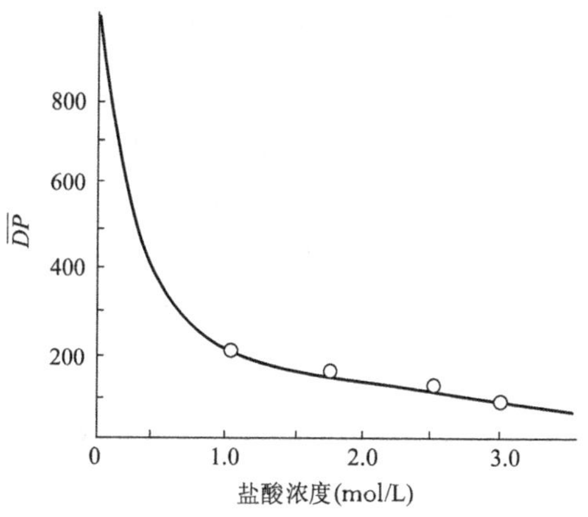


图3-22　精制棉的酸水解速率与酸浓度关系图

## 四、纤维素与氧化剂的作用

纤维素一般不受还原剂的影响，而氧化剂则能使纤维素氧化，纤维素被氧化后成为氧化纤维素，使纤维受到损伤。因此，在生产中应用 NaClO、$NaClO_2$、$H_2O_2$ 等氧化剂对棉或涤/棉织物进行漂白时，必须严格控制工艺条件，以保证织物或纱线的应有强度。

### 1. 纤维素的氧化

纤维素的氧化作用主要发生在葡萄糖剩基的3个羟基和大分子末端的潜在醛基上。有些氧化只发生在葡萄糖剩基上，对纤维的损伤较小；而有些氧化可使分子链断裂，造成纤维素聚合度下降，对纤维的损伤较大。纤维素剧烈氧化的最终产物是二氧化碳和水。

纤维素可能发生以下各基团的氧化：

（1）大分子基环中的伯羟基氧化成醛基：

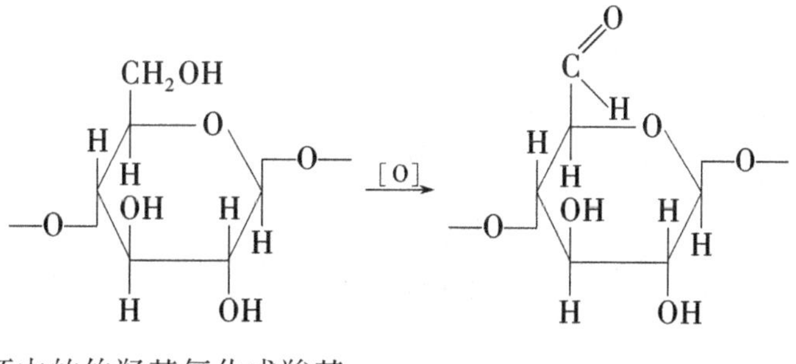

（2）大分子基环中的伯羟基氧化成羧基：

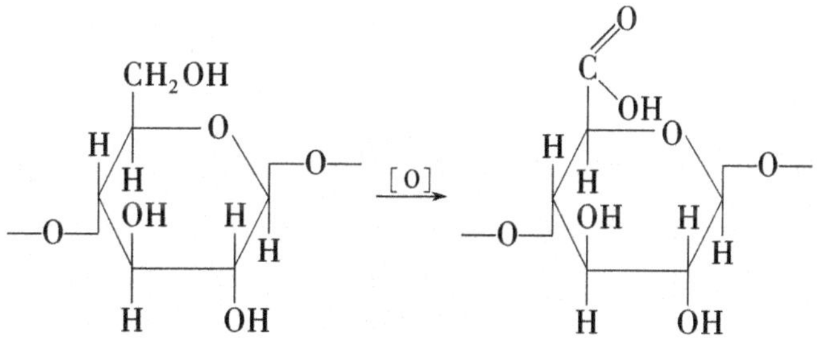

(3)大分子基环中的仲羟基氧化成羰基：

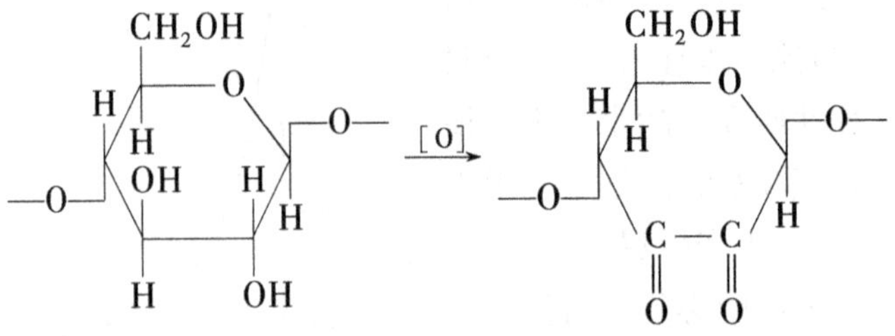

(4)大分子基环中的仲羟基氧化成醛基：

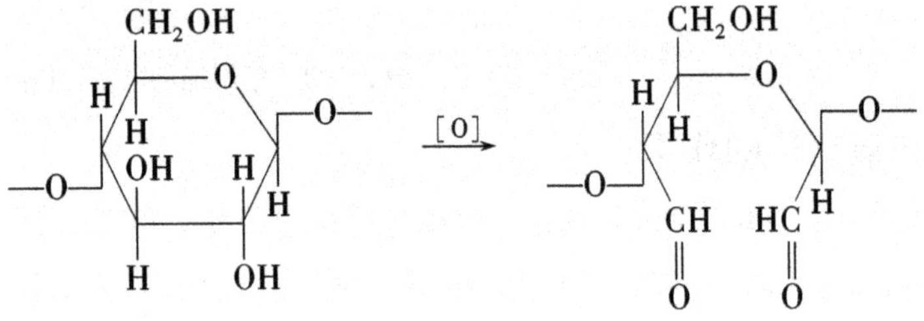

(5)大分子基环中的仲羟基氧化成羧基：

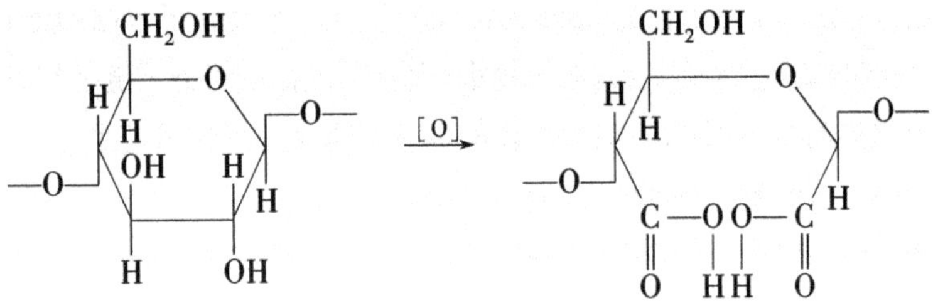

(6)大分子末端潜在醛基氧化成羧基：

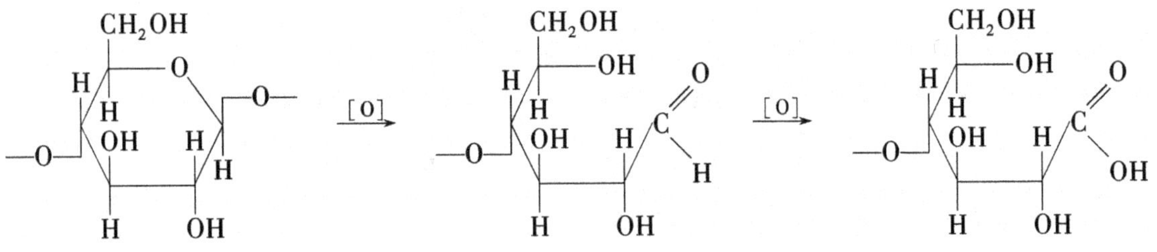

显然，纤维素被氧化后的产物是比较复杂的，这些产物统称为氧化纤维素。

**2. 氧化剂的种类**

通常某种氧化剂与纤维素作用后的产物并不是单一的，而是多种氧化产物的混合物。有些氧化剂只对纤维素某一位置上的基团进行氧化，称选择性氧化剂；而有些氧化剂可与纤维素不同位置上的基团发生氧化作用，其产物复杂多样，称为非选择性氧化剂。下面对常用的氧化剂作一些简单介绍。

(1)选择性氧化剂。选择性氧化剂的种类不多,主要有以下几种。

①亚氯酸钠($NaClO_2$)。亚氯酸钠只能选择氧化纤维素分子中的醛基成为羧基,而不影响羟基,也不会使分子链断裂。使用这种氧化剂作纤维素纤维的漂白剂,是非常安全可靠的。氧化的产物为上述第六种氧化产物。

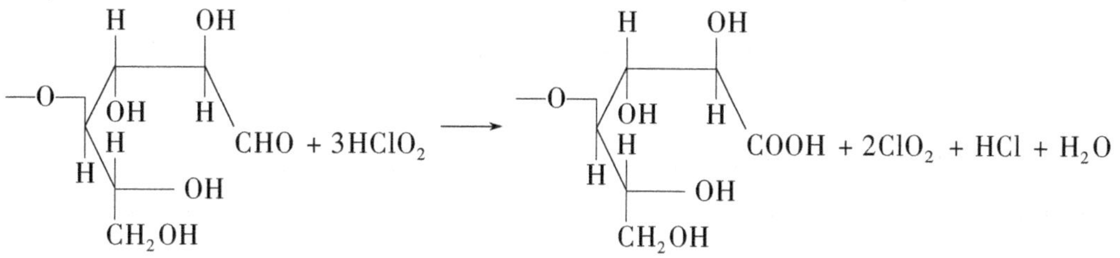

由于 $ClO_2$ 和 HCl 的放出,对环境造成污染,对设备具有腐蚀性。用 $NaClO_2$ 成本较高,所以一般用于高档棉织物及涤棉混纺织物的漂白。

②高碘酸($HIO_4$)。高碘酸能选择性地氧化纤维素分子上的羟基成为醛基,由于氧化后的产物具有潜在损伤,所以实际生产中避免使用。

(2)非选择性氧化剂。非选择性的氧化剂种类较多,用于漂白的次氯酸钠(NaClO)、过氧化氢($H_2O_2$)以及高锰酸钾($KMnO_4$)、重铬酸钾($K_2Cr_2O_7$)等均属于此类。它们对纤维素的氧化作用非常复杂。从微结构来看,绝大多数非选择性氧化作用是发生在纤维的无定形区和结晶区的表面。而有些选择性氧化剂,如 $HIO_4$,都能进入结晶区,以致 X 射线衍射图像发生改变。

**3. 氧化纤维素的性质**

纤维在不同条件下氧化,可得到还原型和酸型两类氧化纤维素。还原型氧化纤维素指分子中含有大量醛基的氧化纤维素,而酸型纤维素则指分子中含有大量羧基的氧化纤维素。纤维素氧化后生成还原型氧化纤维素时,只是葡萄糖环发生破裂,并没使纤维素大分子断裂,纤维的强度变化不大,但不稳定。实验证明,它经碱煮后强度下降非常大,这种现象称为潜在损伤。所谓潜在损伤,是由于纤维素基环因氧化而产生的醛基或羰基能使 $\beta$ 碳原子的醚键对碱变得敏感而发生断裂,因为醛基、羰基均属负电性基团,具有强烈的吸电子性,形成诱导效应,$\alpha$ 碳上的氢显酸性,在碱存在下很容易离解,这样 $\alpha$ 碳上的电子发生位移,在形成双键的同时发生 $\beta$ 碳上醚键分裂。$\beta$ 分裂历程如下:

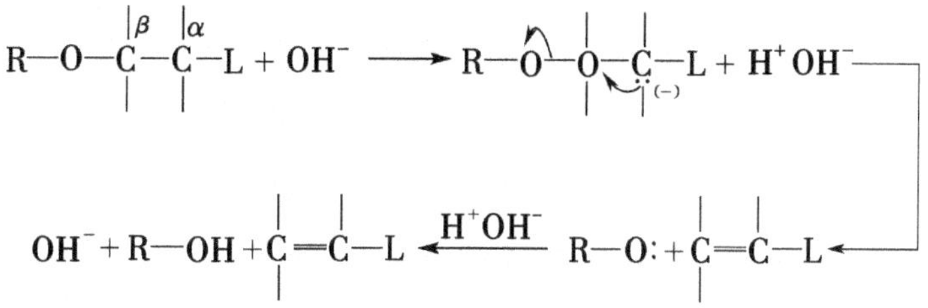

$\beta$ 分裂会造成大分子的断裂。当氧化的产物生成羧基时,诱导效应大大减小,且在碱性条件下羧基本身能电离出氢离子,所以不会造成大分子链断裂。使用 NaClO 漂白剂时应控制溶液的 pH 值,在碱性条件下得到酸型氧化纤维素,减少还原型氧化纤维素,从而减轻氧化剂对纤维素的损伤。

为了判断纤维在漂白过程中受到的损伤程度,通常采用测定纤维或制品强度的方法。但是,纤维强度的降低,并不能反映纤维受到的全部损伤。如果测定碱煮后的强度,便能比较全面地反映问题。此外,也可测定纤维素铜氨溶液的黏度或铜乙二胺溶液黏度的变化来加以了解。因为黏度高低与纤维素的聚合度之间存在着一定的关系,同时铜氨或铜乙二胺溶液的黏度能比较全面地反映纤维的受损程度,是一种良好的质量检验方法,但需要有一定的设备和比较熟练的技巧,而且费时。

纤维的氧化和水解有相似的地方,都主要发生在无定形区和结晶区的表面。但氧化纤维素与水解纤维素不同,其聚合度不一定降低,氧化纤维素与水解纤维素的性能比较见表 3-7。

**表 3-7　水解纤维素与氧化纤维素的性能比较**

<table>
<tr><th colspan="3">纤维素类型</th><th>与正常纤维素结构比较</th><th>强　度</th><th>铜氨溶液黏度</th><th>还原性(铜值)</th><th>碱中溶解度</th></tr>
<tr><td colspan="3">正常纤维素</td><td>—</td><td>高</td><td>高</td><td>低</td><td>低</td></tr>
<tr><td colspan="3">水解纤维素</td><td>相似</td><td>低</td><td>低</td><td>高</td><td>高</td></tr>
<tr><td rowspan="4">氧化纤维素</td><td rowspan="2">还原型</td><td>未经碱处理</td><td rowspan="4">不同</td><td>高</td><td>低</td><td>高</td><td>高</td></tr>
<tr><td>经碱处理</td><td>低</td><td>低</td><td>高</td><td>高</td></tr>
<tr><td rowspan="2">酸性型</td><td>未经碱处理</td><td>高</td><td>低</td><td>低</td><td>低</td></tr>
<tr><td>经碱处理</td><td>较高</td><td>低</td><td>低</td><td>低</td></tr>
</table>

## 五、光、热及微生物对纤维素的作用

### 1. 光对纤维素的作用

纤维素在日光和大气的作用下,发生氧化和裂解反应。

光对纤维素的破坏作用有两种类型,一是在波长较短的紫外线照射下,直接引起 C—C 键、C—O 键的断裂,称为光解作用,它与空气无关。另一种是波长靠近紫外光及可见光区,同时有光敏剂、氧及水分的存在,使纤维发生光氧化,称为光敏作用。许多染料都是光敏剂,它能吸收入射光,而得到高的能量,又可把能量传给周围的空气和水分,使之生成臭氧和过氧化氢,它们会使纤维素氧化而破坏。纤维素的氧化程度与波长有关,波长愈短所引起的破坏作用愈大。在日光照射下,不同纤维的强度损伤 50% 所需要的时间如下:

| | |
|---|---|
| 天然丝 | 200h |
| 黏胶丝 | 900h |
| 棉 | 940h |
| 亚麻 | 999h |
| 羊毛 | 1120h |

### 2. 热对纤维素的作用

纤维素的热稳定性较好,但当温度很高时,纤维素的稳定性下降。纤维素纤维甙键在

100℃以下较为稳定,但随着温度的升高及作用时间的延长,纤维素发生明显的热退化现象,同时伴随发生纤维素的氧化及水解。在120～140℃,4h以内的处理,纤维素尚无显著变化,时间延长,纤维素发生解聚变黄。当有水分存在时,热退化及水解同时进行,聚合度降低更快。温度超过250℃,纤维素剧烈分解形成树胶状物,然后逐渐碳化。纤维素在高温干馏时,除生成水和碳外,还有甲烷、乙烷、一氧化碳、二氧化碳、醋酸、丙酮等。

**3. 菌类对纤维素的作用**

纤维素易受细菌和霉菌的影响。细菌和霉菌均属于微生物,其分泌物称为酶。在酶的作用下,纤维素易发生水解,生成较简单的糖,所以细菌和霉菌的破坏都能使纤维的强度受到严重破坏。潮湿是微生物最适宜的生长环境,一般相对湿度在75%～85%以上,纤维吸湿超过9%时,微生物生长最适宜,所以纤维素纤维应存放在较干燥的地方。

## 六、纤维素酶对纤维素的作用

纤维素酶是能催化水解纤维素,生成葡萄糖的一组酶的总称。它主要包括三类性质不同的酶,即内切型-$\beta$-葡聚糖酶、外切型-$\beta$-葡聚糖酶和$\beta$-葡萄糖苷酶。

纤维素分子是由$\beta$-D-葡萄糖剩基彼此以1,4-苷键连接而成的直链高分子化合物。纤维素纤维包括棉、麻、黏胶纤维、铜氨纤维和天丝等,其结构都是由晶区和非晶区构成,结晶区的纤维素分子排列整齐,结构紧密,纤维素酶不易进入内部。在纤维素降解过程中,首先由内切酶作用于微纤维的非结晶区,使其露出许多末端供外切酶作用,产生纤维二糖,最后由$\beta$-葡萄糖甙酶作用将其分解成葡萄糖。作为纺织工业用的纤维素酶,它不需要将棉纤维素分解成葡萄糖,而只要破坏棉纤维束分子间的氢键,松散棉纤维束的结构,或者部分降解纤维素分子长链,即可达到工艺要求。如使织物表面,特别是疏松部分的纤维素分子降解、水解和减量,织物便变得光滑整洁,手感柔软。但在酶处理过程中,纤维素织物的强度有所降低。由于降解作用是从非晶区开始的,如果酶处理控制适当,织物强度的损失可调节在合理范围内,对织物的服用性能影响很小。

不同种类的纤维素酶和外界条件(主要是温度、pH值、时间等)将影响纤维素酶对纤维素的作用效果。

纤维素酶作为一种高效生物催化剂,因其具有可降解性及对织物能产生可控的整理而广泛应用于纺织行业。其中,牛仔布的仿旧整理及纺织品的生物抛光是纤维素酶最成功的应用。

## 七、纤维素纤维的化学改性

纤维素纤维分子链中含有大量的羟基,可以和许多化合物作用,由此可对纤维素进行改性,使纤维素织物的性能在某些方面获得改善,如亲水性、染色性等。

纤维素纤维的改性常用来改善其染色性能。这种改性大致有三种途径。第一种是对纤维的物理形态和微结构改变,引起其染色性能变化。例如,对棉织物进行丝光,包括用液氨对织物处理,它们均会改变棉纤维的微结构,甚至引起晶型变化,不仅物理性能发生很大变化,而且染色性能也有所增进。第二种是对纤维表面进行改性,方法包括物理、物理化学以及化学方法,纤维表面改性也会引起染色性能发生变化。第三种就是对整个纤维,包括其表面和内部进行化学改性。这种改性一般会引起染色性能更大的变化。当然,化学改性时往往会伴随另外两种改性。

**1. 棉织物的化学改性**

(1)对棉织物进行季铵化改性(阳离子改性)。用缩水甘油三甲基氯化铵改性,反应如下:

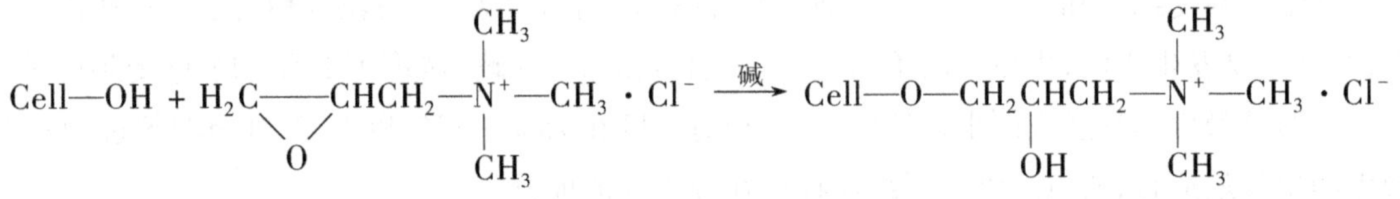

胺化和季铵化的纤维素纤维可以在中性到弱酸性条件下,无盐时用活性染料染色。其中,以季铵盐的固色率最高。

另外,也可用 *N*,*N* - 二甲基氮杂环丁烷氯化物、聚酰胺环氧氯丙烷聚合物、聚环氧氯丙烷(PECH)—二甲胺、*N* - 羟甲基丙烯酰胺等对棉织物进行胺化改性,还可用胆碱盐酸盐对棉织物交联改性。

(2)利用纳米技术对棉织物改性。天然棉具有天然的多孔质构造。若将银化合物的矿物质磨成 6nm 大小的颗粒,以特殊工艺将天然棉纤维中的天然多孔质封住,处理之后的纤维称为"活生棉","活生棉"具有吸汗、速干、抗菌、防臭及保温等五大功能,安全且具有良好的耐久性。

由于"活生棉"内天然多孔质超微粒的矿物质(银化合物)表面积相当大,因此能快速吸汗,快速放出水分,干燥速度快,穿着时感觉非常舒适。同时,天然多孔质超微粒的矿物质含有银化合物,能发挥抗菌、消臭作用。另外,矿物质具有远红外线效果,可浸透人体皮肤的皮下组织,刺激血管,使血液循环良好,促进体内新陈代谢,消除体内的有害物质,对人体健康相当有帮助,而且还具有保温效果,寒冷时可保持体温,使人体舒适。

(3)等离子体对棉织物的改性。等离子体的表面改性可改进各种天然纤维或合成纤维材料的亲水性、可染性、可印刷性、透气性以及防静电功能等,其在纺织上的应用越来越广泛。

选用低温等离子体对棉织物或涤棉织物进行表面改性,可使其表面的化学组成与结构发生变化,从而使其表面性能获得优化,尤其是吸水性、吸汗性增强,并且这种改性具有一定的耐久性。如棉织物和涤/棉织物经过空气、氩气、氮气、氧气等离子体处理后,在其表面形成自由基,使其极性增强,毛细管效应明显改善。

(4)水溶布和可控降解纤维。普通纤维是不溶于水的,可以反复洗涤,但若以棉纤维素为原料,经烧碱浸泡、一氯乙酸醚化、盐酸中和及乙醇精制等工艺处理,制得羧甲基纤维素后,它可在水中溶胀和糊化,直至完全溶解。若对棉布进行相同工艺处理,在适当醚化和不破坏织物固有性能情况下,也可制得能溶于水的棉布。这种水溶布的水溶性大于 97%,不溶性游离纤维小于 3%,且无毒,能在冷、热水中膨胀、糊化和溶解,形成黏稠状胶质液体。

水溶布应用广泛,因其具有吸水止血功能,且容易销毁处理,因而可用于吸湿包装材料、止血纱布、皮肤大面积创伤病人的服装、绷带等，也可用作妇婴卫生用品以及"一次性"衣物用料。另外，利用水溶布的可溶性，可预先用人造丝在水溶布上绣各种图案花形，然后用水将水溶布洗去，留下漂亮的镂空花形图案。按此工艺可在女时装上制作出精美高档的花边装饰品。

（5）纤维素纤维的接枝改性。纤维素纤维的吸湿性好，穿着舒适，无论作为服用、装饰用还是产业用，一直是人们的首选纺织材料。但它在某些方面还存在着不足，如染色牢度差、色泽不鲜艳、强力低、抗皱保形性差等。为了改善其性能的不足或赋予其特殊的功能，人们对其进行化学接枝改性，保持了纤维素纤维的优良服用性能，通过改变其化学结构，从根本上改善了纤维素纤维的性能。

对纤维素纤维的改性还可采用接枝共聚的方法。主要原理是由引发剂产生表面自由基而完成接枝，其方法各异，化学机理也各不相同。与纤维素纤维接枝共聚的是乙烯系单体，可以由光敏剂、—OH 自由基、氧化还原系统等引发接枝共聚。

纤维素纤维的接枝改性除可以改善其染色性外，还可提高其强度、抗皱保形性或赋予其某些特殊功能。

**2. 苎麻纤维的化学改性**

苎麻纤维的化学改性是打破纤维结晶区羟基间的氢键，使大分子产生膨化和溶胀，改变分子的晶型结构。由于大多数反应试剂不易进入结晶区，苎麻纤维化学改性的关键在于采用的溶胀剂能否进入纤维素分子链的网状结构甚至结晶区，产生溶胀作用，溶胀能力增强，分子间力减弱，分子间距离增大。苎麻纤维的化学改性就是在纤维素超分子结构中产生最大限度的溶胀，并避免已松懈的纤维素分子的重结晶，实际上就是纤维的溶胀与消晶。

苎麻纤维的改性主要有以下几个方面：

①使纤维素大分子产生膨化、溶胀的物理化学变化。这种改性使苎麻纤维膨化、溶胀，削弱了苎麻纤维素大分子内部结构横向连接，分子链定向被破坏，无定形区的密度下降，结晶度下降。

②使纤维素酯化和醚化。由于取代基团的引入，纤维素分子不能回复到原来状态，改变了苎麻纤维的晶体结构和微细结构，使结晶度、取向度降低，微晶粒尺寸变小。

③进行功能基团的接枝，在纤维素大分子上接上其他基团，由于接枝基团的化学性能活泼，易与染料分子结合，改善了苎麻纤维的染色性。同理也可以进行其他功能基团的接枝，改善抗静电性、抗菌性等，使苎麻纤维向功能化方向发展。

（1）苎麻纤维的碱法改性。苎麻纤维的碱法改性是比较成熟的一个改性工艺，已经进入了工业化生产。苎麻纤维经浓碱液浸渍后，纤维发生了溶胀作用，纤维的微细结构随之发生了改变，结晶度、取向度和密度下降，纤维的物理性能也发生变化。研究认为，碱处理时烧碱浓度应控制在16% ~18%之间，也就是纤维素Ⅰ向纤维素Ⅱ转变的临界点。处理时，将苎麻纤维先在烧碱溶液中充分溶胀，然后在硫酸浴中消晶。

苎麻纤维经碱法改性处理后，在可纺性能和服用性能方面得到提高。如纤维的卷曲性提高，初始模量降低，纤维的抱合力增强，明显改善了纺纱性能，提高了织物的耐磨性，染色性能和抗折皱性也有一定程度的改善。碱法改性还具有工艺流程短，使用的化工原料成本较低，易于推广等特点。

（2）苎麻纤维的乙酰化改性和烷基化改性。在苎麻纤维溶胀时引入乙酰基团，可以避免纤维素的重结晶。乙酰基团的引入阻止了纤维素链的重新靠近，防止重新形成氢键，以保持纤维素消晶的状态。烷基化改性是以异丙醇为烷化剂，在20%的氢氧化钠溶液中添加0.5%～1%的烷化剂，处理时间在10～15min左右，使苎麻纤维产生烷基化反应。苎麻纤维在浓碱中烷基化，大大增强了膨化能力。纤维水洗后，由于烷基基团的存在，阻止了苎麻纤维的退膨作用，保持其消晶的状态，得到较好的改性效果。

（3）苎麻纤维的磺化改性。苎麻纤维的磺化改性是对纤维素的酯化反应，是碱纤维素与二硫化碳作用生成纤维素磺酸酯的过程。苎麻纤维的磺化改性存在的主要问题是工艺流程较长，加之二硫化碳是有毒气体，应用受到限制。

（4）苎麻纤维的氰乙基化改性。苎麻纤维的氰乙基化改性，是在纤维素大分子上引进了氰基，生成纤维素醚，改变了纤维素的化学组成和结构，同时也伴随有纤维素晶体结构和微细结构的变化。苎麻纤维氰乙基化改性的原理，是在氢氧化钠溶液中先让苎麻纤维溶胀，再用丙烯腈将纤维素大分子上的羟基进行醚化，得到氰乙基纤维素。

上述几种方法都是以碱法改性为基础的，都是在浓碱溶胀生成碱纤维素进而选择不同的消晶方式的基础上进行的。消晶方法的比较见表3－8。

**表3－8　苎麻碱法改性消晶效果途径**

| 改性方法 | 保持消晶效果方法 | 作用机理 |
| --- | --- | --- |
| 传统碱法改性 | 直接硫酸浴并添加硫酸锌、硫酸镁 | 钠、锌离子与纤维素结合留在疏松的纤维素分子中 |
| 磺化改性 | 二硫化碳磺酸化 | 纤维素羟基（伯、仲）的酯化反应 |
| 乙酰化改性 | 含催化剂醋酸溶液浸渍 | 纤维素链上引入乙酰基，以阻碍纤维素分子链重新靠近形成氢键，保持碱消晶的溶胀效果 |
| 烷基化改性 | 碱法溶胀时添加异丙醇进行烷化 | 烷基取代基阻止已高度膨化的纤维退膨化 |
| 氰乙基化改性 | 丙烯腈醚化 | 丙烯腈将纤维素大分子上的羟基进行醚化，得到氰乙基纤维素，阻碍纤维素分子链重新靠近形成氢键 |

（5）苎麻纤维的液氨处理。苎麻纤维的液氨处理与棉纤维的液氨丝光类似，是一种高档的处理技术。苎麻织物经过液氨处理后改善了其弹性、手感、柔软性、尺寸稳定性等诸多性能，从而使其服用性能获得提高。

（6）苎麻纤维的阳离子化改性。苎麻纤维的染色性能较差，不易上染，着色浅，色光暗，20世纪80年代末开始采用阳离子化改性方法来改善苎麻纤维的染色性能。与棉阳离子改性类似，苎麻阳离子化改性机理是利用阳离子基团与纤维素葡萄糖剩基上的羟基反应，生成阳离子化合物，进而选用阴离子染料染色。一般情况下，纤维素大分子中的100个基环单位接枝上1～2个阳离子基团，就能获得较好的染色效果。选择阳离子化改性剂，主要考虑到与苎麻纤维素结合的难易程度和接枝率，同时要考虑试剂的成本。

# 第六节　纤维素共生物

棉纤维在生长过程中，纤维素的含量随着棉成熟度的增长而增加，约占90%以上。除此之外，棉纤维还含有一定量的天然杂质，这些物质与纤维素共生共长，因此也称其为纤维素共生物。纤维素共生物主要有果胶、含氮物质、蜡状物质、色素等。棉纤维在生成过程中由于品种不同，以及生长季节、气候、土壤和营养等影响，它们的品质有较大差异。成熟棉纤维的平均组成如表3－1所示。

纤维素共生物在棉织物染整加工中影响纤维的吸水、染色、白度等性能。因此，在染整加工的前处理中要去除这些共生物，以适应染整加工与服用的需要。本节将对共生物做简要介绍。

## 一、果胶物质

果胶物质广泛存在于自然界的植物体中，棉和麻中均含有此类物质，棉纤维中果胶物质的含量随棉纤维成熟度的提高而降低。成熟的棉纤维中果胶物质的含量低于0.9%～1%，不成熟的棉纤维中高达6%。果胶物质主要存在于纤维的初生胞壁中。

果胶物质的主要成分是果胶酸的衍生物。果胶酸的化学组成是多半乳糖醛酸，具有链状结构如下式所示：

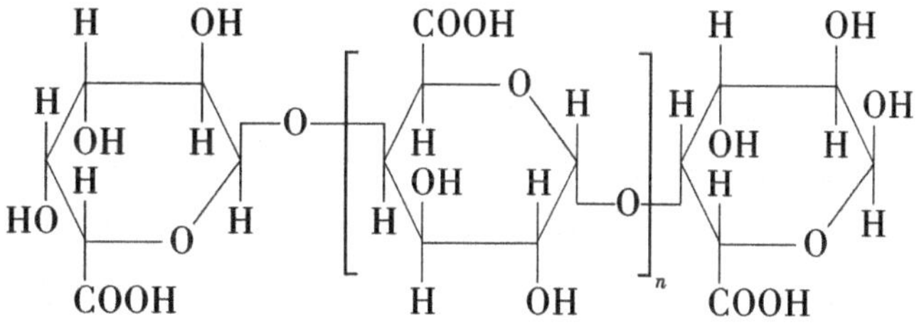

果胶酸具有大量的亲水性羟基和羧基。但棉纤维上的果胶物质却是部分以Ca、Mg盐和甲酯的形式存在的，它的亲水性比纤维素要低。果胶物质对纤维的色泽和润湿性有一定的影响，将不利于纤维的染色和印花等化学加工。而且果胶物质对染品的染色牢度也有不利的影响，因此必须在前处理过程中将其去除。

## 二、含氮物质

含氮物质主要是以蛋白质的形式存在于纤维的胞腔中，也有一部分存在于初生胞壁和次生胞壁中，棉纤维中含氮物质的含量大约为1.3%，纤维上若有蛋白质存在，则织物在加工或服用过程中，经过漂洗，与有效氯接触，很容易形成氯胺，引起织物泛黄。棉纤维中的含氮物质可分为两部分，一部分为无机盐类，如硝酸盐或亚硝酸盐，其含量占含氮物质总量的20%，可溶于60℃的热水或常温稀酸、稀碱中；另一部分的主要成分为蛋白质，需要在烧碱溶液中长时间煮沸除去。

## 三、蜡状物质

在棉纤维中，不溶于水而能被有机溶剂提取的物质，统称为蜡状物质。它主要存在于初生胞壁中，含量大约在0.5%～0.6%。其中含有脂肪族高级一元醇，碳原子数在24～30，如棉醇，它既不溶于水，又不溶于碱；游离的脂肪酸如软脂酸、油酸和硬脂酸以及它们的钠盐、高级一元醇的酯、固体和液体的碳氢化合物。其中，棉醇的含量最大，约占蜡状物质总量的44%。蜡状物质对纤维的润湿性能有很大影响，可借助于皂化和乳化作用而去除。

## 四、灰分（无机盐类）

成熟棉纤维的灰分含量约占1%～2%，是由各种无机盐组成的，其中包括硅酸、碳酸、盐酸、硫酸和磷酸的钾、钠、钙、镁和锰盐，氧化铁和氧化铝。其中以钾盐和钠盐的含量最多，约占灰分总量的95%。

无机盐的存在对纤维的吸水性、白度和手感有一定影响。而且某些盐类和氧化铁等，对于漂白粉的分解有催化作用，这对染整加工是有害的。在练漂过程中，灰分可通过水洗和酸洗而被去除。

## 五、色素

棉纤维中的有色物质称为色素。有乳酪色、褐色、灰绿色等。色素影响织物的白度，可通过漂白作用而被去除。

## 六、棉籽壳

棉籽壳不是棉纤维的共生物。籽棉在轧花过程中，虽然棉籽和棉纤维得到了分离，但会有少量棉籽壳的残片附着在纤维上，影响棉织物的外观。

棉籽壳的化学组成是木质素、单宁、纤维素、半纤维素以及其他的多糖类，除此以外，还含有少量的蛋白质、油脂和矿物质，但以木质素为主。木质素的化学组成，目前公认的结构单元是苯基丙烷。通式如下：

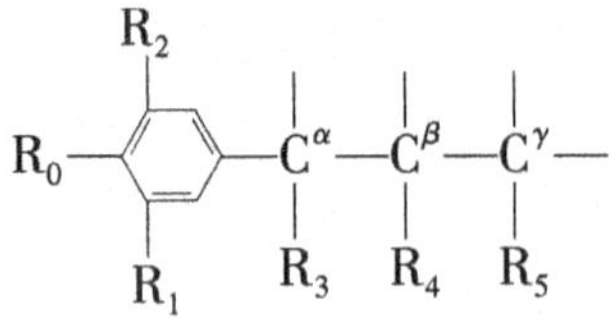


棉籽壳中的单宁、蛋白质、油脂、矿物质和多糖类物质，能与烧碱发生化学作用，提高其在水中的溶解度而被去除。木质素是一种比较难去除的杂质，在高温烧碱的作用下，它可能发生结构上的分解，在碱液中的溶解度增大而被去除。另外，煮练液中加入亚硫酸氢钠，能使木质素形成易溶于碱的衍生物。由此可知，在高温烧碱溶液的长时间作用下，棉籽壳发生溶胀，变得松软而解体，残存的部分经过水洗和受到搓擦作用，从织物上脱落。在常压烧碱汽蒸煮练时，由于作用时间与温度不够，棉籽壳不易去除干净，可以在漂白过程中，使木质素发生氯化作用而进一步去除。

## 第七节 亚麻纤维

亚麻（flax）属于亚麻科亚麻属，为一年生草本植物，分纤维用、油用和油纤兼用3种。纤维用亚麻又称长茎麻，其纤维又称原纤维，横截面呈多角形，由于亚麻单纤维很短，一般都用工艺纤维（束纤维）纺纱。亚麻纤维的色泽是决定纤维用途的重要标志，一般以银白色、淡黄色或灰色为最佳。亚麻纤维具有优良的抗菌性能、抗静电性能、抗紫外线和宇宙射线的性能、阻燃性能等。

亚麻纤维是世界纺织工业中利用历史最悠久、最广泛的麻纤维，也是麻纤维中较受推崇的纤维。据历史记载，亚麻纤维在10世纪初已作为高档纺织品在欧洲市场上流行。直到现在，国外形成了装饰织物以亚麻为贵的评价标准。在我国，现代亚麻纺织工业的起步是在20世纪50年代初。近年来，我国亚麻的产区也由原来的黑龙江发展到云南、湖南、新疆等十余个省、自治区，亚麻纺织品在国内发展很快，这对亚麻原料的数量和质量都有了新的要求。

### 一、亚麻纤维的形态结构

#### 1. 亚麻纤维的细胞发育

亚麻韧皮纤维的细胞发育经历分生形成、伸长增粗、胞壁加厚和发育成熟四个不可分割的阶段。分生形成期是指其分裂分化的过程，该期细胞较短小、原生质浓厚，胞壁很薄，巨原纤横向排列；伸长增粗和胞壁加厚期是生长发育的两个阶段，前者主要表现为细胞体积的扩展，后者纤维长度、直径大体稳定，而胞壁迅速加厚，胞腔逐渐缩小，胞壁内、外巨原纤分别呈横、纵向排列；发育成熟期的主要特征为原生质体逐渐解体消失，巨原纤呈纤维轴向排列。

亚麻原生分生组织发达，分生能力强，初生韧皮纤维是其产量构成的主要来源。亚麻茎中部初生韧皮纤维细胞出苗7～8天就开始分生形成；然后细胞数增多，细胞变粗、壁薄、腔大，呈小链珠状或念珠状形成一圈；快速生长期纤维束开始形成，但细胞排列较松散；现蕾期纤维细胞数快速增加，胞壁迅速加厚，细胞呈束状分布；开花期细胞壁继续加厚，胞腔开始变小，排列较紧密、呈明显的束状分布；成熟期纤维细胞发育成熟，其纤胞总数、纤维束数增加，纤维直径平均为19.58μm，细胞壁厚7.17μm，胞腔5.24μm。横切面呈多角形、近圆形，胞腔缩成圆孔状，单纤维细胞紧密靠接，形成紧密的纤维束，成团地分布在麻茎的韧皮组织中。

#### 2. 亚麻纤维的形态结构

随着亚麻纤维细胞的发育和细胞壁的充实，纤维细胞的形态结构和化学组成均发生一系列的变化，而且不同基团间纤维细胞的结构和组成也存在差异，这些差异影响到纤维的品质。

（1）单纤维的形态结构。一个单纤维就是一个独立的细胞，它是纤维束的基本组成单位。单纤维细胞是两端尖而中空的长纺锤形的厚壁组织细胞，长度为4～60mm，直径为12～37μm。不同品种的单纤维形态并不一致，高纤维品种的单纤维细胞比低纤维品种的单纤维细胞略粗，且细胞壁略厚,主要由纤维素构成,故坚韧而有弹性,在植物体中能抵抗折断、弯曲,有很强的支撑作用。细胞壁存在同心的纹层,有纹孔道从细胞腔向四周放射排列。

纤维细胞壁由胞间质、初生壁和次生壁组成,而次生壁又可分为三层或更多层。纤维发育过程中纤维细胞壁上孔洞、间断的客观存在,以及巨原纤粗细程度和扭曲度的差异是影响其单位长度重量,进而影响纤维产量和单纤维细胞细度高低的重要因素,也是导致纤维强力、断裂伸长率等品质性状发生不规则变化而不可忽视的细胞学因素。

(2)纤维束的形态结构。亚麻纤维成束的分布在茎的韧皮部内,一个纤维束一般有 13 ~ 20 个单纤维,它们由果胶质紧密黏结在一起,茎的周围有 20 ~ 40 个纤维束,它们的组成密度是不同的。纤维束依靠从一个束过渡到另一个束的一些单纤维彼此相互连接,形成坚固完整的纤维网。纤维束有 4 种基本形态,即椭圆形、圆形、正切滑轮形(沿着茎的圆周拉长)和不规则形状,纤维束的形状具有稳定的遗传性。无论是国内还是国外的亚麻品种,韧皮纤维束均呈不大的椭圆形或正切滑轮形,这与边缘平滑、没有棱角的纤维束比较起来,纤维质量比较好。

亚麻韧皮部的纤维通过韧皮纤维束的层内和层间的分离重组,形成一个长短不等、粗细不匀和疏密相同的单层次束纤维的筒形网状结构,环形分布在麻茎的韧皮组织中。

**3. 亚麻纤维的微结构**

图 3 - 23 是 3 种亚麻纤维的横截面形态的扫描电镜照片。观察 3 种亚麻纤维的外观形态可以看到,国产亚麻纤维的横截面呈多角形的居多,而法国和俄罗斯的亚麻的横截面呈扁圆形或腰圆形的要多一些。国产亚麻的横截面内较少有空腔,而法国和俄罗斯的亚麻的横截面内有较明显的空腔,尤其是俄罗斯亚麻。

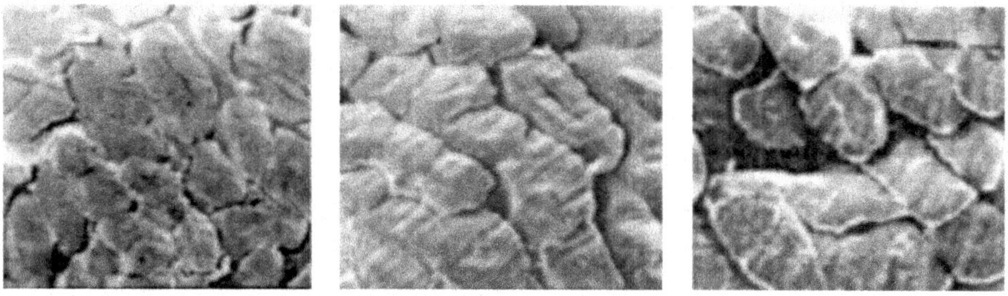

(a) 俄罗斯亚麻　　(b) 法国亚麻　　(c) 中国亚麻

图 3 - 23　各种亚麻纤维的横截面形态

3 种亚麻纤维的纵向表面照片如图 3 - 24 所示。可以发现,3 种亚麻都有麻节,表面都较光洁,经沤麻和初加工后,黏附在亚麻纤维表面的胶质已经不多。

表 3 - 9 是亚麻纤维的聚合度、结晶度和取向度表。从表中可以看出,亚麻纤维的结晶度较高,且结晶区较规整。亚麻纤维的取向度在 91% 左右,结晶度在 66% 左右。

亚麻纤维的微观结构对其染色性能的影响较大,随着取向度和结晶度的升高,上染率将不断下降。

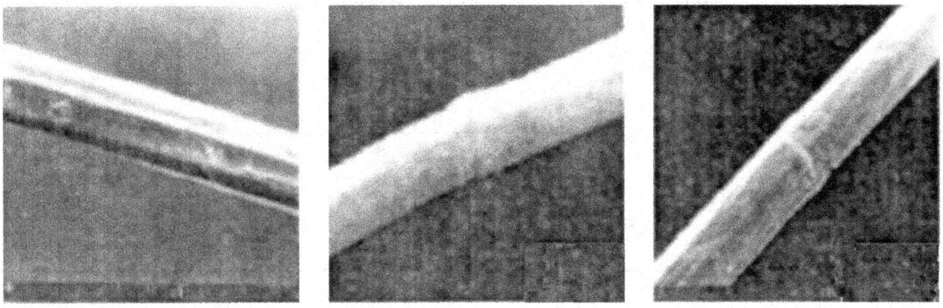

(a) 俄罗斯亚麻　　(b) 法国亚麻　　(c) 中国亚麻

图 3 - 24　各种亚麻纤维的纵向表面形态(SEM 照片)图

**表 3 - 9　亚麻纤维的聚合度、结晶度和取向度**

| 纤　维 | 聚合度 | 结晶度(%) | 取向度(%) |
|---|---|---|---|
| 俄罗斯亚麻 | 1663 | 67.02 | 91.3 |
| 法国亚麻 | 1728 | 65.88 | 90.9 |
| 中国亚麻 | 2020 | 64.99 | 89.8 |

**4. 亚麻单纤维的尺寸**

表 3 - 10 是实际测得的亚麻单纤维的长度和细度。亚麻单纤维较短,所以只能用工艺纤维纺纱,但是单纤维的性质对纺织品的质量仍具有重大的影响。亚麻单纤维的长度越长,细度越小,其品质越好。

**表 3 - 10　亚麻单纤维的长度和细度**

| 试　样 | 单根纤维长度(mm) | | | | 单根纤维截面直径(μm) | | | |
|---|---|---|---|---|---|---|---|---|
| | 最长 | 最短 | 平均 | 长度变异 *CV*(%) | 最大 | 最小 | 平均 | 截面变异 *CV*(%) |
| 俄罗斯亚麻 | 79.5 | 9.0 | 36.70 | 39.52 | 37.83 | 2.7 | 12.98 | 27.09 |
| 法国亚麻 | 72.0 | 8.0 | 26.30 | 44.26 | 37.80 | 2.7 | 14.86 | 39.64 |
| 中国亚麻 | 83.5 | 9.50 | 35.71 | 34.30 | 39.18 | 2.7 | 14.30 | 32.49 |

## 二、亚麻纤维的化学组成

纤维细胞壁的化学组成是以纤维素为基础的。细胞壁中纤维素以及其他化学成分的含量对亚麻纤维的工艺质量有着重要影响。不同地区的亚麻品种的韧皮纤维化学成分存在差异,不同的基因类型、不同的环境条件是造成这种差异的主要原因,但不同的环境条件、不同的栽培措施同纤维化学成分之间的关系尚待进一步研究。表 3 - 11 是不同国家的亚麻纤维化学成分的含量参考值。

表3-11 亚麻纤维中各化学成分的含量

| 品种 | 含量(%) | | | | | | |
|---|---|---|---|---|---|---|---|
| | 纤维素 $x_0$ | 半纤维素 $x_1$ | 木质素 $x_2$ | 水溶物 $x_3$ | 果胶 $x_4$ | 脂蜡质 $x_5$ | 灰分 $x_6$ |
| 俄罗斯亚麻 | 65.07 | 16.41 | 4.53 | 5.65 | 5.62 | 2.72 | 2.60 |
| 法国亚麻 | 67.38 | 15.66 | 5.84 | 3.36 | 5.55 | 2.21 | 1.48 |
| 中国亚麻 | 67.55 | 16.21 | 5.76 | 3.59 | 3.53 | 3.36 | 1.14 |

就亚麻纤维的化学组成来说,它主要以纤维素和半纤维素为主,前者的含量对纤维的稳定性至关重要,后者相对来说稳定性较差,易在热湿作用下发生变化,故其相对比值可以表征各亚麻的优劣。由表3-12中半纤维素含量 $x_1$ 与纤维素含量 $x_0$ 的比值可以看出,法国和中国亚麻的比值较低,法国最小。

纤维中木质素的含量极为重要,木质素含量高的纤维偏硬脆,可纺性和服用性能差,因此纺织化学加工处理要尽可能地去除木质素。由于木质素的去除难度较其他成分大,故其残留含量 $x_2$ 与纤维素含量 $x_0$,尤其是它们的比值 $x_2:x_0$ 是考核纤维质量和加工效果的重要指标。从表3-11可知,木质素的含量 $x_2$ 由少到多排序为俄罗斯亚麻、中国亚麻、法国亚麻,但由表3-12可知,$x_2:x_0$ 的比值俄罗斯的最小,法国和中国的偏高。显然,俄罗斯亚麻纤维的整体质量较好。

表3-12 亚麻纤维中各化学成分含量与纤维素含量的比值

| 品种 | $x_0:x_0$ | $x_1:x_0$ | $x_2:x_0$ | $x_3:x_0$ | $x_4:x_0$ | $x_5:x_0$ | $x_6:x_0$ |
|---|---|---|---|---|---|---|---|
| 俄罗斯亚麻 | 1 | 0.2522 | 0.0696 | 0.0868 | 0.0864 | 0.0418 | 0.0400 |
| 法国亚麻 | 1 | 0.2324 | 0.0867 | 0.0499 | 0.0824 | 0.0328 | 0.0220 |
| 中国亚麻 | 1 | 0.2400 | 0.0853 | 0.0531 | 0.0523 | 0.0497 | 0.0169 |

初加工后的亚麻纤维含有不超过1.25%~1.75%的脂肪与蜡,这同亚麻纤维触感密切相关,如果用溶剂完全除去这些物质,纤维将会变得粗硬而失去光泽,缺乏柔软感。亚麻纤维中木质素和半纤维素含量的多少对其染色性能有很大的影响,上染率随着二者含量的增加而呈下降趋势。此外,果胶含量的多少对其染色性能影响也很大。

## 三、亚麻纤维的物理—机械性能

由图3-18可以看出,亚麻纤维的断裂强度比棉纤维高,但其断裂伸长率比棉纤维小。亚麻纤维的物理—机械性能与其微结构有关,结晶度越大,取向度越大,则断裂强度就越大,而断裂伸长率越小。

表3-13是亚麻纤维的强伸性能。纤维的力学性能中最重要的是纤维的拉伸性质,断裂强度越高,断裂伸长率越大,断裂比功越大,亚麻纤维的力学性能越好。

**表 3 - 13 亚麻纤维的强伸性能**

| 品 种 | 断裂强度(cN/dtex) | 强度变异(%) | 断裂伸长率(%) | 断裂伸长率变异(%) | 断裂比功 | 断裂功变异 |
|---|---|---|---|---|---|---|
| 俄罗斯亚麻 | 5.32 | 4.07 | 5.27 | 17.73 | 0.0728 | 27.73 |
| 法国亚麻 | 4.12 | 13.3 | 4.71 | 15.82 | 0.0573 | 27.68 |
| 中国亚麻 | 3.13 | 10.21 | 4.52 | 20.39 | 0.0682 | 42.48 |

## 四、亚麻纤维的化学性能

### 1. 吸湿膨胀率

表 3 - 14 是测得的亚麻纤维的径向和纵向吸湿膨胀率。纤维吸湿后会发生体积增大的溶胀现象,解湿会发生收缩。由纤维大分子间的结构与排列方向可知,水分子只进入了无定形区分子链间及吸附于结晶区的表面。因此纤维吸湿或解湿时,水分子的增减必然引起分子链间距离的增加或减少,从而引起纤维横向的膨胀或收缩,而纤维轴向尺寸变化小。相同分子结构而超分子结构不同的纤维,在水中溶胀程度也不同。由表 3 - 14 可以看出,亚麻纤维的径向膨胀远大于其纵向膨胀。

**表 3 - 14 亚麻纤维的吸湿膨胀率**

| 样 品 | 径向膨胀率(%) | 变异系数(%) | 截面膨胀率(%) | 纵向膨胀率(%) | 变异系数(%) |
|---|---|---|---|---|---|
| 俄罗斯亚麻 | 16.06 | 76.8 | 34.70 | 0.39 | 32.43 |
| 法国亚麻 | 14.1 | 107.2 | 30.19 | 0.12 | 43.5 |
| 中国亚麻 | 13.7 | 129.8 | 29.28 | 0.12 | 42 |

### 2. 染色性能

亚麻纤维的基本成分是纤维素,纤维素纤维是一类亲水性纤维。纤维素分子链中具有大量的羟基,它不仅可以和许多化合物作用,对纤维本身进行改性,而且在纤维素上染过程中起到重要作用。总体来说,亚麻纤维的染色性能较差,上染率和固色率较低,色牢度差,已成为多年来困扰亚麻纺织业的技术难题。

亚麻纤维的染色困难与其结构有关。亚麻纤维的结晶度高、取向度高,大分子排列整齐、密实、缝隙空洞较少,分子之间各个基团的结合力相互抱合,纤维溶胀困难,变形小,染色时染料渗透困难,上染率低。

亚麻纤维的化学成分虽然与棉纤维相似,但是其各自的含量却差异较大。亚麻纤维中的非纤维素成分的含量在 30% 左右,而棉纤维则只有 6 %。其中的微量成分如果胶、脂蜡质和含氮物质在染色前的处理过程中几乎全部去除,对亚麻纤维的染色性能没有影响。而含量较多的木质素、半纤维素会对亚麻纤维的染色性能产生不良影响。表 3 - 15 中列出了亚麻纤维中木质素和半纤维素含量对亚麻纤维染色性能的影响。由表 3 - 15 可知,亚麻纤维中木质素和半纤维素含量越高,其上染率呈下降的趋势,这是因为这些非纤维素物质的存在,使染色时染料难以与纤维素反应，并且渗透困难，从而对亚麻纤维上染率产生不良影响。

表3-15 亚麻纤维中木质素和半纤维素含量对其染色性能的影响

| 化学处理 | 木质素含量(%) | 半纤维素(%) | 活性染料上染率(%) |
|---|---|---|---|
| 原纱 | 5.67 | 16.32 | 36.9 |
| 碱煮 | 4.28 | 14.52 | 37.2 |
| 碱煮+双氧水漂白 | 3.84 | 11.03 | 37.5 |
| 碱煮+亚氯酸钠漂白 | 2.78 | 10.11 | 37.9 |
| 双氧水+亚氯酸钠漂白 | 2.62 | 9.32 | 38.1 |
| 亚氯酸钠+双氧水漂白 | 1.26 | 7.34 | 38.3 |

**3. 亚麻纤维的接枝改性**

利用丙烯酯类单体与经过脱胶后的纺纱半成品——粗纱纤维进行接枝共聚反应，可以得到亚麻接枝改性纤维。由于将力学性能极好的合成纤维高分子单体化合物“嫁接”到亚麻纤维的分子链上，从而改变了亚麻纤维高分子化合物的结构，使之成为具有天然纤维与合成纤维性能兼备的新型纺织纤维。采用高分子接枝亚麻纱织成的织物既保持了亚麻纤维织物良好的吸放湿性及服用舒适性，又改善了纯亚麻织物的易皱、成品定形性差等缺点，接枝后的织物弹性高，柔韧性增加，易洗、易干、长期洗涤不变形，还具有手感柔软、穿着凉爽舒适等优点。

**4. 酶对亚麻的作用**

由于亚麻纤维刚性大、断裂延伸小、弹性差、柔软性差、手感粗糙、易起皱起毛，其在纺纱及织造过程中，经强烈的拉伸与摩擦，使部分短纤维突出于纱线及织物表面形成毛羽。这种毛羽在烧毛工序很难去除干净，影响织物的外观，服用时对人体产生刺痒感。随着生物酶在纺织上的应用越来越广泛，现在可以通过酶整理来改善亚麻织物的这些不良性能。

纤维素酶是一种高分子蛋白质催化剂，它对亚麻的作用过程可分为两个步骤，首先是纤维素酶的吸附，其次是纤维的水解。纱线和织物表面的毛羽突出，易于纤维素酶的吸附，先被水解，微纤脱落，织物表面变得光滑。随着反应进行，酶分子逐渐作用到纤维内部，大分子链被切断，结晶区被破坏，转化为无定形区，纤维的结晶度减小。非结晶区被水解，有利于纤维大分子链段的运动，使织物的手感柔软，降低刺痒感。但同时伴随的是织物质量损失，强度下降。但若工艺控制得当，可获得较好的效果，织物强度下降不大，不影响织物的服用性能。采用纤维素酶对亚麻织物表面的毛羽进行生物抛光处理，使处理后的织物手感柔软、布面光洁，这种柔软光洁表面的效果是烧毛工艺难以达到的。

## 五、亚麻产品的特性

在健身安全防治疾病的纺织新市场中，麻类纤维开发的功能性麻纺织品不仅是符合“绿色消费”的环保产品，而且已被公认为是一种典型的原料型保健纺织品。

**1. 卫生舒适性能**

亚麻纤维具有优异的毛细管效应。其最大特点就是“爽”，无论是吸水，吸湿，还是透气等都特别好，因此，麻类纺织物具有爽身、卫生、抗污、抗静电的优良特性。除了麻类纤维的主要成分是吸湿性能较强的亲水性纤维素、半纤维素和胶质等外，更重要的原因是麻类纤维都具有独特的纤维结构。据研究，亚麻纤维中心有细长的空腔，并与纤维表面纵向分布着的许多裂纹和小洞相连，这种结构所产生的优异的毛细效应使他们的吸汗、排汗、透气导热性能特别好。

**2. 抗菌抑菌功能**

这是由于麻类纤维结构中空，可富含氧气，使厌氧菌无法生存，亚麻还能散发出对细菌的生长有很强抑制作用的香味，对螨类也有较强的杀伤力，故而具有抗菌抑菌作用。俄罗斯科研人员证实亚麻纤维含具有特殊功效的化学物质，用其做成的医用包扎材料不仅具有一定的抗辐射能力，防止重金属的沉积，而且其外层可产生特殊的保护介质，使微生物和真菌难以生存。

**3. 抗紫外线功能**

由于麻纤维的横截面很不规则，因此，对声波和光波有很好的消散作用，而其织物具有较强的天然抗紫外线功能。

**4. 天然可生物降解**

生物可降解纤维是指在自然界中，在光、热和微生物作用下能自行降解的纤维。麻纤维的老化直至腐烂是一个生物降解过程，纯属生态循环过程中的自然腐化。

# 第八节 天然彩色棉

## 一、天然彩色棉的发展

传统的棉花是白色的，经纺织印染加工后，衣料才更具五彩缤纷。但印染整理材料绝大部分是化学物质，使服装材料的加工成本增加，还产生了大量污染废液。不但造成环境污染，还可能影响人体健康，造成皮肤疾病。

天然彩色棉是生物学家利用生物遗传技术，在棉花的植株上引入能产生某种颜色的基因，使棉桃内的纤维变成相应的颜色，如棕色、绿色、红色、黄色和灰色等，最常见的是棕色和绿色，从而得到自然生长的有色棉花。目前，世界主要的产棉大国，如美国、墨西哥、俄罗斯等，都在进行彩色棉的研究和推广工作，其中美国的研究水平居世界领先地位。我国的天然彩色棉研究开发工作是在美国20世纪90年代初研究成果的基础上开展的，虽然起步很晚，但进展很快，目前已接近世界先进水平。天然彩色棉织物的色泽自然，风格雅致，穿着舒适，且无需经过漂白、染色等传统工艺处理，减少污染，节约能源，降低损耗，因而，天然彩色棉纤维被誉为“绿色纤维”，特别适合于制作与皮肤直接接触的各种内衣、婴幼儿用品、妇女卫生材料等。

## 二、天然彩色棉纤维的形态结构特点

天然彩色棉纤维的横截面与普通白棉纤维的横截面相似，都呈带有胞腔的腰圆型。棕色系天然彩色棉（以下简称棕棉）纤维较细，截面比较圆润，胞腔较小（图3－25）；绿色系天然彩色棉（以下简称绿棉）纤维较粗，胞腔较大，呈U形（图3－26）。棕棉成熟度较高，绿棉成熟度较低。

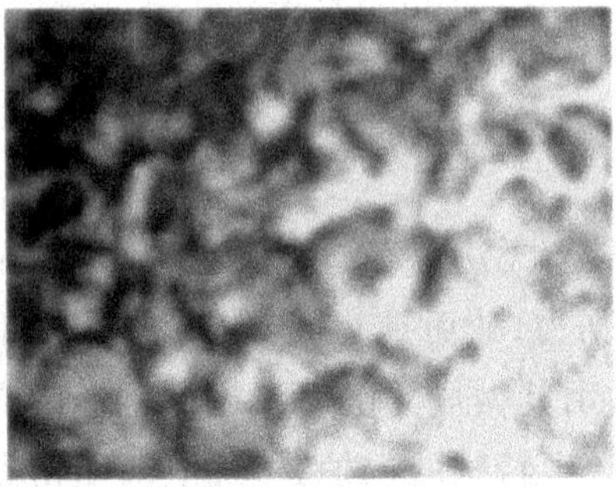

图3－25 棕棉横截面结构

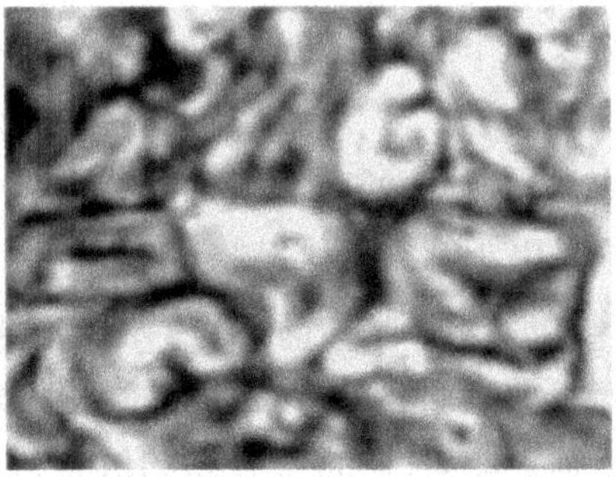

图3－26 绿棉横截面结构

棕棉纤维和绿棉纤维的基本结构与白棉纤维的基本结构是一致的，由外向内依次为初生壁、次生壁和中腔，但在每个部分的具体细节上不同于白棉纤维。绿棉纤维次生胞壁中有交替出现的同轴嗜锇层（木脂素），而白棉纤维和棕棉中则不存在。绿棉纤维中同轴嗜锇层（图3－27）的分布并不均匀，靠近胞腔部分较密，而靠近胞壁部分则较稀。棕棉纤维没有同轴嗜锇层。白棉纤维仅在纤维细胞壁和胞腔处有较薄的嗜锇环。在纤维素成分上，绿棉纤维以$C_{22}$为主，占97%，而白棉纤维以$C_{16}$为主，占35%；白棉纤维蜡质含量大约为0.6%，而绿棉纤维蜡质含量为14%～17%。白棉纤维的初生壁较薄，约为0.2μm，次生壁厚约为11.0μm，中腔直径约为6.5μm，整个次生壁颜色一致，次生壁和中腔内皆无颜色较深的物质。绿棉纤维的初生壁比白棉纤维还要薄，仅有0.1μm，次生壁厚度为5.7μm，根据染色较深物质的有无可以分为内外两层，靠近初生壁的外层厚约2.1μm，无染色较深的物质，远离初生壁的内层次生壁厚约3.6μm，沉积有染色较深的物质，推测这些染色较深的物质就是色素类物质。绿棉纤维的中腔较小，直径约为1.2μm。棕棉纤维的初生壁也非常薄，约为0.1μm，次生壁的厚度为3.7μm，同白棉纤维一样，整个次生壁内无染色较深的物质。棕棉纤维的中腔很大，直径约为10.3μm，且有大量染色较深的物质沉积在中腔内。棕棉色素类物质只在纤维细胞中腔内沉积，色素物质的外面包一层蜡质，因而洗涤时颜色加深；而绿棉色素类物质既在中腔内沉积，也在次生壁内层沉积，因而洗涤时易变色。

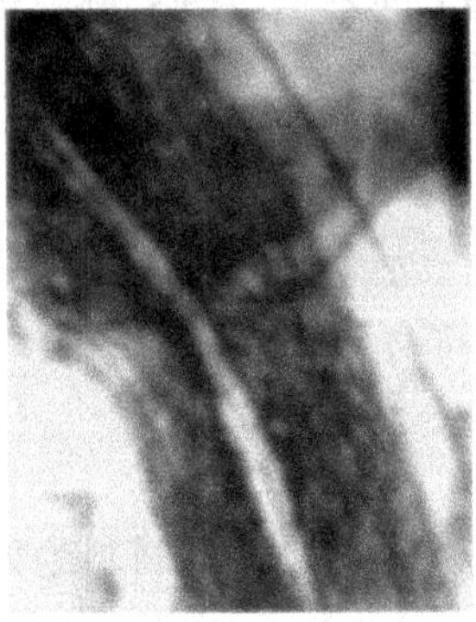

图3－27 绿棉同轴嗜锇层（放大10 000倍）

## 三、天然彩色棉纤维色素的形成

天然彩色棉纤维的经济价值除决定于其长度、细度、强度等品质指标外，还取决于纤维本身的颜色。纤维的颜色是纤维细胞腔内色素物质的沉积所致，色素物质的含量与分布将直接决定纤维的颜色性状。天然彩色棉纤维内色素物质的化学性质一直是大家十分感兴趣的问题，但目前尚无明确的报道。有人认为色素物质可能是与花里的黄酮色素类似的物质，也有人认为色素物质是花青素或黄酮色素类物质，还有人认为棕棉纤维的颜色也可能是位于液泡里的由儿茶素衍化的单宁作用的结果。据报道，天然彩色棉纤维的颜色并不是形成于纤维发育的初期阶段，而是形成于纤维发育的中后期阶段，大体条件下棕棉在开花后 30 天左右、绿棉在开花后 40 天左右出现肉眼可见的颜色。在初生壁伸长期前，也就是棉铃膨胀期前，天然彩色棉纤维的颜色与白色棉花一样均为纯白色，当纤维细胞次生壁加厚开始后，才逐渐出现很淡的颜色。利用电子显微镜对白棉和天然彩色棉纤维超薄切片的观察发现，在次生壁加厚阶段，天然彩色棉纤维细胞的中腔内可见染色较深的物质出现，而白色棉花纤维内无此类物质出现。推测这种染色较深的色素类物质的形成基本是与纤维素合成、次生壁加厚同时进行的。

棉花是以特殊方式表达颜色的，据报道，天然彩色棉纤维颜色的形成与色素合成酶基因在纤维细胞中的特异性表达有关。开花后 20 天左右是天然彩色棉纤维色素合成的主要时期，之后虽然色素的合成速率有所下降，但纤维颜色是逐渐加深的，这说明纤维颜色除受色素含量的影响外，还受纤维细胞 pH 值的变化、脱水、阳光和空气以及某种未知生化反应的影响。

总之，天然彩色棉纤维的颜色主要是细胞内色素类物质沉积的结果，与外界因子以及由外界因子引发的某种生化反应可能也有一定的关系。由于基因型的不同，色素类物质的沉积部位也表现出不同，棕棉纤维在纤维细胞中腔内沉积，绿棉纤维既在中腔内也在中腔外的次生壁内沉积。用铜氨溶液溶胀纤维后，在光学显微镜下观察纤维纵向形态发现，天然彩色棉纤维中的色素主要分布在胞腔内，部分分布在次生胞壁纤维素中。相对于绿棉纤维而言，棕棉纤维中色素的含量较多(图 3 - 28)。

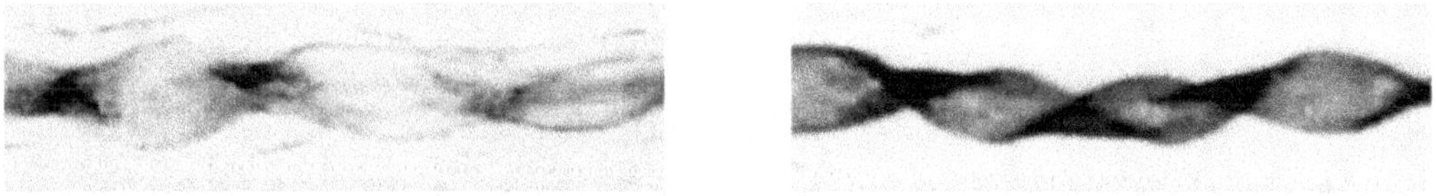

(a) 绿棉　　(b) 棕棉

图 3 - 28　绿棉和棕棉纤维纵向色素分布图

色素类物质并不参与纤维素的合成，但色素类物质的存在有可能干扰和影响纤维的伸长、纤维素的合成和纤维素大分子的排列，导致天然彩色棉的结晶度降低，结晶尺寸下降，最终影响了天然彩色棉纤维的长度、强度等品质指标，这可能是天然彩色棉纤维品质性状较差的原因，也可能是天然彩色棉纤维颜色不稳定的重要原因。

## 四、天然彩色棉色素的变化

天然彩色棉在加工中色素极不稳定，其遇酸、碱、氧化剂、还原剂等作用会产生变色现象。

**1. 天然彩色棉色素的湿热反应特性**

采用电脑测色配色仪检测样布的变色程度，检测值用 $L$、$a$、$b$ 表示。其中，$L$ 表示色泽，$L$ 值越大表示色彩越淡；$a$ 表示带红光，$a$ 值越大表示红光越强；$b$ 表示带蓝光，$b$ 值越大表示蓝光越弱。

在不同的水温下对棕棉针织物（100%）进行多次洗涤试验。

工艺条件：

| | |
|---|---|
| 样品 | 115g |
| 浴比 | 1∶20 |
| 时间 | 30min |
| 温度 | 室温、60℃、90℃ |

由实验得到图 3－29 所示的曲线。从图中可以看出，在同一水洗温度和晾晒条件下，随着洗涤循环次数的增加，$L$ 值减小，即棕棉的色彩逐渐加深，但室温条件下洗涤色彩加深不明显；随着水洗温度升高，洗涤后天然彩色棉的色彩加深明显，说明水洗温度对色彩变化的影响较大。另有资料表明，洗涤中硬水比软水更容易引起天然彩色棉色彩的加深。当然，如经反复多次洗涤，天然彩色棉的颜色会变淡。

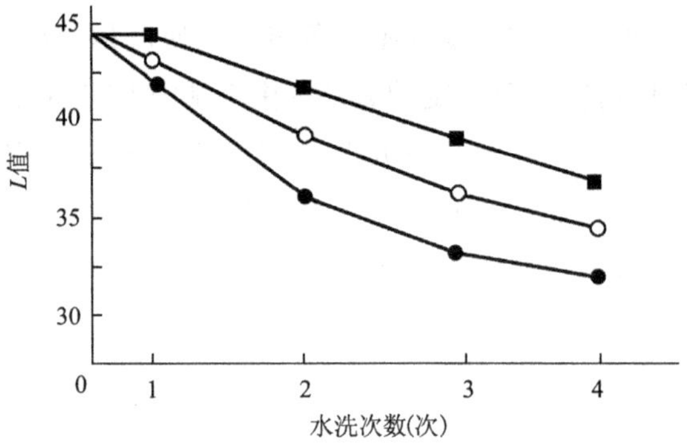


图 3－29　棕棉水洗色泽变化趋势图

—■— 室温条件下棕棉水洗色泽变化　—○— 60℃下棕棉水洗色泽变化　—●— 90℃下棕棉水洗色泽变化

**2. 天然彩色棉色素的酸碱反应特性**

（1）天然彩色棉色素的氢氧化钠溶液反应特性。

工艺条件：

| | |
|---|---|
| 样品 | 1.5g |
| 浴比 | 1∶50 |
| 时间 | 30min |
| 温度 | 室温、80℃ |

用不同浓度的氢氧化钠溶液处理天然彩色棉纤维，测得色彩随氢氧化钠溶液浓度的变化曲线如图 3－30 所示。

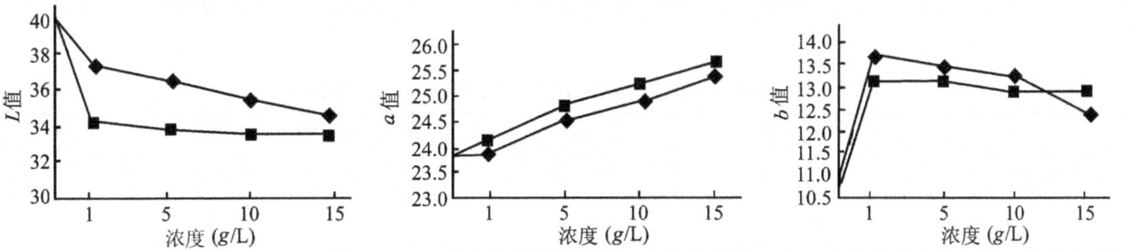


(a) 氢氧化钠溶液浓度与L值的关系图　(b) 氢氧化钠溶液浓度与a值的关系图　(c) 氢氧化钠溶液浓度与b值的关系图

图 3－30　棕棉氢氧化钠溶液处理色泽变化趋势图

—◆— 室温下的变化关系　—■— 80℃下的变化关系

从图 3－30 可以看出，随着氢氧化钠溶液浓度的增加，处理后的样布 $L$ 值逐渐减小，即天然彩色棉纤维的色彩逐渐加深，室温条件下氢氧化钠溶液浓度的变化对色彩变化的影响较大，而高温条件下氢氧化钠溶液浓度的变化对色彩变化的影响很小。80℃的变化曲线在室温变化曲线之下，且 80℃条件下氢氧化钠溶液浓度取 1g/L 时的色彩加深程度已超过室温条件下氢氧化钠溶液浓度取 15g/L 的色彩加深程度，说明温度较高时碱反应加剧。图 3－30(b) 和图 3－30(c) 显示，天然彩色棉经氢氧化钠溶液处理后与原值比较，$a$、$b$ 值增加，色彩所带红光增强，蓝光减弱。色光的变化与氢氧化钠溶液的浓度成线性相关，且温度对色光的变化也有一定的影响。

(2) 天然彩色棉色素的盐酸反应特性。同样条件下用不同浓度的盐酸处理天然彩色棉可得到如图 3－31 所示的曲线。

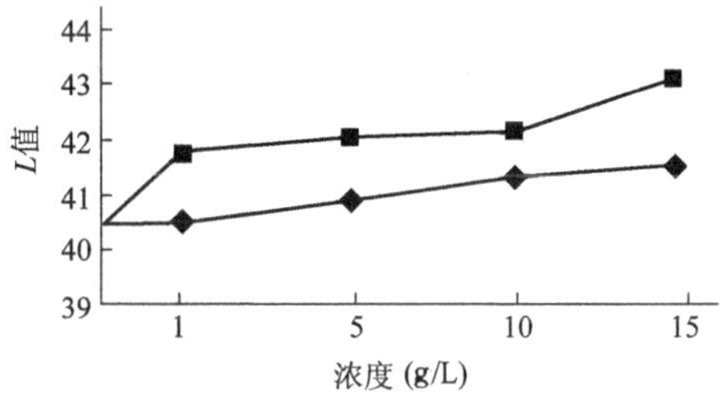


图 3－31　棕棉盐酸处理色泽变化趋势图

—◆— 室温条件下的变化曲线　—■— 80℃下的变化曲线

从图 3－31 可以看出，棕棉经过盐酸处理后，色彩的变化与氢氧化钠溶液处理的结果相反。

经过盐酸处理后，$L$ 增大，色彩变淡。随着盐酸浓度增加，$L$ 缓慢增大，色彩进一步变淡。80℃下的变化曲线在室温曲线之上，反映出高温条件下盐酸对色彩变淡的影响较大。

**3. 天然彩色棉色素的氧化、还原反应特性**

天然彩色棉纤维经过氧化剂和还原剂处理后，色彩也发生规律变化，但反应程度稍轻。经 $H_2O_2$ 溶液处理后，样布色彩逐渐变淡，色光发生变化，并随 $H_2O_2$ 溶液浓度增加、温度升高而色彩明显变淡。经 $Na_2SO_3$ 溶液处理后，样布的色彩、色光的变化情况则相反。

由上所述可知，天然彩色棉纤维的色彩变化规律与染色棉的变化规律是不一样的，可根据此性质鉴别天然彩色棉纤维与染色棉纤维。

## 五、天然彩色棉纤维的物理性能

天然彩色棉纤维的性能包括长度、细度、强度等指标，这些指标与普通白棉纤维稍有一定的差异,表3－16和表3－17是我国和美国的几种天然彩色棉纤维的部分物理指标。

表3－16 我国天然彩色棉纤维的主要物理指标

| 品种 | 绿棉 | 褐棉 | 棕棉 | 白棉 |
|---|---|---|---|---|
| 2.5%跨距长度(mm) | 21～25 | 26～27 | 20～23 | 28～31 |
| 强度(cN/tex) | 16～17 | 18～19 | 14～16 | 19～23 |
| 线密度(dtex) | 1.22～2.45 | 1.22～2.45 | 1.22～2.45 | 1.22～2.04 |
| 整齐度(%) | 45～47 | 45～48 | 44～47 | 49～52 |
| 短绒率(%) | 15～20 | 12～17 | 15～30 | ≤12 |
| 棉结(粒/g) | 100～150 | 100～170 | 120～200 | 80～200 |
| 衣分率①(%) | 20 | 27～30 | 28～30 | 39～41 |

①衣分率是籽棉的质量指标之一,毛衣分率为轧出皮棉重量占籽棉试样重量的百分率。

表3－17 美国天然彩色棉纤维长度、强度指标

| 品种 | 长度(mm) | 强度(cN/tex) | 品种 | 长度(mm) | 强度(cN/tex) |
|---|---|---|---|---|---|
| 新绿(New Green) | 29.0 | 2.30 | 绿色(Palo Verde Green) | 23.9 | 1.86 |
| 水牛棕(Buffalo Brown) | 27.7 | 2.45 | 狼棕(Coyote Brown) | 23.9 | 1.90 |
| 新棕(New Brown) | 27.4 | 2.49 | 浅绿(Wild Green) | 19.6 | 1. 27 |
| 原绿(Old Green) | 23.9 | 1.66 | | | |

由表3－16可以看出,纤维长度由大到小排列为,白棉>褐棉>绿棉>棕棉;纤维强度由大到小排列为,白棉>褐棉>绿棉> 棕棉。总体来说,天然彩色棉纤维的内在质量较陆地白棉纤维差,强度低,纤维短而细。天然彩色棉纤维的短绒含量较白棉高,严重地影响了天然彩色棉纤维的纺纱工艺和成纱质量,是天然彩色棉纤维纺纱时制成率低、断头多、成本高、成纱不光洁和毛羽多的原因。另外,天然彩色棉纤维的杂质含量较白棉高,最高时可达9.8%,特别是绿棉,杂质中不孕籽在轧花过程中,被机器轧碎后成为带纤维籽屑,纺纱中极难清除,成为织物表面不光洁的有害疵点。

## 六、天然彩色棉纤维存在的问题

从目前的生产实践情况来看,天然彩色棉纤维普遍存在三个方面的问题:

(1)天然彩色棉产量低、衣分率低、产量不稳定。2002年,安徽阜阳地区种植天然彩色棉3450亩,平均亩产皮棉只有23.64kg,相当于当地白棉产量的48.9%。

(2)品质差,天然彩色棉纤维的主体长度较白棉短,纤维整齐度差,细度偏细,含有不孕籽和棉籽壳,棉杂较多;短绒率高,尤其是绿棉。外观质量差、成熟度差,纤维单强偏小。

(3)颜色种类偏少,基本上只有棕棉和绿棉两大类可达到纺织要求;色彩不一致,分离严重,色素遗传不稳定;着色不但植株之间有差别,在同一棉株上的不同棉铃之间和棉铃内部也有差异。天然彩色棉不仅存在色素遗传不稳定,而且在加工中色素也极不稳定,遇酸、碱、氧化剂、还原剂、生物酶、渗透剂、不同洗涤剂、皂煮、柔软、免烫、高温、水浸等处理存在着变色、褪色、掉

色问题，并随所处理的时间、温度、浓度的不同，颜色的变化也不同。绿棉日晒色牢度较棕棉更差。天然彩色棉服装经过为数不多的洗涤，颜色稍加深，并趋于鲜艳，但经反复多次洗涤后，颜色会变淡。特别是绿色织物，颜色会褪成黯淡白色。故虽然天然彩色棉织物不需要染色过程，但对天然彩色棉固色问题又提出了新的要求。

### 七、其他新型棉纤维

**1. 超棉**

日本克拉波公司在西印度洋群岛购买了大批农田开办农场，经反复选种，培育出世界上纤维最长、强度最大的称为超棉的棉花新品种，单纤长度可达4.2～4.5cm，可纺成1.94tex(300英支)，突破了2.43～2.33tex(240～250英支)。这种超棉具有极好的白度、光洁度以及超柔软特性，能纺制比蚕丝还要好的棉纱，织成胜过真丝绸的高级棉布。日本钟纺公司采用培育的Pima超长棉，利用它比其他超长棉更细而长度均匀的优点，制成了Supima，其柔软性和洗可穿性优良。日本敷纺公司利用印度超长棉纺成支数极细的棉纱，制成织物后，光泽诱人，毛茸少，非常柔软。日本第一纺织公司利用我国新疆产的高级棉制成织物后称为“西域纪行”，光泽丰满而手感柔软。

**2. “绿色材料”与“环保服装”**

由于工业污染的加重，人们的环境意识随之加强，无公害的“生态服装”与“环保服装”也应运而生。

越来越多的证据表明，有的人会因服装而产生过敏反应，甚至引起哮喘等疾病。造成这一现象的主要原因是残留在服装原料中的农药、杀虫剂、化学染料、整理剂及其他化学物质等，甚至包括在有些工业发达国家为用机器收摘棉花而喷洒的脱叶剂。

为了消除上述公害，农业科学家竭力进行研究培育新型的生态棉花，如培育出不施化学药剂但能抗虫害的棉花。他们从天然细菌芽孢杆菌变种中取出基因，成功地植入棉花中，该细菌产生对抗毛虫类的有毒蛋白质，可使毛虫在4天内死亡。转变基因后的棉株不再有虫，不需喷洒杀虫剂，而且这种棉花只对以棉花为食的昆虫有毒，而对人和益虫无害。还有些研究工作者培育出不需人工脱叶的棉花，使其具有遗传性的早期脱叶特性，在棉花成熟前两个月，叶子开始变红并逐渐脱落，自动去除了棉纤维中的杂质。其他具有特殊性能的生态棉也正在开发中。

上述研究成果为服装界提供了纯棉生态的服装材料。利用这些新型的生态纤维材料，时装界推出了系列环保服装，如利用天然彩色棉织物制成的衣料，无需漂白染色，可使用机械方法预缩，因此根本上消除了采用化学整理剂而造成对环境的污染。

## 第九节　再生纤维素纤维

### 一、黏胶纤维

黏胶纤维(viscose)属于再生纤维。它是以天然纤维为原料，经碱化、老化、黄化等工序制成可溶性纤维素磺酸酯，再溶于稀碱液制成黏胶，经湿法纺丝而成的。采用不同的纺丝工艺，可以分别得到普通黏胶纤维、高湿模量黏胶纤维和高强力黏胶纤维等。普通黏胶纤维具有一般的物理—机械性能和化学性能，又分为棉型、毛型和长丝型，俗称人造棉、人造毛和人造丝。高湿模量黏胶纤维具有较高的聚合度、强力和湿模量，主要有富强纤维。高强力黏胶纤维具有较高的强力和耐疲劳性能。

**1. 黏胶纤维的制造**

制造黏胶纤维的主要过程是：

制浆粕→制黏胶纺丝液→纺丝成型→纤维后处理

(1)制浆粕。制浆粕就是提纯原料——纤维素，增强其化学反应性能，适当降低纤维素的聚合度，以适应纺丝要求。

制浆粕的方法是先将原料粉碎，进行碱或亚硫酸盐蒸煮，在此过程中原料发生膨化，结构变得松散，化学反应性增强并除去部分杂质，然后再进行打浆，NaClO 漂白，即可制成浆粕板。

(2)制黏胶纺丝液。先用 17.5% 的氢氧化钠溶液浸泡处理浆粕，制成中间原料——碱纤维素。碱纤维素再经压去余碱、粉碎、放置（“老化”），使碱纤维素的聚合度进一步降低，组成更加均匀。老化后的碱纤维素再与二硫化碳作用（黄化过程），生成纤维素黄原酸酯，能溶于 4% ~ 6% 的稀碱溶液中，就可得到又黏又稠的黏胶溶液。维持一定的温度并放置一定时间，使之熟成。熟成后的黏胶纤维溶液经过滤和脱泡后便可进行纺丝。主要反应如下：

$$\text{Cell—OH} + \text{NaOH} \longrightarrow \underset{\text{碱纤维素}}{\text{Cell—ONa}} + H_2O$$

$$\text{Cell—ONa} + CS_2 \longrightarrow \underset{\text{纤维素黄原酸酯}}{\text{Cell—O—}\overset{\overset{\displaystyle S}{\|}}{\underset{\underset{\displaystyle SNa}{|}}{C}}}$$

(3)纺丝成型。黏胶纤维的纺丝成型，是以黏胶纺丝液通过纺丝头形成细流，这种细流在酸浴中凝固，分离出固体纤维素，这就是纤维素的再生，反应如下：

$$\text{Cell—O—}\overset{\overset{\displaystyle S}{\|}}{\underset{\underset{\displaystyle SNa}{\|}}{C}} + H_2SO_4 \longrightarrow NaHSO_4 + CS_2 + \underset{\text{再生纤维素}}{\text{Cell—OH}}$$

(4)纤维后处理。纺丝成型的黏胶纤维上带有酸、碱、硫黄、硫化氢、二硫化碳等物质，它们的存在会影响纤维的强度、手感、表面光泽以及染色效果等，所以需要进行包括水洗、脱硫、漂白、酸洗、水洗、上油、干燥等后处理。

**2. 黏胶纤维的结构**

黏胶纤维的基本组成物质和棉、麻一样都是纤维素，但聚合度较低，一般黏胶纤维的聚合度为 250 ~ 500，而富强纤维的聚合度为 550 ~ 650。此外，由于老化等过程的作用，黏胶纤维分子结构可能发生部分变化，含有较多的羧基和醛基。

一般黏胶纤维在显微镜中的形态是：纵向为平直的圆柱体，截面是不规则的锯齿形，如图3－32所示。

而富强纤维的截面比较规则，几乎成圆形，如图3－33所示。

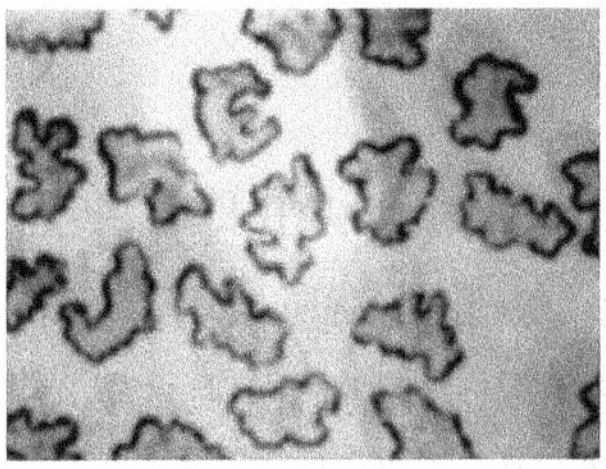

图3－32　普通黏胶纤维的截面图

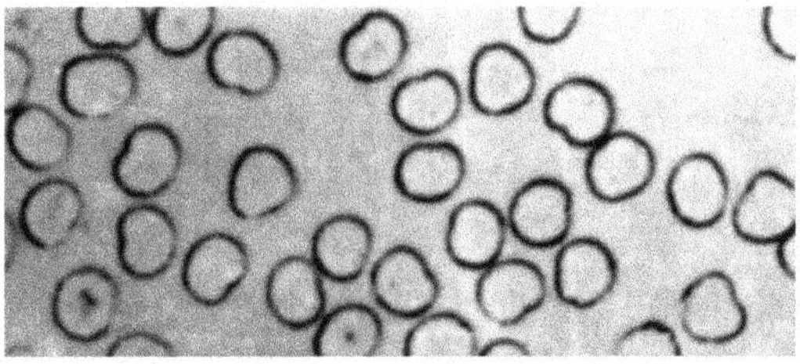

图3－33　富强纤维的截面图

黏胶纤维的截面结构是不均一的，一般纤维截面的分层情况随纺丝浴组成的不同而不同。有资料介绍，普通黏胶纤维的截面从外向里存在着$\alpha_1$、$\beta_1$、$\alpha_2$、$\beta_2$ 4个结构层次。其中$\alpha_1$、$\beta_1$组成皮层，$\alpha_2$、$\beta_2$组成芯层。皮层紧密，结晶度和取向度高；芯层结构比较疏松，结晶度和取向度较低。黏胶纤维的这种皮芯结构对其染色性能有很大的影响。

从超分子结构来看，黏胶纤维的无定形区比棉纤维多，结晶区少。普通黏胶纤维的结晶度为30%～40%，但结晶区尺寸较小。普通黏胶纤维在电镜中一般观测不到原纤结构，它的组织情况比较接近于前面所讲的边缘（缨状）微胞结构。而富强纤维中有原纤存在，但不及天然纤维那样完整，有研究认为，黏胶纤维中具有折叠链结晶。

黏胶纤维的大分子取向度随生产中拉伸程度的增加而提高。如拉伸10%的纤维，螺旋角为34°；拉伸80%的纤维，螺旋角为25°；拉伸120%的纤维，螺旋角为16°。在聚合度一定的情况下，取向度愈高，则纤维的强度愈高。

**3. 黏胶纤维的性能**

黏胶纤维的基本组成物质和棉纤维一样，所以它的性能与棉基本相似。但由于黏胶纤维的聚合度较低，超分子结构上又有不同，因而性能上有某些特点。

（1）物理—机械性能。黏胶纤维的表面比棉纤维光滑，所以光泽比棉纤维好，甚至有耀眼的光泽。因此，常在纺丝前的黏胶液中加入$TiO_2$消光剂，制成无光或半无光纤维。

黏胶纤维的机械性质（如强度、耐磨性）较差，但因其无定形结构多且较为疏松，所以吸湿性好，上染率高，透气性好，穿着舒适，与合成纤维混纺可以取长补短，并改善织物的机械性质和服用性能。

普通黏胶纤维下水后的湿强度比干强度降低近一半左右，这是因为黏胶纤维的聚合度低，水分子进入无定形区，使分子间作用力进一步减小，易造成滑移断裂之故。

（2）化学性能。黏胶纤维的结构疏松，有较多的空隙和内表面积，暴露的羟基比棉多，因此化学性质比棉纤维活泼，对酸、碱、氧化剂都比较敏感，必须注意的是黏胶纤维对碱的稳定性比棉、丝光棉差很多,能在浓碱作用下剧烈膨化以致溶解,所以在染整加工中应尽量少用浓碱。

与棉纤维、丝光棉纤维相比,黏胶纤维有不同的物理结构。棉纤维属于天然纤维,丝光棉纤维属于未破坏生物形态的水化纤维素纤维,黏胶纤维则属于破坏了生物形态的水化纤维素纤维。黏胶纤维比丝光棉纤维具有更多的无定形区,更松散的结构,所以从吸湿量和吸附量来比较,其能力大小次序是:

黏胶纤维 > 丝光棉纤维 > 棉纤维

从染色性能来看,3 类纤维在同样的染色条件下,所得色泽浓度的差别主要取决于纤维在染色过程中吸收染料的多少,即色泽浓度与吸着量成正比。因此,黏胶纤维应具有更深的色泽。然而黏胶纤维存在着皮层,外层结构紧密,影响了染料向黏胶纤维内部的扩散。如果染料分子的体积小,皮层的阻碍作用就不是主要因素,则上染速度快,染料分子在内层扩散迅速,分布均匀,结果 3 种纤维染着量及色泽浓度按下列次序排列:

黏胶纤维 > 丝光棉纤维 > 棉纤维

如果染料分子的体积较大,皮层的阻碍作用就突出,则上染速度就下降,染料分子在纤维内部扩散困难,不能均匀分布,这种影响是很明显的。在短时间(30min)以内的染色和印花中,3 种纤维的染着量及色泽浓度顺序为:

丝光棉纤维 > 黏胶纤维 > 棉纤维

当染色时间增长时,又会变成原来的排列顺序。

黏胶纤维不熔融,加热到 150℃时就会分解,其耐光性能也比棉纤维差。

**4. 富强纤维**

富强纤维的组成和结构与普通黏胶纤维类似,但其聚合度较大,生产过程和普通黏胶纤维有些差别。这类纤维的粉碎过程是在低温下进行的,碱纤维素不经老化,即以大量的二硫化碳进行黄酯化,使其纤维素硫酸酯溶于纯水中制得黏胶,黏胶不经熟成,凝固浴的组成用酸、低盐或无盐,并在浴内进行纺丝拉伸。普通黏胶纤维和富强纤维的主要性能见表 3-18。

**表 3-18 普通黏胶纤维和富强纤维的性能**

| 指标 | | 普通黏胶纤维 | 富强纤维 |
|---|---|---|---|
| 强度(N/tex) | 干 | 0.13~0.25 | 0.32~0.35 |
| | 湿 | 0.06~0.14 | 0.22~0.35 |
| 断裂伸长率(%) | 干 | 15~30 | 7~11 |
| | 湿 | 20~35 | 8~5 |
| 回潮率(%) | | 12~15 | 10~12 |
| 在水中溶胀性 | | 高 | 低 |
| 耐碱性 | | 低 | 高 |

## 二、铜氨纤维

铜氨纤维(cuprammonium)也是再生纤维素纤维。它是将棉短绒等天然纤维素原料溶解在氢氧化钠或碱性铜盐的浓氨溶液内,配成纺丝液,在水或稀碱溶液中纺丝成型,再在2%~3%硫酸的第二浴内使铜氨纤维素分子化合物分解出再生纤维素。生产的水合纤维素经加工后即得到铜氨纤维。

铜氨纤维的截面呈圆形,无皮芯结构。纤维可承受高度拉伸,制得的单丝较细,一般在1.33dtex(1.2旦)以下,可达0.44dtex(0.4旦)。所以铜氨纤维手感柔软,光泽柔和,有真丝感。

铜氨纤维的吸湿性与黏胶纤维相近。在一般大气中,铜氨纤维体积回潮率亦可达到12%~13%;在相同的染色条件下,铜氨纤维的染色亲和力较黏胶纤维大,上色较深。铜氨纤维的干强与黏胶纤维相近,但湿强高于黏胶纤维,耐磨性优于黏胶纤维。浓硫酸和热稀酸能溶解铜氨纤维,稀碱对其有轻微损伤,强碱则可使铜氨纤维膨胀直至溶解。铜氨纤维不溶于一般有机溶剂,而溶于铜氨溶液。

由于铜氨纤维细软,光泽适宜,常用作高档丝织物或针织物。但受原料的限制,且工艺复杂,产量较低。

## 三、醋酯纤维

醋酯纤维(acetate)是以纤维素为原料,纤维素分子上的羟基(—OH)与醋酸作用生成醋酸纤维素酯,经干法或湿法纺丝制得的。根据羟基被乙酰化的程度,可分为二醋酯纤维和三醋酯纤维两种。二醋酯纤维中至少74%~92%的羟基被乙酰化,三醋酯纤维则至少有92%的羟基被乙酰化,通常所说的醋酯纤维是指三醋酯纤维。醋酯纤维的截面呈多瓣形,以片状或耳状为多,无皮芯结构。

醋酯纤维因纤维素的羟基被乙酰化,吸湿性比黏胶纤维等再生纤维素纤维差。在标准大气压条件下,二醋酯纤维的回潮率为6.5%,三醋酯纤维的回潮率为4.5%,这也给染色造成一定的困难。醋酯纤维通常采用分散染料或特种染料染色。

二醋酯纤维的强度比黏胶纤维低,干强为1.06~1.5cN/tex(1.2~1.7g/旦),湿强为0.6~0.79cN/tex(0.7~0.9g/旦);三醋酯纤维的干强为0.97~1.14cN/tex(1.1~1.3g/旦),湿强下降少。二者的断裂伸长率接近且比黏胶纤维大,干态约为25%(湿态约为35%)。醋酯纤维的耐磨性较差。

醋酯纤维的模量低,较易变形,弹性较好,拉伸1.5%时,回复率为100%。并且醋酯纤维的密度比黏胶纤维小,二醋酯纤维为1.32g/cm$^3$,三醋酯纤维1.3g/cm$^3$,所以织物手感柔软,有弹性,悬垂性优良。

醋酯纤维对稀碱和稀酸具有一定的抵抗力,但浓碱会使其皂化分解,纤维在浓酸中会发生裂解。

醋酯纤维是热缩性纤维,二醋酯纤维在140~150℃开始变化,软化点为200~230℃,熔点为260~300℃。三醋酯纤维可达260~300℃,所以醋酯纤维具有持久压烫整理性能。

醋酯纤维不易受水浸湿，不易起污，洗涤容易，且手感柔软，弹性好，不易起皱，故可用于妇女面料、衬里料、贴身女衣裤等，也可以与其他纤维交织，生产各种成品绸。

## 第十节　新型纤维素纤维

尽管传统再生纤维素纤维织物应用比较普遍，但由于其纤维强度小、弹性差、易起皱等缺点，大大影响了产品的性能和档次。并且传统再生纤维素纤维生产过程对环境有污染，这是因为传统的黏胶再生纤维素纤维的制造过程是用碱纤维素与二硫化碳反应产生纤维素黄原酸酯的制胶工艺，对环境和人体都造成污染和毒害。传统再生纤维素纤维的生产和应用逐步受到制约。而新型再生纤维素纤维（也称第二代再生纤维素纤维）的制备工艺是利用二氧化碳取代了二硫化碳，因此在纺丝溶液的制造过程中对人体无毒害，也减轻了对环境的污染。这一新工艺可以适用于传统工艺的所有设备。随着纺织技术的不断发展，各种新型再生纤维素纤维不断被开发。这类纤维既保持了纤维素纤维吸湿、透气、柔软、舒适的特点，又克服了天然纤维素纤维和传统再生纤维素纤维生产和使用过程中的诸多缺点，同时又具有一些新性能。有些品种逐步被市场认可，形成规模生产。比较典型的有天丝、莫代尔（Modal）、竹浆纤维等。

天丝、竹纤维、Modal 等均是再生纤维素纤维，它们的化学组成基本相同，化学性能与棉、麻纤维相近，其织物具有棉、绢类织物的服用舒适性和外观。而且由于生产竹纤维、Modal 的原料丰富，成本低，产量不受限制，可作为棉、绢类织物的替代产品。

### 一、天丝

天丝（Tencel）是国际人造丝及合成纤维标准局为由有机溶剂纺丝法制得的纤维素纤维命名的属名，是在 20 世纪 90 年代开发的。英国考陶尔公司于 1993 年在美国生产天丝，其商品名为Tencel，国内又将其称为“天丝”。

#### 1. 天丝生产过程

天丝属于精制纤维素纤维，用溶剂纺丝法生产。天丝以 NMMO（*N* - 甲基吗啉 - *N* - 氧化物，又称为氧化胺）为溶剂，它是一种无毒、无腐蚀性的有机溶剂，在室温下为水合结晶体，含水率为 13.3% 的晶体最稳定，熔点为 76℃。NMMO 为环状结构，与纤维素结构相似，有利于纤维素的溶解。

NMMO 溶解纤维的机理是：纤维素的羟基首先与胺氧化物之间形成较强的氢键，生成络合物，该络合物在过量 NMMO 中溶解。

NMMO 将木浆粕溶解、再经纺丝和后处理得到天丝。由于其生产过程无污染，NMMO 无毒，在制造工程中可回收，天丝在泥土中可以完全分解，符合环保要求，故天丝被称为绿色纤维。

天丝的生产工艺流程如图 3 - 34 所示。

#### 2. 天丝的形态结构

天丝的横截面为匀圆形，具有皮芯结构。

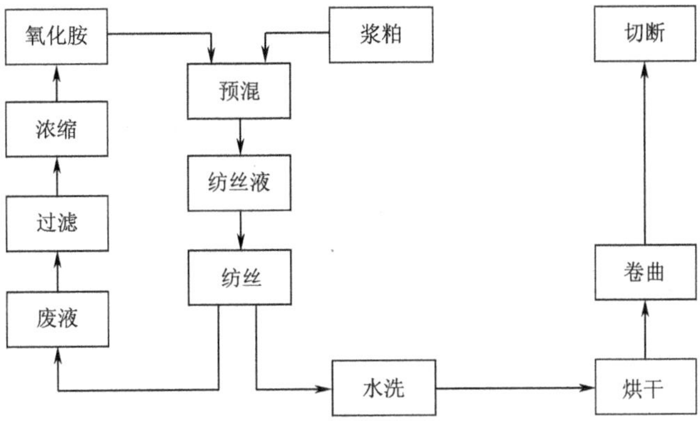


图 3－34　天丝的生产工艺流程

根据天丝短纤维 X 射线衍射研究，可以肯定天丝短纤维的晶胞结构属于单斜晶型中的纤维素Ⅱ结构，与黏胶纤维等再生纤维素纤维具有相同的晶胞类型。

由于木质纤维素原有的晶体未遭破坏，纺丝后形成含原纤明显的超分子结构，天丝易产生原纤化。

天丝的聚合度大约为 500～550，比黏胶纤维要高，有较高的结晶度和取向度，形成较大的晶粒。用 X 射线法测得天丝的结晶度为 63.9%，而普通黏胶纤维的结晶度为 33%。天丝的晶粒尺寸大于黏胶纤维，晶粒的大小和形状对纤维的物理—机械性能，特别是疲劳性能有重要的影响。粗大的结晶粒子能使纤维的弹性模量、刚性、脆性以及织物的尺寸稳定性提高，而使延伸度、疲劳强度和柔曲性下降。

使用偏光显微镜应用萨那蒙补偿法测定纤维双折射率，天丝的双折射率为 0.036～0.072，普通黏胶纤维为 0.02，棉纤维为 0.046，说明天丝具有较高的取向度。

**3. 天丝的物理—机械性能**

天丝具有较高的强力。天丝的生产方法属于干喷湿纺法。它是在空气中喷丝，然后立即浸入水中凝固成丝，由于是在空气中牵伸，因此天丝取向度好，分子排列紧密程度比棉和黏胶纤维高许多，强度较高。由于天丝具有较高的结晶度，其干、湿强力都很大，干强远超过其他纤维素纤维，与聚酯纤维接近。湿强约为干强的 85%，是再生纤维素纤维中最好的。天丝与黏胶纤维等几种纤维的性能如表 3－19 所示。

**3－19　几种纤维性能比较**

| 物理特性＼纤维 | 天丝 | 黏胶纤维 | 高湿模量黏胶纤维 | 棉纤维 | 涤纶 |
|---|---|---|---|---|---|
| 线密度（dtex） | 1.7 | 1.7 | 1.7 | — | 1.7 |
| 强度（cN/tex） | 40～42 | 22～26 | 34～36 | 20～24 | 40～52 |
| 断裂伸长率（%） | 14～16 | 20～25 | 13～15 | 7～9 | 44～45 |

续表

| 物理特性＼纤维 | 天丝 | 黏胶纤维 | 高湿模量黏胶纤维 | 棉纤维 | 涤纶 |
|---|---|---|---|---|---|
| 湿态强度(cN/tex) | 34～38 | 10～15 | 19～21 | 26～30 | 40～52 |
| 湿态伸长率(%) | 16～18 | 25～30 | 13～15 | 12～14 | 44～45 |
| 湿态模量(5%伸长) | 270 | 50 | 110 | 100 | — |
| 回潮率(%) | 11.5 | 13 | 12.5 | 8 | 0.5 |

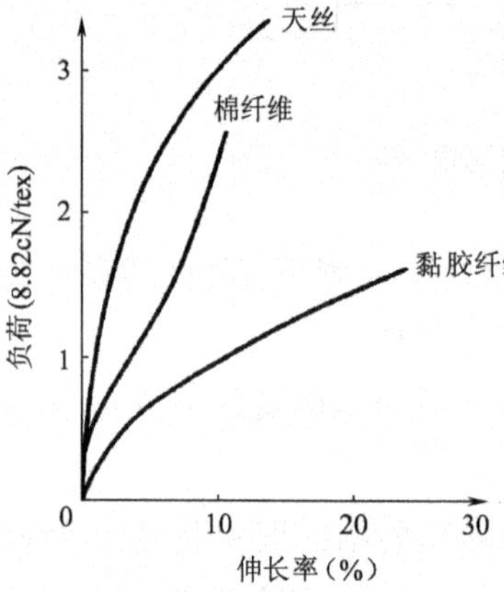


图3－35　几种纤维素纤维的负荷伸长曲线

天丝具有较低的断裂伸长率。天丝的断裂伸长率干态为12%～15%，湿态为15%～17%。由于伸长率较低，织物经水洗后变形较小，几种纤维的负荷—伸长率曲线如图3－35所示。

天丝具有较高的初始模量及湿模量。同棉纤维一样，天丝在小负荷及中等负荷作用下变形不大(图3－35)，使织物具有较高的尺寸稳定性，并且比较耐折皱。

**4. 天丝的特性**

天丝不仅具有天然纤维的特性，还具有许多独特的优点，主要表现在以下几个方面。

(1)手感。天丝分子排列紧密程度比棉纤维和一般黏胶纤维大，拥有独特的柔软光滑手感。如配以不同的后整理加工，可获得不同的手感效果，触感可由棉型变到毛型，尤其是可以通过酶整理获得特有的桃皮绒手感。

(2)悬垂性。天丝具有良好的吸湿性，润湿后纤维的直径大约增加40%。利用天丝的这种膨润特性，对其织物进行多次的润湿、干燥处理，可有效地产生纱线间的空隙，提升织物的悬垂性和流动性。

(3)染色性。天丝的光泽好，染色性好，上染率高，无论是采用浸染还是轧染，染料均可深入纤维内部，透染性较好。

(4)原纤化。天丝具有原纤化倾向，如表3－20所示。表中数据为纤维的原纤化趋势，其数值越大，纤维越易原纤化，越易起毛起球。这种原纤化特性一方面使产品具有不同的风格手感；另一方面，在产品生产工艺流程中也带来问题，尤其是在后整理加工时。由于微原纤非常细，直径一般小于1～4μm，几乎是透明的，整理后的织物有泛白或霜白的效果；若是过度原纤化，则纤维会纠结在一起而导致外观起球。但通过酶处理，去除较长的原纤，进行二次原纤化，可得到独特的桃皮绒效果，产品丰厚有弹力。

(5)稳定性。天丝的湿模量较高，在水中收缩率较低，其织物具有较好的洗涤稳定性。

(6)吸湿性。天丝的主要成分是纤维素，同棉纤维等天然纤维素纤维一样，具有良好的吸湿性和穿着舒适性。

表 3-20 天丝的原纤化趋势

| 纤 维 | 原纤化趋势 | 纤 维 | 原纤化趋势 |
|---|---|---|---|
| 棉纤维 | 2 | 铜氨纤维 | 2~3 |
| 黏胶纤维 | 1 | 天丝短纤维 | 4~6 |
| Modal | 1 | | |

(7)生物降解性。天丝是一种再生纤维素纤维,在自然界中可完全生物降解。

**5. 天丝的化学稳定性**

天丝的耐酸性、耐氧化还原性与天然纤维类似,在生产过程中,应尽量减小酸、碱及氧化剂等化学试剂对纤维的损伤。

天丝在室温下对酸较稳定,温度升高后,纤维耐酸性降低,纤维强度几乎没有改变。由于其对碱溶液的稳定性较高,使其与棉纤维的混纺织物能经受丝光处理。

**6. 天丝的应用**

天丝长度有棉型、毛型和中长型,线密度有粗有细,截面有圆形和异形。天丝与其他纤维(如棉、莫代尔或黏胶纤维)混纺,能开发出高附加值的机织和针织时装织物、休闲服织物等。此类面料具有柔软悬垂、触感独特、飘逸动感、透气透湿、光泽柔和等特点。

## 二、竹纤维

生产传统纤维素纤维的主要原料是棉花和木材。随着森林资源日趋匮乏、耕地日渐减少造成的木材和棉花成本增加以及人们生态保护意识增强,人们开始寻找新的原料来替代木材生产纤维素纤维。竹子生长快、产量高,是理想的生产纤维素纤维的原料。竹纤维是21世纪初我国自主研究开发出的新型纤维素纤维,并形成了小批量工业化生产规模。天然竹纤维面料具有质轻挺括、透气舒适、清爽凉快、色彩亮丽等特点,并且有抗紫外线、抑菌、防臭、防霉等保健功能,尤其是夏天穿着使人感到特别的凉爽。天然竹纤维是一种能迎合当今世界崇尚自然、追求舒适保健消费潮流的新型纺织原料。

**1. 竹纤维的制造过程**

竹纤维的制造有两种方式:一种是利用竹浆采用黏胶纺丝的工艺生产竹浆黏胶纤维;另一种是将竹材通过整料、制竹片、浸泡、蒸煮、分丝、梳纤、筛选等工艺去除竹子中的木质素、多戊糖、竹粉、果胶等杂质,直接提取获得天然竹纤维。

竹纤维的主要成分是纤维素,生产过程是将甲种纤维素含量在35%左右的竹纤维提纯到93%以上,采用水解—碱法及多段漂白精制成满足纤维生产要求的竹浆粕,再经纺丝制成竹纤维。竹纤维的纺丝工艺与黏胶纺丝的工艺流程类似,为:

竹浆粕→粉碎→浸渍→碱化→黄化→初溶解→溶解→头道过滤→二道过滤→熟成→纺前过滤→纺丝→塑化→水洗→切断→精练→烘干→打包

**2. 竹纤维的形态结构**

用日立 S—570 SEM 和 Leica 光学显微镜观察竹纤维截面和表面形态，如图 3－36 所示。由图 3－36(a)和图 3－36(b)可知，竹纤维的截面呈扁平状，纤维中间具有孔洞。经等离子刻蚀后的截面并未表现出形态结构的差异，说明竹纤维无皮芯层结构。竹纤维只有初生结构，没有次生结构，构造简单。竹纤维的内在结构多为环形网状结构，表面光滑，横截面上布满了椭圆形的空隙，呈梅花形排列，形成高度中空。竹纤维中细长的空洞和表面的沟槽决定了竹纤维的毛细管效应非常强，具有优良的吸湿性和放湿性。

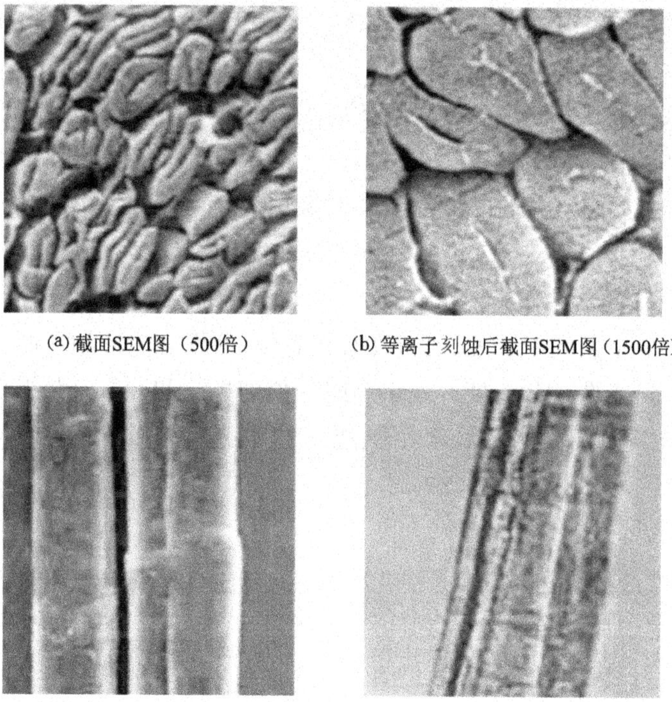

(a) 截面SEM图（500倍）　(b) 等离子刻蚀后截面SEM图（1500倍）

(c) 纵向SEM图（1000倍）　(d) 纵向光学显微镜图片（400倍）

图 3－36　竹纤维横向和纵向形态图

由竹纤维纵向的 SEM 图和光学显微镜图片来看，纤维表面存在着沟槽和裂缝，横向还有枝节，且无天然转曲，手感和光泽接近于麻纤维，有良好的刚性。

利用 X 射线衍射法测得竹纤维的结晶度为 31.6%，普通黏胶纤维的结晶度为 30%，竹纤维的结晶度与黏胶纤维的结晶度基本相同。

**3. 竹纤维的化学组成**

竹纤维的主要化学成分如表 3－21 所示。

由表 3－21 可以看出，纤维素是竹纤维中最主要的成分。由于生长地不同，竹纤维中的纤维素含量也不同。竹纤维的纤维素含量明显低于棉和麻纤维，竹纤维中含有的半纤维素是一种存在于纤维和微细纤维之间的无定形物质，其聚合度低，吸湿后很容易润胀。木质素是存在于胞间层和微细纤维之间的一种芳香族高分子化合物，它决定着竹纤维的颜色。

表 3－21　竹纤维的主要化学成分

| 种　类 | 产　地 | 纤维素 | 木质素 | 聚戊糖 | 果胶质 | 灰　分 |
|---|---|---|---|---|---|---|
| 小毛竹 | 甘肃 | 46.50 | 23.40 | 21.56 | — | 1.23 |
| 绿竹 | 广东 | 49.55 | 23.00 | 17.45 | — | 1.78 |
| 丹竹 | 广西 | 47.88 | 23.55 | 18.54 | — | 1.93 |
| 毛竹 | 福建 | 45.50 | 30.67 | 21.12 | 0.70 | 1.10 |

**4. 竹纤维的机械性能**

竹纤维与其他几种纤维的机械性能对比如表 3－22 和图 3－37 所示。表 3－22 为竹纤维、Modal、天丝和黏胶纤维进行单纤维拉伸性能比较表。图 3－37 是竹纤维和黏胶纤维的应力—应变曲线图。

表 3－22　竹纤维、Modal、天丝和黏胶纤维的强伸度及其他机械性能

| 纤　维 | 线密度 (dtex) | 干强 (cN/dtex) | 湿强 (cN/dtex) | 干伸长率 (%) | 湿伸长率 (%) | 干态断裂功 (cN · mm) | 湿态断裂功 (cN · mm) | 干态初始模量 (cN/dtex) | 湿态初始模量 (cN/dtex) |
|---|---|---|---|---|---|---|---|---|---|
| 竹纤维 | 1.67 | 1.93 | 1.77 | 12.38 | 8.45 | 5.55 | 3.59 | 1.56 | 1.62 |
| Modal | 1.67 | 1.99 | 1.67 | 9.72 | 9.47 | 3.58 | 3.20 | 1.99 | 1.67 |
| 天丝 | 1.67 | 2.86 | 2.52 | 11.32 | 10.08 | 7.23 | 6.02 | 2.16 | 1.76 |
| 黏胶纤维 | 2.78 | 1.69 | 1.21 | 16.32 | 14.30 | 8.11 | 5.98 | 1.46 | 1.20 |

从表 3－22 中的数据可以发现，天丝和竹纤维的湿强较高。竹纤维的伸长率、断裂功在干、湿状态下相差较大，但断裂功数值较大；Modal 干、湿态下的伸长率、断裂功接近，但均较小；黏胶纤维的断裂功介于竹纤维与 Modal 之间。织物的耐用性与纤维的断裂功有很密切的关系，断裂功及断裂比功越大，织物的耐用性及韧性就愈好。由此可见，天丝和竹纤维织物较耐用，且干、湿态强度接近；Modal 织物较不耐用，干、湿态伸长率及断裂功接近；黏胶纤维织物的耐用性介于它们之间，但干、湿态相差较大。

从图 3－37 可以看出，竹纤维的初始模量大，说明竹纤维具有较大的抵抗变形的能力。

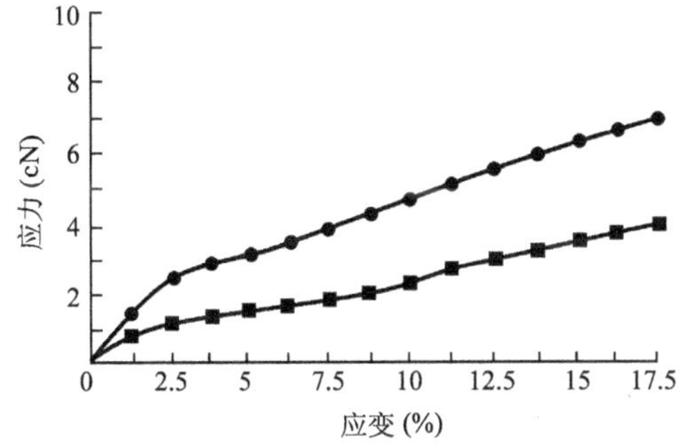


图 3－37　竹纤维和黏胶纤维的应力—应变曲线

—●— 竹纤维　—■— 黏胶纤维

竹纤维的湿态断裂伸长率大于干态断裂伸长率，生产中要注意它的干、湿性能变化，及时调整工艺参数，使生产能够正常进行。

竹纤维表面光滑，加上一定数量的卷曲后，可提高纤维可纺性和改善产品的性能，如光泽、抗皱性和风格等。竹纤维和其他几种纤维的卷曲性能对比见表3－23。

**表3－23　竹纤维和其他几种纤维的卷曲性能对比**

| 项　目 | 竹纤维 | 毛纤维（澳毛） | 黏胶纤维（普通毛型长丝） |
|---|---|---|---|
| 卷曲数$P$（个/cm） | 5.50～6.52 | 6～9 | 4.8～5.6 |
| 卷曲弹性回复率（%） | 60～70（伸长率2%） | 99（伸长率2%） | 99（伸长率2%） |

由表3－23可知，竹纤维表面上具有一定的卷曲，这使竹纤维间具有一定的摩擦力和抱合力，有利于纤维纺纱加工和提高成纱质量。竹纤维的弹性回复率与它的结构有关，竹纤维的初始模量大，因而弹性回复率相对稍低。

**5. 竹纤维的特性**

（1）吸湿导湿性能。竹纤维的吸湿导湿性强。回潮率大小影响纤维纺织品的导湿性能，竹纤维与其他几种纤维的导湿性能对比见表3－24。

**表3－24　竹纤维和其他几种纤维的导湿性能对比**

| 项　目 | 竹纤维 | 黏胶纤维（棉型） | 毛纤维（澳毛） | 黏胶纤维（普通毛型长丝） |
|---|---|---|---|---|
| 回潮率（%，标准状态下测试） | 11.8 | 12～13 | 16 | 12～24 |

由表3－24可知，标准状态下竹纤维的回潮率与普通棉型黏胶纤维的回潮率接近，但低于毛纤维和普通毛型黏胶长丝的回潮率。竹纤维的横截面具有特殊的结构，呈天然高度中空，这说明竹纤维具有良好的吸湿性、渗透性、放湿性和透气性能，适合加工夏季针织面料和高档衬衫等产品。

（2）透气性能。用水皿法对竹纤维试样进行透气性能测试时，湿球温度25℃、干球温度35℃、相对湿度45%，时间2h，试样面积37.5$cm^2$。试验结果见表3－25。

**表3－25　竹纤维的透气性能**

| 品　种 | 丙纶 | 腈纶 | 长丝（黏胶） | 竹纤维 |
|---|---|---|---|---|
| 透气量 | 0.640 | 0.980 | 1.375 | 1.652 |

注　表中数据是相对值。

由表3－25可知，竹纤维产品的透气量最大，透气性能较好，这与竹纤维特殊的天然横截面高度中空有直接关系。

(3)染色性能。竹纤维与黏胶纤维相比,其染色性能更好。竹纤维具有与黏胶纤维相同的化学组成,所以用于棉纤维和黏胶纤维的染料也适用于竹纤维,由于竹纤维的结晶度较低,纤维湿态下膨胀率高,染料易在纤维内扩散,吸色均匀,透染性好,色牢度强,多次洗涤后仍能保持鲜艳的色彩。

(4)竹纤维的功能性。竹纤维属于纯天然纤维,能够100%生物降解。竹纤维含有竹蜜和果胶成分,该成分对皮肤健康是有益的,具有独特的天然抗菌防臭性能。对紫外线的吸收能力大于棉、麻等天然纤维素纤维,用其生产的春夏时装对皮肤有良好的抗紫外线保护作用。竹纤维是目前唯一的凉爽型天然保健纤维,透气性极强,填补了天然凉爽型纤维的空白。

#### 6. 竹纤维的应用

竹纤维的可纺性能优良,可以纯纺、与其他天然纤维及化学纤维混纺或交织生产高档时装,以竹纤维生产的织物有较强的稳定性和防皱性,具有手感柔软、悬垂性好、穿着舒适凉爽和免熨烫的优良性能,极大地满足了消费者对面料的功能性、装饰性、保健性、舒适性和卫生性的需要。用其生产的面料经染整工艺加工后,容易着色,色牢度较强,光泽亮丽。竹纤维可与丝绸相媲美,利用其天然挺拔、抗皱性强、吸湿凉爽等优点,与丝交织或混纺后生产的仿真丝产品,具有不贴身和不缩水的优点,极大地改善了丝绸产品的自身缺陷,使丝绸产品更加时尚化,目前产品有竹/毛交织、竹/毛型黏胶长丝交织等产品。竹纤维具有良好的吸湿、导湿、透气和易洗快干性能,同时还具有天然独特的抗菌功能,可加工高档且有特殊功能的纺织面料。

### 三、Modal

Modal是较早开发的新型再生纤维素纤维,出现于20世纪80年代。但由于当时价格高,性能没有被充分认识等原因,一直没有形成批量生产,直到20世纪末,由奥地利兰精(Lenzing)公司开发生产,是以中欧森林中的山毛榉木浆粕为原料制成的。

Modal是一种具有高湿模量的再生纤维素纤维,这种纤维是按照黏胶纤维纺丝工艺学的原理,用高质量的木浆和专门的机械及特殊的加工处理方法生产的。Modal属于改进的黏胶纤维,它具有更高的聚合度,纤维的耐用性提高。

由于Modal产品没有原纤化问题,其加工难度大大低于天丝产品,对印染和后处理设备没有特殊要求,能够加工棉纤维产品的设备都能对Modal产品进行加工。

#### 1. Modal的形态结构

Modal的横截面为锯齿形,纤维表面光滑,有皮芯层。Modal的结晶度为47.0%,取向因子为0.53。

#### 2. Modal的物理—机械性能

从表3-22中的数据可以发现,Modal的干、湿态下的伸长率、断裂功及断裂比功较接近,但均较小,因此Modal的织物较不耐用。

织物的免烫性亦称洗可穿性,直接影响织物洗后的外观性。影响织物免烫性的主要因素是纤维的回潮率与干、湿态弹性的回复率。回潮率较小且干、湿态弹性回复率大的纤维免烫性较好。竹浆纤维、Modal和黏胶纤维织物的免烫性、回潮率及干、湿态弹性回复率比较见表3－26。由表可知，Modal织物的免烫性较好。

表3－26 纤维性能与织物的免烫性

| 纤 维 | 回潮率 | 干、湿态弹性 | 回复率(免烫性) |
|---|---|---|---|
| 竹纤维 | 高 | 中 | 中 |
| Modal | 高 | 高 | 好 |
| 黏胶纤维 | 高 | 低 | 差 |

织物的抗皱性与纤维的弹性回复率有很密切的关系，弹性回复率高的纤维，织物的抗皱性较好。竹浆纤维、Modal和黏胶纤维这3种纤维素纤维的干、湿态弹性回复率见表3－27。从表中可以发现，竹纤维的湿态弹性回复率较干态大，而Modal与黏胶纤维一样，湿态下的弹性回复率较干态小得多。3种纤维中，Modal的弹性回复率最大，黏胶纤维最小。常见织物中，涤纶、锦纶、丙纶和羊毛纤维织物具有较好的抗皱性；而棉纤维、黏胶纤维和麻纤维织物的抗皱性均较差，尤其是黏胶纤维织物是所有服用织物中抗皱性最差的；竹纤维和Modal由于弹性回复率较黏胶纤维大，因此其织物的抗皱性较黏胶纤维好，尤其是Modal织物。

表3－27 竹纤维、Modal和黏胶纤维的弹性

| 项 目 | 竹纤维 | | Modal | | 黏胶纤维 | |
|---|---|---|---|---|---|---|
| | 干 | 湿 | 干 | 湿 | 干 | 湿 |
| 总形变量(mm) | 1.58 | 1.58 | 1.58 | 1.58 | 1.58 | 1.58 |
| 急弹性形变(mm) | 0.946 | 0.959 | 1.03 | 0.88 | 0.828 | 0.747 |
| 总弹性形变(mm) | 1.103 | 1.141 | 1.287 | 1.116 | 0.998 | 0.892 |
| 塑性形变(mm) | 0.477 | 0.439 | 0.293 | 0.464 | 0.582 | 0.688 |
| 弹性回复率(%) | 69.81 | 72.22 | 81.08 | 70.63 | 63.16 | 56.46 |

注 测定条件：温度30℃、相对湿度65%、定伸长率8%。

**3. Modal的特性**

Modal除具有纤维素纤维的一般性能以外，还具有以下特性：

(1)Modal的平均聚合度高；

(2)Modal的原料来自于大自然的木材，使用后可以自然降解；

(3)Modal的吸湿能力比棉纤维高出50%，这使Modal织物可保持干爽、透气，有利于人体的生理循环；

(4)Modal的湿态伸长率较小，水洗收缩率低。与棉纤维相比，Modal具有较好的形态与尺寸稳定性，织物具有天然的抗皱性；

(5)Modal具有良好的碱稳定性；

(6)Modal具有合成纤维的强度和韧性；

(7) Modal 柔滑、光洁,是一种天然的丝光纤维,因而织物手感特别滑爽,布面光泽亮丽;

(8) Modal 的染色性较好,吸色透彻,色牢度好,因此织物色彩鲜艳、亮丽。

**4. Modal 的应用**

Modal 较多地应用于针织产品。Modal 本身具有很好的柔软性和优良的吸湿性,但生产的织物挺括性不够,故目前大多用于内衣的生产。为了更好地发挥 Modal 的优点,常采用细旦 Modal(1dtex 左右)。由于 Modal 的线密度低,纤维柔软、毛细管作用显著,生产的产品悬垂性好、吸湿透气、表面细腻,具有良好的手感及外观。

为了改善纯 Modal 产品的挺括性和保型性较差的弱点,可以将其与其他纤维进行混纺、交织,以改善其性能,发挥不同纤维的特点,达到更佳的服用效果。目前比较常见的有 Modal 纯纺产品、Modal 与棉纤维、涤纶、锦纶混纺或交织产品等。由于 Modal 具有良好的光泽、优良的可染性及染色后色泽鲜艳的特点,其应用正逐步扩展到机织行业,在外衣、装饰织物中也得到发展。

## 复习指导

1. 掌握纤维素纤维的形态结构。

2. 掌握纤维素大分子的分子结构。

3. 了解纤维素纤维的超分子结构。

4. 掌握纤维素纤维的主要物理—机械性能,以及断裂强度、断裂伸长率、应力—应变曲线、弹性性质等与纤维拉伸性能的关系,并能够根据纤维的结构性能加以简要分析。

5. 掌握纤维素纤维的主要化学性质,主要有纤维的吸湿和溶胀,纤维素纤维与酸的作用,纤维素纤维与碱的作用,纤维素纤维与氧化剂的作用,光、热及微生物对纤维素纤维的作用,纤维素酶对纤维素纤维的作用,纤维素纤维的化学改性等。

6. 了解纤维素共生物。

7. 了解黏胶纤维、铜氨纤维和醋酯纤维的基本特性。

8. 了解亚麻纤维结构和特性。

9. 了解 Lyocell、竹纤维、Modal 等新型纤维素纤维的特性及其应用。

10. 了解彩色棉的特性及其应用。

## 思考题

1. 简述成熟棉纤维组成及形态结构。

2. 写出纤维素纤维在氧化剂的作用下可能发生的反应。

3. 比较棉、麻、黏胶纤维的物理机械性能和化学性能。

4. 简述 Lyocell、竹纤维和 Modal 的特性及应用。

5. 简述彩色棉的发展与应用。

# 第四章　蛋白质纤维

蛋白质纤维(protein fibre)是指其基本组成物质为蛋白质的一类纤维，按其来源可分为天然蛋白质纤维和再生蛋白质纤维两类。羊毛和蚕丝均属于天然蛋白质纤维，它们在纺织原料中占有重要地位。

## 第一节　蛋白质的基础知识

### 一、蛋白质的化学组成及分子结构

**1. 元素组成**

蛋白质是相对分子质量很高的有机含氮高分子化合物，结构十分复杂。但组成蛋白质的元素种类并不多，主要为碳、氢、氧、氮等元素，有些还含有少量的硫、磷、铁、铜、锌和碘等元素。

**2. 氨基酸组成**

蛋白质完全水解的最终产物是氨基酸，因此蛋白质的基本组成单位是氨基酸。天然蛋白质中的氨基酸主要有20种左右，它们的共同特点是都属于α-氨基酸。可用如下通式表示：

$$\begin{array}{c} H_2N—CH—COOH \\ \mid \\ R \end{array}$$

存在于羊毛和蚕丝蛋白质中的各种氨基酸含量见表4-1。从表4-1可以看出，各种α-氨基酸结构上的区别在于侧基R。乙氨酸是最简单的α-氨基酸，R只是氢原子，丙氨酸的R是甲基，其他α-氨基酸中R的结构都较复杂。从表4-1还可以看出，不同蛋白质所含α-氨基酸的种类和数量有很大差别，造成了各种蛋白质结构和性质上的差异。

**表4-1　羊毛和蚕丝蛋白质的各种氨基酸含量**

| 分类 | | 俗名 | 学名 | 结构式 | 羊毛蛋白质 | 桑蚕丝素蛋白质 | 桑蚕丝胶蛋白质 |
|---|---|---|---|---|---|---|---|
| 脂肪族氨基酸 | 单氨基单羧基氨基酸 | 乙(甘)氨酸 | α-氨基乙酸 | $\begin{array}{c} H_2N—CH—COOH \\ \mid \\ H \end{array}$ | 5.25 | 42.8 | 8.8 |
| | | 丙氨酸 | α-氨基丙酸 | $\begin{array}{c} H_2N—CH—COOH \\ \mid \\ CH_3 \end{array}$ | 4.10 | 32.4 | 4.0 |
| | | 缬氨酸 | β-甲基-α-氨基正丁酸 | $\begin{array}{c} H_2N—CH—COOH \\ \mid \\ H_3C—CH—CH_3 \end{array}$ | 5.38 | 3.03 | 3.1 |

续表

| 分类 | | 俗名 | 学名 | 结构式 | 羊毛蛋白质 | 桑蚕丝素蛋白质 | 桑蚕丝胶蛋白质 |
|---|---|---|---|---|---|---|---|
| 脂肪族氨基酸 | 单氨基单羧基氨基酸 | 亮(白)氨酸 | γ-甲基-α-氨基正戊酸 | $H_2N—CH—COOH$<br>$CH_2—CH—CH_3$<br>$CH_3$ | 8.26 | 0.68 | 0.9 |
| | | 异亮(白)氨酸 | β-甲基-α-氨基正戊酸 | $H_2N—CH—COOH$<br>$CH—CH_2—CH_3$<br>$CH_3$ | 3.41 | 0.87 | 0.6 |
| | 羟基氨基酸 | 丝氨酸 | β-羟基-α-氨基丙酸 | $H_2N—CH—COOH$<br>$CH_2OH$ | 9.66 | 14.7 | 30.1 |
| | | 苏(酥)氨酸 | β-羟基-α-氨基正丁酸 | $H_2N—CH—COOH$<br>$CH—OH$<br>$CH_3$ | 6.54 | 1.51 | 8.5 |
| | 二羧基单氨基酸 | 天门冬氨酸 | α-氨基丁二酸 | $H_2N—CH—COOH$<br>$CH_2—COOH$ | 6.65 | 1.73 | 16.8 |
| | | 谷(麸)氨酸 | α-氨基戊二酸 | $H_2N—CH—COOH$<br>$(CH_2)_2—COOH$ | 14.41 | 1.74 | 10.1 |
| | 单羧基二氨基酸 | 赖氨酸 | α,ε-二氨基己酸 | $H_2N—CH—COOH$<br>$(CH_2)_4—NH_2$ | 3.22 | 0.45 | 5.5 |
| | | 羟基赖氨酸 | δ-羟基α,ε-二氨基己酸 | $H_2N—CH—COOH$<br>$(CH_2)_2—CH—CH_2—NH_2$<br>$OH$ | 0.16 | — | — |
| | | 精氨酸 | δ-胍基-α-氨基正戊酸 | $H_2N—CH—COOH$<br>$(CH_2)_3—NH—C=NH$<br>$NH_2$ | 9.58 | 0.9 | 4.2 |
| | 硫氨基酸 | 胱氨酸 | 双-(β-硫代-α-氨基丙酸) | $H_2N—CH—COOH$<br>$CH_2$<br>$S$<br>$S$<br>$CH_2$<br>$H_2N—CH—COOH$ | 12.02 | — | 0.33 |
| | | 半胱氨酸 | β-巯基-α-氨基丙酸 | $H_2N—CH—COOH$<br>$CH_2$<br>$SH$ | — | 0.03 | — |
| | | 蛋(甲硫)氨酸 | γ-甲硫基-α-氨基丁酸 | $H_2N—CH—COOH$<br>$(CH_2)_2—S—CH_3$ | 0.52 | 0.1 | 0.1 |

续表

| 分类 | 俗名 | 学名 | 结构式 | 羊毛蛋白质 | 桑蚕丝素蛋白质 | 桑蚕丝胶蛋白质 |
|---|---|---|---|---|---|---|
| 碳环氨基酸 | 苯丙氨酸 | β-苯基-α-氨基丙酸 | 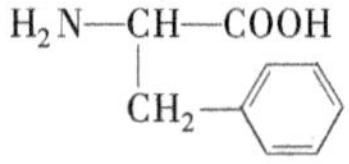 | 3.8 | 1.15 | 0.6 |
| | 酪氨酸 | β-对-羟基苯-α-氨基丙酸 | 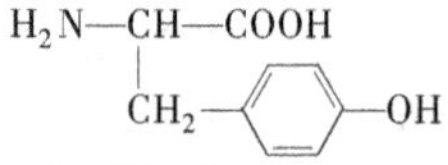 | 5.25 | 11.8 | 4.9 |
| 杂环氨基酸 | 组氨酸 | β-咪唑基-α-氨基丙酸 | 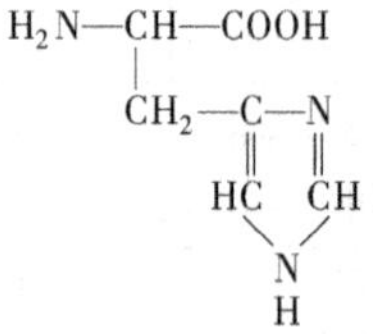 | 1.02 | 0.32 | 1.4 |
| | 脯氨酸 | α-羧基四氢吡咯 | 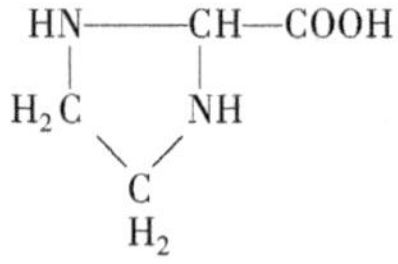 | 6.79 | 0.63 | 0.5 |
| | 色氨酸 | β-吲哚基-α-氨基丙酸 | 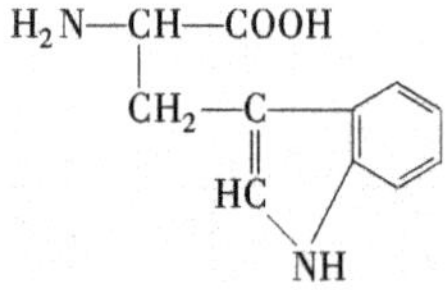 | 1.43 | 0.36 | 0.5 |

**注** 氨基酸含量是指100g蛋白质分析得出氨基酸克数。

**3. 分子结构**

蛋白质的大分子可以看作是由α-氨基酸通过氨基与羧基之间的脱水缩合,以酰胺键连接而成的大分子:

$$\underset{(\text{I})}{H_2N-\underset{R_1}{\underset{|}{CH}}-COOH} + \underset{(\text{II})}{H_2N-\underset{R_2}{\underset{|}{CH}}-COOH} \xrightarrow{-H_2O} \underset{(\text{III})}{H_2N-\underset{R_1}{\underset{|}{CH}}-CONH-\underset{R_2}{\underset{|}{CH}}-COOH}$$

蛋白质分子结构中的酰胺键称为肽键,由肽键连接的缩氨酸叫做肽,(Ⅲ)称为二肽,二肽继续与一个氨基酸分子缩合则成为三肽,以此类推可获得多肽。因此,可以将蛋白质分子看作是由大量氨基酸以一定顺序首尾连接所形成的多肽。多缩氨酸链(又称多肽链)是蛋白质分子的骨架,也称主链。天然蛋白质的多肽链多为开链结构,具有自由氨基端和自由羧基端。多肽链中的重复单元( $-NH-\underset{R}{\underset{|}{CH}}-CO-$ )称为氨基酸剩基。各氨基酸在构成蛋白质分子主链的同时,还形成了大分子的侧基R。

多肽链中的各种氨基酸是按照一定顺序连接的,而且随蛋白质种类的不同而不同。多肽链中氨基酸的排列顺序，叫做蛋白质分子的初级结构。天然蛋白质的多肽链在空间按一定几何形态折叠卷曲的状态，称为蛋白质分子的空间构象，或称高级结构。

**4. 副键的作用**

蛋白质大分子的主链借分子间及同一分子内基团间的结合力相联系而形成复杂的空间构象。这些结合力统称为副键。它们有如下几种类型：

(1)氢键。氢键主要存在于肽键中的羰基和亚氨基之间。

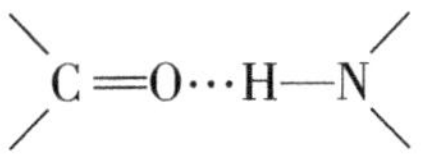


(2)盐键(又称离子键)。盐键存在于大分子侧基的酸性基团和碱性基团之间。

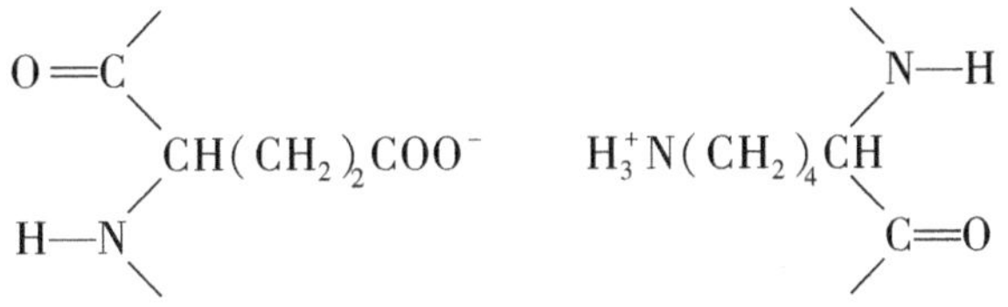


谷氨酸侧基　　　　赖氨酸侧基

(3)二硫键。二硫键可存在于肽链之间或同一肽链之中，它属于共价键。

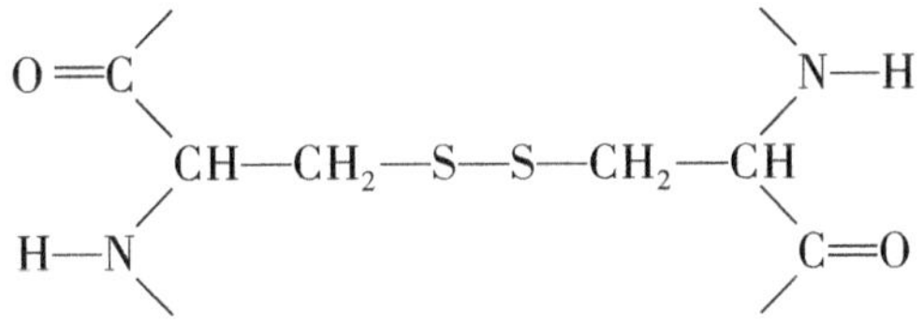


## 二、蛋白质的两性性质

蛋白质分子中除末端的氨基与羧基外，侧基上还含有许多酸性和碱性基团，所以蛋白质兼具酸和碱的性质，是典型的两性高分子电解质。在不同 pH 值中，蛋白质可以发生如下变化。

$$H_3^+N—P—COOH \underset{H^+}{\overset{OH^-}{\rightleftharpoons}} H_2N—P—COOH \underset{H^+}{\overset{OH^-}{\rightleftharpoons}} H_2N—P—COO^-$$

$$H_2N—P—COOH \rightleftharpoons H_3^+N—P—COO^-$$

其中 P 表示多肽链。从上式可知，这 3 种状态之间的关系是由溶液中$[H^+]$决定的。调节溶液的 pH 值，使蛋白质分子上所带的正负电荷数量相等，这时溶液的 pH 值称为该蛋白质的等电点。羊毛纤维的等电点为 4.2～4.8，桑蚕丝的等电点为 3.5～5.2。当蛋白质处于等电点时，呈现一系列特殊的、也是极为重要的性质，如溶胀、溶解度、渗透压、电泳及电导率等都处于最低值。

蛋白质对酸或碱的结合量决定于蛋白质中碱性或酸性基团的数量、溶液的 pH 值和离子总浓度等因素。当溶液的 pH 值达到一定程度时，蛋白质才开始结合酸或碱，而在特定的 pH 值时结合量达到最高。例如，羊毛和桑蚕丝在盐酸溶液中，开始结合酸时的 pH 值分别为 5 和 3；在

pH 值为 1.3~1.8 时，达到最大结合量；pH 值继续下降至 0.8 时，仍能保持这一最大结合量；但当溶液的 pH 值由 0.8 继续下降时，会出现吸酸量突然增加的现象。这可能是由于溶液 pH 值很低时，肽链中的亚氨基吸附 $H^+$ 所致。每 100g 纤维在不同 pH 值条件下吸收盐酸的物质的量见表 4-2。

**表 4-2　每 100g 纤维吸收盐酸的物质的量**

| pH 值 | 羊　毛 | 桑蚕丝 |
|---|---|---|
| 1.3~1.8 | 0.08~0.10 | 0.019~0.024 |
| 0.5 | 0.330 | 0.310 |
| 0.2 | 0.550 | 0.469 |

测定蛋白质的吸碱量是相当困难的。以羊毛蛋白质为例，当溶液的 pH 值提高到 10 以上时，才开始明显地吸碱，而在强碱性溶液中，二硫键易被破坏，甚至发生多肽链的水解。丝素蛋白质比羊毛蛋白质更易被强碱破坏。

在研究蛋白质纤维与酸、碱作用时，还发现了另一重要现象，即蛋白质纤维处于不同 pH 值的介质中，纤维内部的 pH 值与纤维外部溶液的 pH 值是不同的。也就是 $H^+$ 或 $OH^-$ 在纤维内和纤维外的分布是不均匀的，而且它们的分布情况还会受到电解质浓度的影响。这种现象可用膜平衡原理加以解释。纤维的表面具有类似半透膜的性质。膜内蛋白质分子上带有正离子或负离子，它们是不能脱离母体的，并与膜内的溶液一起组成膜内体系，纤维外面的溶液则为膜外体系。

假如把蛋白质纤维浸于酸（盐酸）和盐（KCl）共存的溶液中，与酸结合的是蛋白质大分子中的碱性基团（如—$NH_2$），开始时膜内的氨基和膜外的酸、盐浓度分别为：

膜

| 膜内 | | 膜外 | |
|---|---|---|---|
| [P—$NH_2$] | $c_1$ | [HCl] | $c_2$ |
| | | [KCl] | $c_3$ |

当蛋白质结合酸到达平衡时，膜内、外离子的分布为：

膜

| 膜内 | | 膜外 | |
|---|---|---|---|
| [P—$N^+H_3$] | $c_1$ | | |
| [$H^+$] | $x$ | [$H^+$] | $c_2-c_1-x$ |
| [$K^+$] | $y$ | [$K^+$] | $c_3-y$ |
| [$Cl^-$] | $c_1+x+y$ | [$Cl^-$] | $c_2+c_3-c_1-x-y$ |

按唐能膜平衡原理，平衡时的分配系数 $\lambda$ 为：

$$\lambda = \frac{[H^+]_{外}}{[H^+]_{内}} = \frac{[K^+]_{外}}{[K^+]_{内}} = \frac{[Cl^-]_{内}}{[Cl^-]_{外}}$$

即
$$\lambda = \frac{c_2 - c_1 - x}{x} = \frac{c_3 - y}{y} = \frac{c_1 + x + y}{c_2 + c_3 - c_1 - x - y}$$

解方程，得：
$$\lambda = \frac{c_2 + c_3}{c_2 + c_3 - c_1}$$

当溶液中无盐存在时，$[K^+] = 0$，即 $c_3 = 0$，则：

$$\lambda = \frac{c_2}{c_2 - c_1}$$

$$\lambda > 1$$

从而可以获得如下的重要结论：

$$[H^+]_{外} > [H^+]_{内}$$

$$pH_{内} > pH_{外}$$

可见，蛋白质纤维在酸性介质中，纤维内部的 pH 值总是高于纤维外部溶液的 pH 值。若体系中酸的浓度很高或有大量盐存在时，则 $\lambda$ 趋近于 1，表示纤维内外可移动离子的分布趋于均匀，纤维内外的 pH 值也趋于一致。

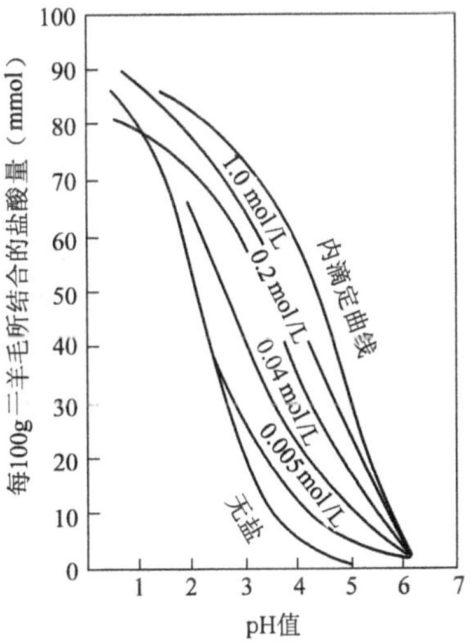


图 4－1　有、无中性盐存在时羊毛与盐酸的滴定曲线

若溶液的 pH 值在等电点以上，例如把纤维浸于碱（NaOH）和盐（NaCl）共存的溶液中，用同样的原理可以证明，当蛋白质结合碱到达平衡时，$[H^+]_{外} < [H^+]_{内}$，即 $pH_{内} < pH_{外}$。

说明在碱性介质中，蛋白纤维内部的 pH 值总是低于膜外溶液的 pH 值。碱的浓度和盐的含量同样影响可移动离子在膜内外的分布。

研究结果证明，用同一种酸（或碱）在有盐和无盐的不同情况下处理蛋白质纤维时，它们的最大结合酸（或碱）量是相同的，但是结合酸（或碱）量对溶液 pH 值所做的滴定曲线却随溶液中所含中性盐的浓度不同而不同。以羊毛为例，有中性盐和无中性盐与盐酸的滴定曲线，如图 4－1 所示。

从图 4－1 可以看出，溶液中盐的浓度越高，得到的滴定曲线形状越接近于内滴定曲线（即蛋白质结合酸或结合碱量对纤维内 pH 值所做的曲线）。在相同的 pH 值条件下，有盐存在时的结合酸量大于无盐存在时的结合酸量。

# 第二节 羊毛

羊毛(wool)通常是指绵羊毛,它是纺织工业的重要原料。羊毛具有许多优良特性,如光泽柔和,手感柔软、富有弹性,不易沾污,吸湿性、保暖性及耐磨性优良。用羊毛可以制成各种精纺及粗纺的高级衣料,还可以制造工业用呢和各种装饰用品。

毛纺工业的原料除羊毛外,还有其他动物毛,主要有山羊绒、马海毛、兔毛、骆驼绒等。

从羊身上剪下的毛称为原毛,原毛中除含有羊毛纤维外,还含有羊脂、羊汗、泥沙、污物及草籽、草屑等杂质。羊毛纤维在原毛中的含量百分率称为净毛率。净毛率随羊毛的品种和羊的生长环境等有很大变化,一般在40% ~70%范围内。可见原毛不能直接用来纺织,必须经过选毛、开毛、洗毛、炭化等初步加工才能获得较为纯净的羊毛纤维。

## 一、羊毛的形态结构及分类

在光学显微镜下观察可以看到,羊毛纤维的截面接近于圆形,纵向可观察到覆盖在毛干表面的鳞片。羊毛纤维在形态结构上可分为3部分,即鳞片层、皮质层和髓质层。其形态结构模型如图4-2所示。

### 1. 羊毛的形态结构

(1)鳞片层。鳞片层是由片状角质细胞组成的,是羊毛纤维的外壳。鳞片如鱼鳞或瓦片相互重叠覆盖,其根部附着于毛干,而梢部则伸出毛干表面,并指向毛尖。各种羊毛的鳞片大小基本相近,但鳞片在毛干上覆盖的密度,却因羊毛的品种和粗细不同而有较大的差异,因此鳞片的可见高度和鳞片层的总厚度也不一样。一般细羊毛鳞片的可见高度低于粗羊毛,鳞片层的总厚度则较粗羊毛为大。

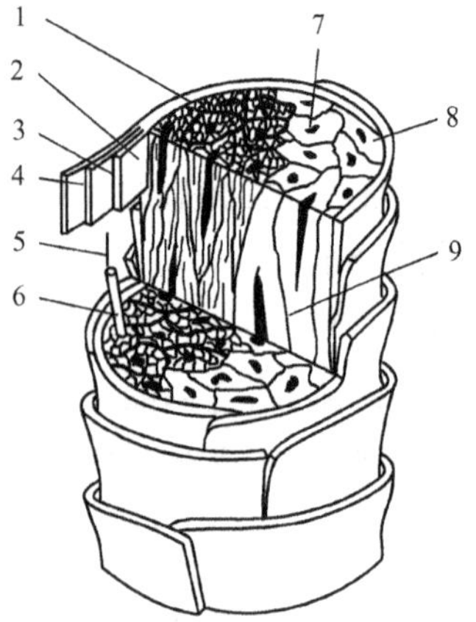


图4-2 细羊毛结构图

1—正皮质 2—内表皮层 3—次外表皮层 4—鳞片外表皮层 5—微原纤 6—原纤 7—细胞核残余 8—偏皮质 9—细胞膜和胞间物质

(2)皮质层。皮质层是羊毛纤维的主体,是决定羊毛物理—机械和化学性能的主要部分,它是由纺锤形皮质细胞组成的。

羊毛纤维的皮质细胞主要有O皮质细胞和P皮质细胞两种,它们在化学组成和某些性能上有一定的差异。O皮质细胞含硫量较P皮质细胞低,易于染色,对酶和一些化学试剂的反应活泼性也较高。在优良品种的细羊毛中,两种皮质细胞分别聚集在毛干的两半边,并且沿纤维轴向互相缠绕,O皮质细胞始终位于羊毛卷曲波形的外侧,而P皮质细胞则位于卷曲波形的内侧。O、P皮质细胞的双侧异构分布结构，简称双侧结构。

在某些粗长的羊毛纤维中，O 皮质细胞较集中于毛干的中央，P 皮质细胞呈环形分布于周围，这种羊毛很少甚至没有卷曲。

(3)髓质层。髓质层是由结构疏松、内部充有空气的薄膜细胞组成的。细胞之间的联系很弱，因此含髓质多的羊毛的弹性和强度都较低。

**2. 羊毛的分类**

羊毛按形态结构的特点，主要可分为细绒毛、粗毛、两型毛和死毛等。其特点简述如下：

(1)细绒毛。细绒毛的直径在 30μm 以下，无髓质层，鳞片密度较大，纤维较短，卷曲多，光泽柔和。它具有良好的纺织性能，是最有价值的毛纺原料。

(2)粗毛。粗毛的直径在 52.5μm 以上，有连续的髓质层，外形粗长，卷曲少，光泽好。近年来工业上规定，凡羊毛中髓质层连续长度达 25mm 以上，宽度超过羊毛纤维直径 1/3 以上的叫做腔毛。粗毛和腔毛的可纺性较差。

(3)两型毛。两型毛又称中间毛或过渡毛，直径在 30 ~ 52.5μm 之间，有断续的髓质层，粗细差异较大，粗的部分似粗毛，细的部分犹如细绒毛。我国没有完全改良好的羊种，羊毛多属这种类型。

(4)死毛。除鳞片层外，死毛几乎全为髓质层，强度和弹性很差，呈枯白色，没有光泽，也不易染色，没有纺织价值。

不同类型羊毛的髓质层形状如图 4－3 所示。

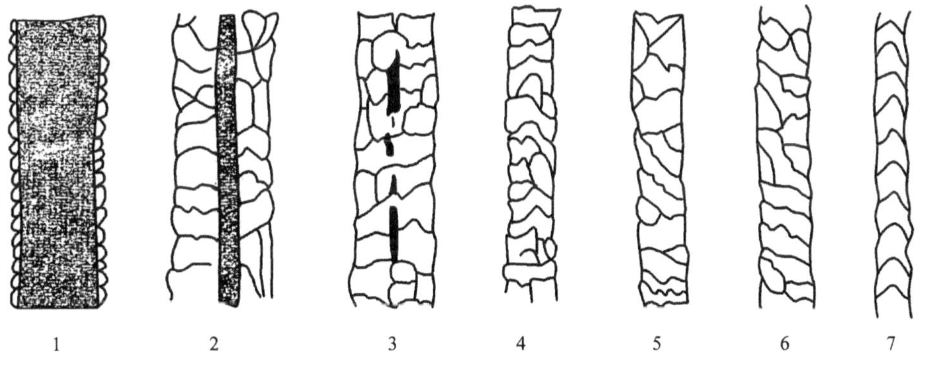


图 4－3　各种形状髓质层示意图

1—死毛的髓质层　2—有髓毛的髓质层　3—两型毛的髓质层

4,5,6,7—无髓毛

## 二、羊毛的化学组成与分子结构

**1. 羊毛的化学组成**

在羊毛纤维的元素组成中，除碳、氢、氧、氮之外，还含有一定量的硫，各元素的含量因羊毛的品种、饲养条件、羊体的部位等不同而有一定的不同，其中以含硫量的变化量最为明显。

分析结果表明，羊毛的细度不同，含硫量不同，随羊毛直径增大含硫量减少。在一根羊毛中，鳞片层含硫量最高，皮质层次之，髓质层最低。皮质层中，P 皮质细胞的含硫量高于 O 皮质细胞。

从表 4－1 可以明显地看出，在羊毛蛋白质的氨基酸组成中，二羧基氨基酸和二氨基氨基酸的含量较高，其次是含硫氨基酸，尤其是胱氨酸的含量很高。因此，在羊毛蛋白的肽链之间和同一肽链之中，除氢键外，还存在较多的盐键和二硫键。

**2. 羊毛的分子结构**

如前所述，蛋白质大分子是由大量的 α－氨基酸以一定顺序首尾连接而形成的多肽。多肽链中氨基酸排列顺序的研究虽然已经取得了很大进展，但还远未搞清楚。

羊毛蛋白质分子链的空间构象是比较复杂的，根据分析资料可以肯定，在羊毛蛋白质的分子链中，具有 α 螺旋构象，如图4－4所示。

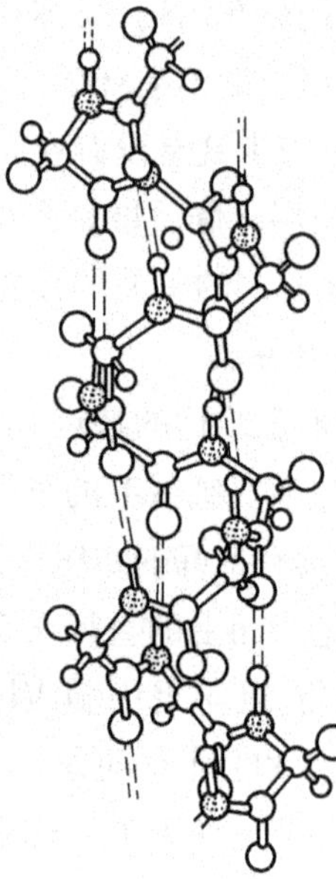

○:H ○:C═O ◎:N ○:R ═══:氢键

图 4－4 α 螺旋构象示意图

α 螺旋构象中的多肽链如同沿着圆柱体的表面呈螺旋形卷绕。多肽链每卷绕一圈，就间隔 3.6 个氨基酸剩基，每个氨基酸剩基在轴向的垂直距离为 0.15nm（1.5Å）。

进一步的研究发现，并不是所有羊毛蛋白质的分子链都呈螺旋构象，它只存在于约 50% 的低硫蛋白的多肽链中，高硫蛋白的多肽链是无规则卷曲的。

羊毛在有水分存在下拉伸，当伸长率达到 20% 以上时，肽链的螺旋构象开始转变；当伸长率达到 35% 时，肽链的螺旋构象转变明显；当伸长率达到 70% 时，肽链的螺旋构象完全转为 β 构象（肽链的伸直状态构象）。放松后，肽链的构象发生可逆的变化，最后恢复到 α 构象。在拉伸状态下，如能在多肽链之间建立起新的稳定交联键，则有阻止肽链的构象回复的作用，使羊毛纤维较长久地保持在伸长后的状态。

## 三、羊毛的超分子结构

前已述及，羊毛纤维的主体是由皮质细胞组成的皮质层。皮质细胞中含有高硫及低硫两种蛋白质，前者是基质的主要成分，其分子链呈无定形卷曲；后者的分子链具有螺旋结构，在皮质细胞中组成基本原纤（protofibril）。基本原纤再组成微原纤，微原纤则进一步组成原纤。各种原纤都包埋在基质中，原纤与基质间可通过二硫键相连。有的研究资料指出：O 皮质细胞中的原纤，直径约为 0.2μm，微原纤的直径为 7.5nm（75Å），基本原纤的直径约为 2nm（20Å）。

基本原纤的结构目前尚不十分清楚，但一般认为是如图 4－5 所示的状态。基本原纤是由 3 根具有螺旋结构的低硫蛋白质的多肽链如绳索状相互黏合而成的，多肽链间有交键连接较稳定。11 根基本原纤较规整地排列在一起而组成微原纤。

## 四、羊毛的主要机械性能

### 1. 羊毛的拉伸与回复性能

图4－6是几种纤维的拉伸曲线。将羊毛纤维的拉伸曲线与其他纤维相比可以看出，羊毛的断裂强度不高，但断裂伸长率比其他纤维都高，所以断裂功较大。羊毛纤维在很小应力作用下，即可产生较大的形变，尤其在超过屈服应力时更是如此（图4－6）。

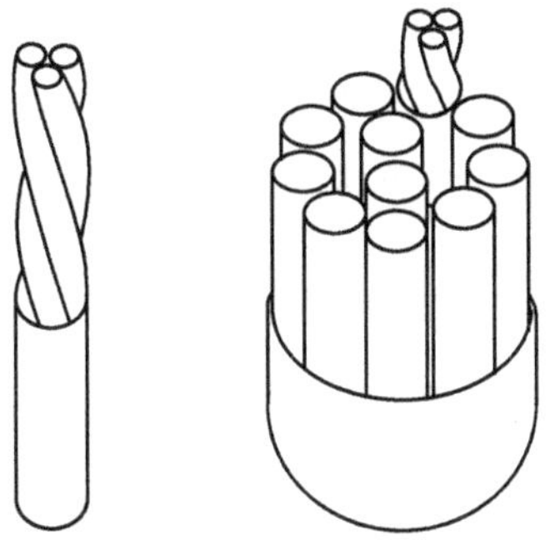

(a) 基本原纤　　(b) 微原纤

图4－5　基本原纤和微原纤结构模型示意图

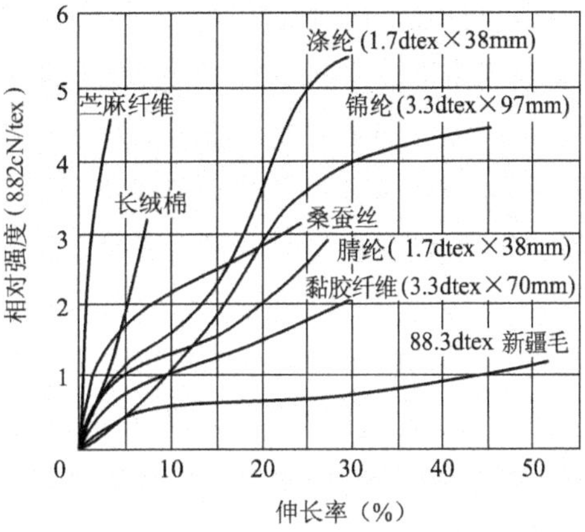


图4－6　几种纤维拉伸曲线

湿度和温度对羊毛纤维的拉伸性能有一定影响。相对湿度增加时，羊毛的初始模量、屈服应力、断裂强度都降低，而断裂伸长率有较大幅度增加。湿的羊毛随温度提高，屈服应力和断裂强度皆明显下降，而断裂伸长率有所增加。

羊毛从拉伸形变中回复的性能比较突出，一般条件下仅次于锦纶，而优于其他纺织纤维，特别是在低形变量时，羊毛的回复性能最好。由于羊毛具有优良的弹性，所以羊毛织物穿着挺括、不易起皱。

羊毛的拉伸和回复性与其分子结构和聚集态结构有关。羊毛的多肽链是卷曲的，并具有螺旋构象，肽链之间存在着各种副键，包括共价的二硫键，当受到外力拉伸时，螺旋状的 $\alpha$ 构象可以转变成伸直的 $\beta$ 构象，肽链之间的交联键能阻止分子链之间的相对滑移，所以羊毛既具有较大的延伸性能，又具有良好的回复性能。

### 2. 羊毛的可塑性

羊毛在加工过程中常受到拉伸、卷曲、扭转等各种外力作用，使纤维改变原来的形态。由于羊毛具有良好的弹性，它力图回复到原来的形态，因此在纤维内部产生了各种应力，这种内应力需要在相当长的时间内逐渐衰减直至消除，它常给羊毛制品的加工造成困难，这也是羊毛制品在加工和使用过程中尺寸和形态不稳定的因素之一。羊毛的可塑性是指羊毛在湿热条件下，可使其内应力迅速衰减，并可按外力作用改变现有的形态，再经冷却或烘干使形态保持下来的性质。

羊毛的可塑性是与其多肽链构象的变化以及肽链间副键的拆散和重建密切相关的。将受到拉伸应力作用的羊毛纤维在热水或蒸汽中处理很短时间，然后除去外力并在蒸汽中任其收缩，纤维能够收缩到比原来的长度还短，这种现象称为“过缩”。产生这种现象的原因是，外力和湿、热的作用使肽链的构象发生变化，原来的副键被拆散，但因处理时间很短，尚未在新的位置上建立起新的副键，多肽链可以自由收缩，故产生过缩。若将受有拉伸应力作用的羊毛纤维在热水或蒸汽中处理稍长时间，除去外力后纤维并不回复到原来的长度，但在更高的温度条件下处理，纤维仍可收缩，这种现象称为“暂定”。产生这种现象的原因是由于副键被拆散后，在新的位置上尚未全部建立起新的副键而结合得还不够稳固，因此只能使形态暂时稳定，遇到适当的条件仍可回缩。如果将伸长的羊毛纤维在热水或蒸汽中处理更长时间（如 1 ~2h），则外力去除后，即使再经蒸汽处理，也仅能使纤维稍微收缩，这种现象称为“永定”。这是由于处理时间较长，副键被拆散后，在新的位置上又建立起新的、稳固的副键，使多肽链的构象稳定下来，从而能阻止羊毛纤维从形变中回复原状，所以产生“永定”。

羊毛织物的定形就是利用羊毛纤维的可塑性，将毛织物在一定的温度、湿度及外力作用下处理一定时间，通过肽链间副键的拆散和重建，使其获得稳定的尺寸和形态。毛织物在染整加工过程中的煮呢、蒸呢、电压和定幅烘燥等都具有定形作用。它们的定形作用究竟是“暂定”还是“永定”，要看定形的条件和效果，两者并没有截然的界限。

毛料服装的熨烫也是利用羊毛的可塑性，在湿、热和压力作用下，使服装变得平整无皱，形成的褶裥也可保持较长时间。

**3. 羊毛的毡缩性**

羊毛在湿、热条件下经外力的反复作用，纤维之间互相穿插纠缠，纤维集合逐渐收缩得紧密，这种性能称为羊毛的毡缩性。在天然纺织纤维中只有羊毛具有这一特性。

毛纺织物生产中利用羊毛的这一特性，将毛织物在湿热状态下经机械力的反复作用，羊毛纤维互相穿插纠缠，使织物的长度和幅度收缩，厚度增加，表面露出一层绒毛，可收到外观优美、手感柔厚丰满和保暖性较好等效果。这一加工工序称为缩绒或缩呢。

羊毛的毡缩性主要是由于羊毛的表面有鳞片结构，纤维移动时，顺鳞片方向和逆鳞片方向的摩擦因数不同（两者之差称为定向摩擦效应），在反复的外力作用下，每根纤维都带着与它缠结在一起的纤维向着毛根的指向缓缓蠕动，而使纤维紧密纠缠黏合。此外，羊毛的高度拉伸与回复性能以及羊毛纤维具有的稳定卷曲也是促进羊毛毡缩的因素。

## 五、羊毛的主要化学性质

通过阐述主要化学试剂等对羊毛的作用情况，介绍羊毛的主要化学性质。

**1. 水对羊毛的作用**

羊毛具有良好的吸湿性，在相对湿度为 60% ~80% 的条件下，其回潮率可达 14% ~18%，高于其他纺织纤维。

羊毛在吸湿的同时，发生各向异性的溶胀，长度增加不多，而截面积增加很多。一般条件下的吸湿溶胀并不引起羊毛分子结构的变化，但在较激烈的条件下，水也能与羊毛发生化学反应，主要使蛋白质大分子的肽键水解，导致纤维失重和机械性能的恶化。80℃以下的水中，羊毛受的影响较小，短时间汽蒸（100℃）也无严重损害，随着处理温度的提高和时间的延长，损伤也加重，水温高到200℃，羊毛几乎完全溶解。羊毛经沸水或蒸汽处理，肽链之间的二硫键也可能遭到破坏。反应如下：

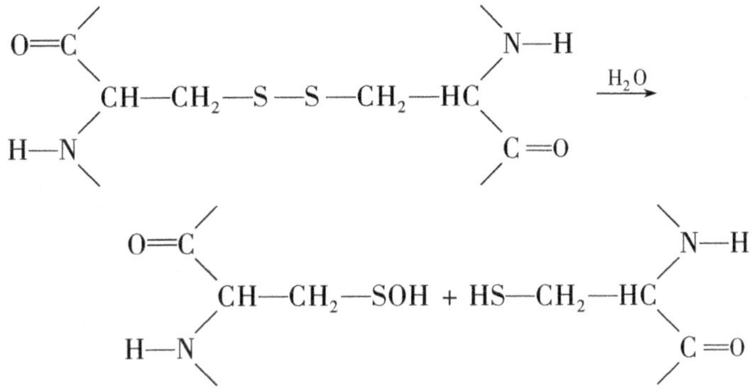

生成的—$CH_2$—SOH基是不稳定的，它可释放出$H_2S$，而本身变为醛基。反应如下：

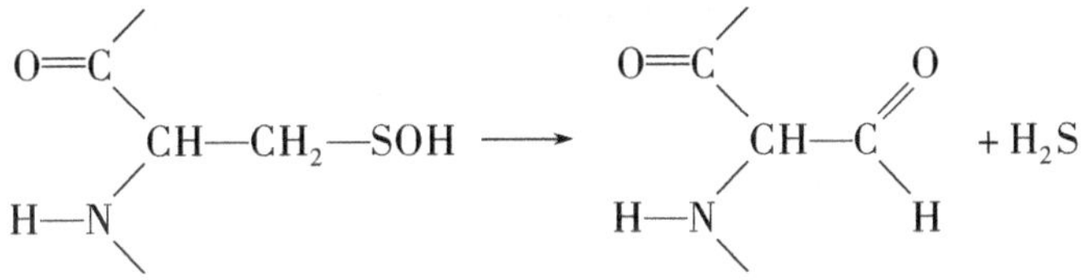

—$CH_2$—SOH还可以和邻近肽链上的氨基反应，生成新的共价交联键。反应如下：

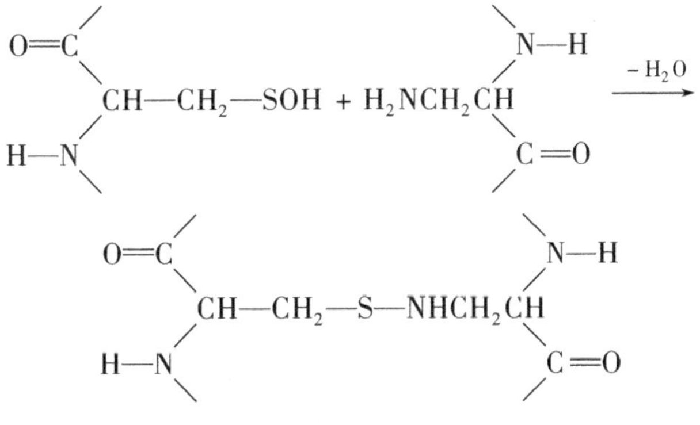

所以羊毛在沸水处理时，随处理时间的延长，纤维中硫的含量及胱氨酸含量会逐渐降低。

**2. 酸对羊毛的作用**

羊毛对酸的作用比较稳定，属于耐酸性较好的纤维。因此可以用强酸性染料在pH = 2 ~ 4的染浴中沸染，还可以用硫酸进行炭化，以去除原毛中的草籽、草屑等植物性杂质。

酸对羊毛纤维并不是完全没有破坏作用，酸可以抑制羧基电离并与游离的氨基结合，从而拆散肽链之间的盐键，使纤维的强度降低。随着酸的作用条件不同，蛋白质大分子中的肽键也受到不同程度的水解。例如，羊毛在$c$(HCl) = 1mol/L盐酸中，80℃的温度处理不同时间，纤维所发生的变化见表4 - 3。纤维水解的程度与酸的种类有关，并随酸的浓度、作用温度、作用时间及电解质总浓度的增加而加剧。

**表 4-3 羊毛在 c(HCl) = 1mol/L 盐酸 80℃下处理所发生的变化**

| 处理时间(h) | 0 | 1 | 2 | 4 | 8 |
|---|---|---|---|---|---|
| 含氮量(%) | 16.5 | 15.4 | 16.0 | 15.1 | 14.8 |
| 胱氨酸含量(%) | 11.2 | 12.1 | 12.9 | 12.5 | 12.4 |
| 结合酸的能力(mg/100g) | 0.82 | 0.88 | 0.95 | 1.03 | 1.12 |
| 肽键的水解(%) | 0.00 | 0.92 | 2.58 | 4.74 | 36.70 |
| 纤维的溶解(%) | — | 0.3 | 3.6 | 18.1 | 52.6 |
| 强度(以原来纤维的干强%表示) | 100 | 83 | 75 | 51 | 4 |
| 强度(以原来纤维的湿强%表示) | 100 | 78 | 49 | 10 | 5 |

**3. 碱对羊毛的作用**

碱对羊毛具有较大的破坏作用,它不仅能拆散肽链之间的盐键,还能催化大分子主链上肽键的水解。影响水解作用的主要因素是碱的种类和浓度、作用温度和时间以及电解质的总浓度等。在其他条件相同时,氢氧化钠的作用最为强烈,而碳酸钠、磷酸钠、硅酸钠、氢氧化铵及肥皂等弱碱性物质对羊毛的作用较为缓和。

羊毛在不同浓度的氢氧化钠溶液中处理 1h,以及羊毛在 c(NaOH) = 0.065mol/L 的氢氧化钠溶液中处理不同时间,羊毛的溶解百分率如图 4-7 和图 4-8 所示。

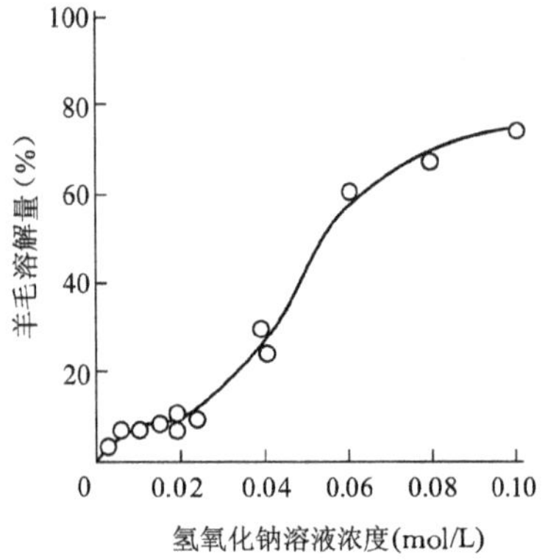


图 4-7 羊毛在不同浓度的氢氧化钠溶液中处理 1h 的溶解百分率图

处理条件:100℃

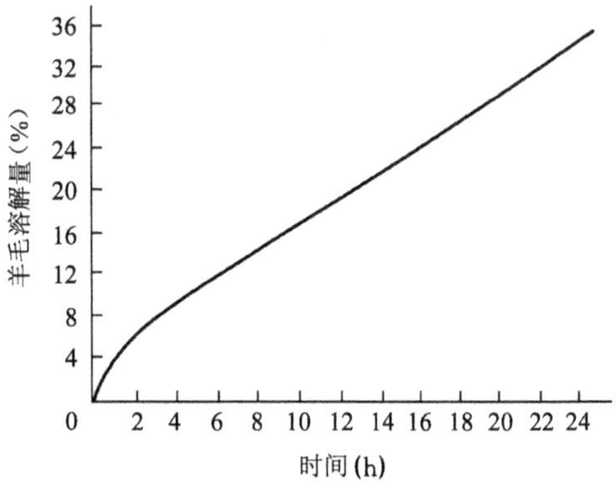


图 4-8 羊毛在 c(NaOH) = 0.065mol/L 氢氧化钠溶液中处理不同时间后的溶解百分率图

处理条件:65℃

从图中可以看出,羊毛在氢氧化钠溶液中,随着碱液浓度增加及作用时间延长,溶解率也随之增加。在相同的处理条件下,受损伤的羊毛在碱液中的溶解百分率比正常的羊毛大,故可用羊毛在碱液中的溶解百分率测定羊毛受损伤的程度。

此外,碱还能促进羊毛中二硫键的分解和新交联键的建立,可用如下反应式表示:

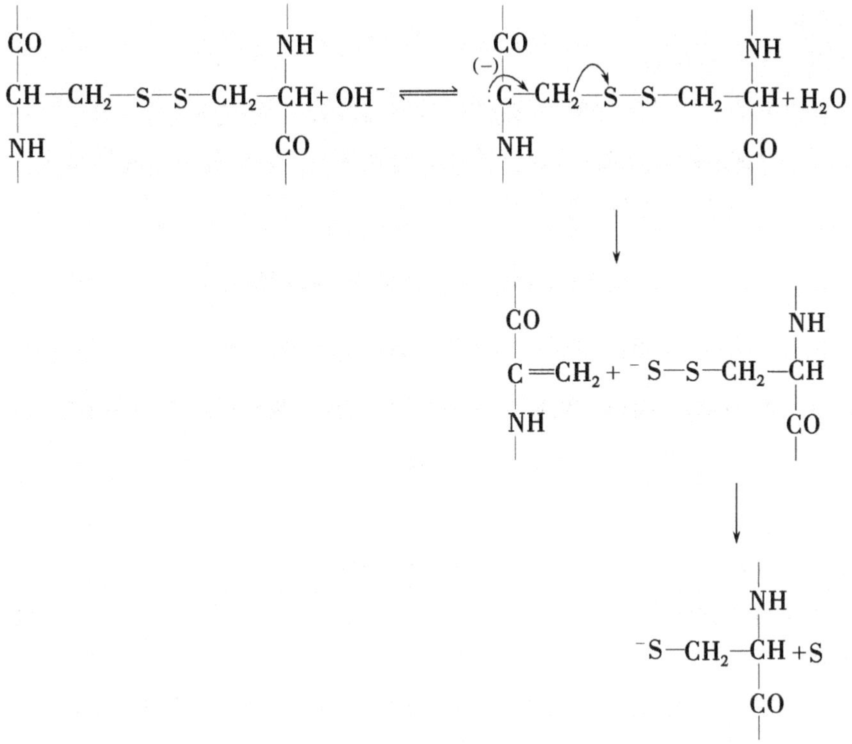

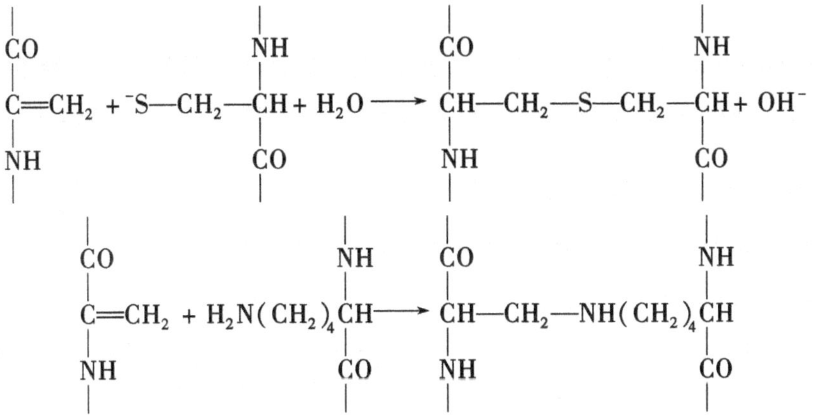

以上反应说明，碱性溶液有助于羊毛中新交联键的形成，从而提高羊毛形态的稳定性，还可以说明羊毛用碱性溶液处理时，纤维的含硫量降低到一定程度后，即使再延长作用时间也基本保持不变的原因。

**4. 氧化剂对羊毛的作用**

羊毛对氧化剂比较敏感，其破坏程度决定于氧化剂的种类、浓度、溶液的 pH 值、处理温度、时间等因素，使肽链之间的交联键受到破坏。在一定条件下，氧化剂也可以破坏蛋白质大分子中的肽键。含氯漂白剂对羊毛的作用最强烈，不适用于羊毛的漂白。过氧化氢的作用比较缓和，常用于羊毛的漂白，即使条件控制不当，也不会造成纤维的严重损伤。其中最主要的因素是 pH 值，其次是温度、$H_2O_2$ 的浓度和处理时间等。铜、镍等金属离子的存在有催化作用，能加速其对纤维的氧化反应。

**5. 还原剂对羊毛的作用**

还原剂能破坏羊毛中的二硫键，在碱性介质中，破坏作用更为强烈。

当羊毛用硫化钠溶液处理时，因硫化钠除具有还原性，还能水解生成氢氧化钠而使纤维发生剧烈溶胀，还原反应更易进行。它与胱氨酸剩基的反应如下：

$$Na_2S + H_2O \rightleftharpoons NaOH + NaHS$$

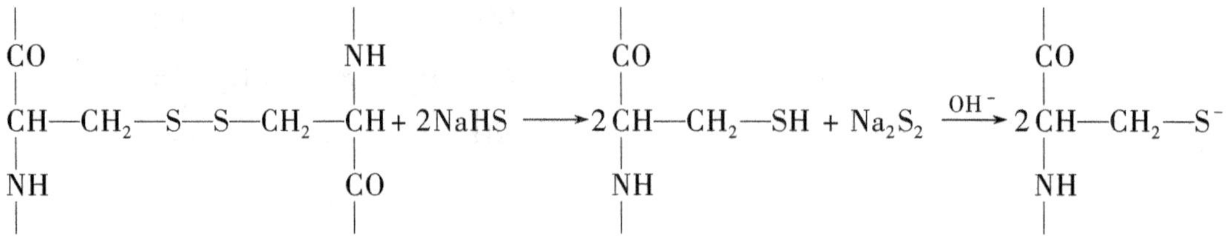

由于有大量的 P—$S^-$ 离子生成，并存在于膜内，促使更多的 $Na^+$ 进入纤维内部，纤维发生剧烈溶胀，NaOH 还能使肽键水解。所以经 $Na_2S$ 处理后，羊毛的失重率很大，在较高的温度下，可使羊毛全部溶解。

亚硫酸氢钠对羊毛的作用较为缓和，在染整加工中有一定的实用性，如应用于羊毛的还原漂白，卤素防毡缩处理中的脱氯等。亚硫酸氢钠在缓和的条件下，羊毛中的二硫键不会受到明显破坏，但在较强烈的条件下，二硫键也会被还原。

连二亚硫酸钠（$Na_2S_2O_4$）常用作羊毛的还原漂白剂，由于它是较强的还原剂，在漂白羊毛的同时，也使羊毛中的二硫键受到一定程度的破坏，生成—SH 基。对羊毛的破坏程度可从羊毛在碱溶液中的溶解百分率来判断。

在还原反应中形成的—SH 基很不稳定，如果将处理过的羊毛较长时间暴露在空气中或以氧化剂（如 $H_2O_2$）处理，—SH 基很容易被重新氧化成二硫键。

**6. 卤素对羊毛的作用**

卤素对羊毛的鳞片有特别强烈的破坏作用，经氯化处理过的羊毛截面膨胀、强度和伸长率下降，纤维泛黄，光泽增强，对染料的吸附能力提高，缩绒性大大降低。

电子显微镜观察表明，氯化处理后的羊毛表面形态发生了一定变化，大多数羊毛鳞片的边缘变钝，端部变得平滑，小部分鳞片被溶去。

工业上利用氯化作用能增强光泽，降低缩绒性和提高羊毛对染料的吸附能力的特点，以适当的条件对潮湿状态的羊毛或其制品进行氯化处理，已获得实际应用。例如，增强地毯的光泽、毛织物的防毡缩整理、印花织物的预处理以及制造不缩绒的毛纱用以编织羊毛衫裤等。

**7. 光对羊毛的氧化作用**

日光的照射对羊毛有破坏作用。绵羊背部的羊毛由于经常受到日晒和雨淋，毛尖发黄，手感粗糙，弹性下降。羊毛在日光的照射过程中，可能是由于紫外线的作用，羊毛中的二硫键发生了氧化和水解，从而改变了羊毛的组成和结构。但在天然纤维中，羊毛还是最耐晒的纤维之一。

## 六、其他纺织用动物毛

用于纺织的动物毛,除绵羊毛外,还有山羊毛、马海毛、兔毛、骆驼毛、牦牛毛和羊驼毛等。

**1. 山羊毛**

山羊毛是在脱毛季节从山羊身上抓下来的毛的统称。经过分梳去掉其中的粗毛和死毛后的绒毛为山羊绒,平均每只山羊可抓150~250g。开司米山羊所产的绒毛质量最好。根据颜色山羊绒可分为白羊绒、紫羊绒和青羊绒,其中以白羊绒最为名贵。

山羊绒由鳞片层和皮质层组成,没有髓质层。鳞片边缘光滑平坦,呈环状覆盖,间距较大。截面为圆形,纤维平均直径为14.5~16.5μm,细度离散系数较小,约为20%。山羊绒平均长度多在30~45mm,弹性一般优于绵羊毛,密度比羊毛低。因此,山羊绒具有轻、柔、细、滑、保暖等优良性能,但山羊绒对酸、碱和热的反应比羊毛敏感。

山羊绒是极珍贵的纺织原料,一般用作羊绒衫、围巾、手套等针织品和高档粗纺呢绒,也可用作精纺高级服装原料。

**2. 马海毛**

马海毛亦称安哥拉山羊毛,它以长度和光泽明亮而著称。我国西北地区的中卫山羊也有和马海毛相近的品质特征。

马海毛属于异质毛(羊体各毛丛由两种或两种以上类型的毛纤维组成),夹杂有一定数量的有髓毛和死毛,其比例随山羊年龄增长而增长。幼龄山羊所产的马海毛中,有髓毛含量不超过1%;3岁以上山羊所产的马海毛中,有髓毛含量可达20%以上。马海毛横截面大多为圆形,有髓毛大多为椭圆形,其直径离散较大,平均直径为10~90μm,平均长度为120~150mm。马海毛的皮质层几乎都是正皮质,只有少量偏皮质包覆在正皮质外面,形成类似皮芯结构,卷曲少。马海毛的鳞片扁平、宽大,紧贴毛干,重叠程度少,因而具有丝一般的光泽,且不易毡缩。此外,马海毛的强度和弹性也较好,但对化学试剂的反应比羊毛敏感。

马海毛多用于织制高档提花毛毯、长毛绒和顺毛大衣呢等服用织物。将少量白色马海毛混入黑色羊毛织成的银枪大衣呢,银光闪闪,独具风格。马海毛也可用于高级精纺呢绒。

**3. 兔毛**

兔毛有普通兔毛和安哥拉兔毛两种,以安哥拉兔毛质量为好。安哥拉兔毛色白,长度长,光泽好,似安哥拉山羊毛而取其名。我国是兔毛的主要生产国,兔毛产量约占世界兔毛产量的80%~90%。

兔毛由绒毛和粗毛两类纤维组成。绒毛直径为5~30μm,且大多数在10~15μm之间,粗毛直径为30~100μm。兔毛的长度最短在10mm以下,最长的可达115mm,大多数在25~45mm之间。绒毛的横截面呈非正圆形或多角形,粗毛呈腰圆形或椭圆形。兔毛密度小,仅为1.11g/cm$^3$左右,纤维轻、柔软、光滑、蓬松,保暖性好,且吸湿能力强。但由于兔毛纤维强度较低、伸长率低、卷曲少、卷曲弧度浅、抱合力差,所以单独纺纱较困难,一般与羊毛或其他纤维混纺。

**4. 骆驼毛**

骆驼毛是从骆驼身上自然脱落或用梳子采集而获得的毛的统称。骆驼身上的外层毛粗而坚韧,称为骆驼毛;在外层粗毛之下有细短柔软的绒毛,称为骆驼绒。骆驼绒的平均直径为14~

23μm,平均长度为40～135mm。骆驼毛的平均直径为50～209μm,平均长度为50～330mm。骆驼毛带有天然的杏黄、棕褐等颜色,鳞片很少,而且边缘光滑,所以不像羊毛具有缩绒性,不易毡并。骆驼毛可用作衣服衬絮,具有优良的保暖性。骆驼绒可织制高级的服用织物、毛毯。

**5. 牦牛毛**

牦牛是高山草原的特有牛种,主要产于我国的青藏高原。从牦牛身上剪下来的牦牛毛被,颜色以黑褐色为多,由绒毛和粗毛组成。牦牛绒很细,平均直径约为20μm,平均长度约为30mm。牦牛绒的鳞片呈环状,边缘整齐,紧贴于毛干上,卷曲深度较大。它的光泽柔和,弹性优良,手感柔软,常与羊毛混纺织制绒衫、大衣呢等。牦牛毛略有毛髓,平均直径约为70μm,平均长度约为110mm,外形平直,表面平滑,坚韧而有光泽,可织制衬垫、帐篷及毛毡等。

## 第三节　蚕丝

蚕丝(silk)是高级纺织原料,它具有柔软、纤细、洁白、轻盈、光泽柔和、吸湿好、弹性适中等特点。蚕丝包括家蚕丝(桑蚕丝,mulberry silk)和野蚕丝(柞蚕丝,tussah silk;蓖麻蚕丝)两种。目前,蚕丝纤维中产量最高、应用最广的是桑蚕丝。养蚕术与蚕丝的利用起源于我国,公元前3世纪,我国曾以盛产丝绸而闻名于世,有“丝绸故乡”的美称。

蚕的生长可概括为4个阶段,即卵、幼虫、蛹、成虫(蛾),平常我们说的蚕就是指幼虫阶段,幼虫后期蚕吐丝作茧,蚕茧经过人工缫丝得到长丝,即为生丝,可直接用于织造。

### 一、蚕丝的形成和形态结构

**1. 桑蚕丝的形成和形态结构**

蚕丝是蚕体内分泌出的丝液经吐丝口吐出后凝固而成的。蚕体内有泌丝部、储丝部、输丝管构成的完整的丝腺体。桑蚕丝腺体的构造如图4-9所示。

泌丝部分泌出的液体叫丝素(fibrain)(或丝朊、丝质),输送到储丝部,储丝部可分泌出丝胶(sericin)和色素,粘于丝素周围,当进入输丝管时,管内分泌出酸性液体以使丝液慢慢凝固,输丝管在蚕的头部,丝素和丝胶汇合后经吐丝口吐出,并将丝做适当拉伸,使丝素分子具有很高的取向性。

蚕依据自己的本能吐丝作茧。一只蚕茧分为3层,外层称为茧衣、中间为茧层、内为蛹衬。内、外层丝细而且脆弱,不能缫丝,可作绢纺原料。茧层的丝粗细均匀,占总丝的70%～80%。

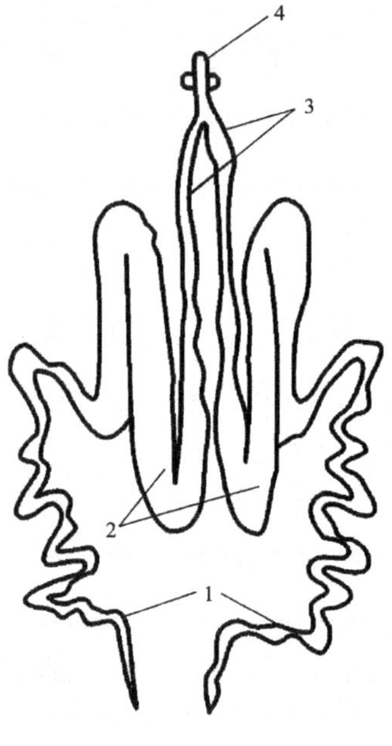


图4-9　桑蚕丝腺体示意图

1—泌丝部　2—储丝部

3—输丝部　4—吐丝口

在显微镜下观察桑蚕丝的横截面,可以证实一根蚕丝是由两根平行的单丝(丝素)外包丝胶而形成的,两根单丝的横

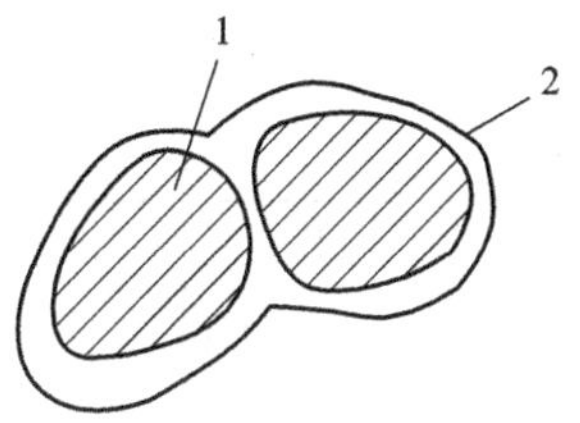


图 4－10　桑蚕丝的横截面形态示意图

1—丝素　2—丝胶

截面像两个底边平行的三角形。桑蚕丝的横截面形态如图 4－10 所示。

茧层外部的丝成钝三角形，内部的丝扁平。经脱胶后的蚕丝纵向呈现光滑的表面。

**2. 柞蚕丝的形成和形态结构**

柞蚕丝腺体与桑蚕丝腺体作用相同，丝腺分前、中、后三部分，其差别在于，后部丝腺粗，越向前越细，最后在头部汇合，经吐丝口排出柞蚕丝，如图 4－11 所示。

柞蚕茧与桑蚕茧的区别在于，柞蚕茧个大，色深，呈黄褐色（并有茧柄以适应在树上缠绕）。柞蚕丝的横截面和纵面与桑蚕丝不同，截面三角形更趋于狭长扁平，角锐，纵向有卷曲和条纹，单丝上面有毛细孔，内部孔较粗，外部较细。柞蚕丝横截面形态如图4－12所示。

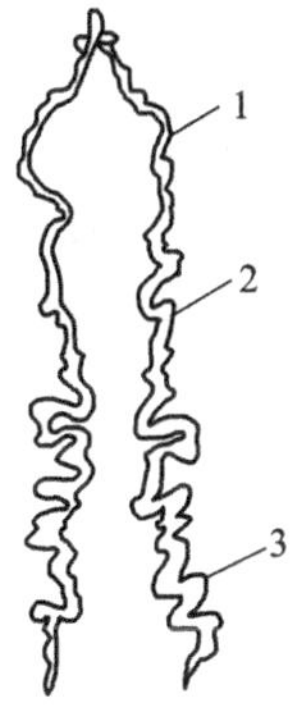


图 4－11　柞蚕丝腺体示意图

1—前部丝腺　2—中部丝腺　3—后部丝腺

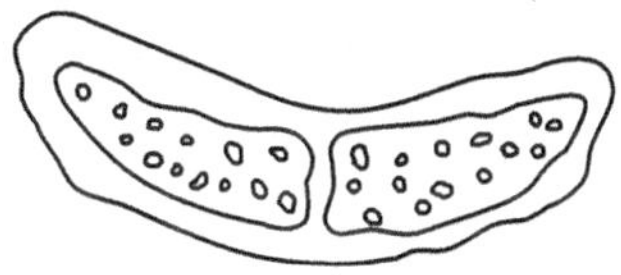

图 4－12　柞蚕丝横截面形态示意图

各种蚕丝的组成中，除含丝素、丝胶主要成分外，还含有色素、蜡质、无机物等少量杂质，桑蚕丝与柞蚕丝的组成比例见表 4－4。

**表 4－4　桑蚕丝与柞蚕丝的组成**

| 组分 / 含量（%） / 品种 | 丝　素 | 丝　胶 | 蜡质、色素 | 无机物（以灼烧残留灰分表示） |
|---|---|---|---|---|
| 桑蚕丝 | 70～80 | 20～30 | 0.6～1.0 | 0.7～1.7 |
| 柞蚕丝 | 79.6～81.3 | 11.9～12.6 | 0.9～1.4 | 1.5～2.3 |

## 二、丝素的结构和性质

**1. 丝素的组成和结构**

生丝经过精练脱去丝胶成为熟丝，它只含丝素。丝素属于有机含氮高分子化合物。桑蚕丝和柞蚕丝丝素的元素组成见表4-5。

**表4-5　桑蚕丝和柞蚕丝丝素的元素组成**

| 元　素 | 桑　蚕　丝 | 柞　蚕　丝 |
|---|---|---|
| 碳 | 48~49 | 47.18 |
| 氢 | 6.5 | 6.3 |
| 氧 | 26.8~27.9 | 29.67 |
| 氮 | 17.6 | 16.85 |

**注**　表中数据以"%"表示。

丝素的基本单元结构是氨基酸,每一个大分子链平均含有400~500个氨基酸剩基。不同品种的蚕丝所含的氨基酸比例也不同,桑蚕丝丝素主要是由乙氨酸组成,其次是丙氨酸、丝氨酸,乙氨酸、丙氨酸的和约占总量的70%。据研究表明,桑蚕丝素的分子链是由两部分嵌段连接而成的。一部分主要是由乙氨酸、丙氨酸和丝氨酸剩基组成,这些氨基酸的侧链较小,结构简单,链间整齐而排列紧密,形成许多氢键,组成晶区。另一部分则含有侧链较大而复杂的氨基酸剩基,如酪氨酸、麸氨酸和精氨酸等,支链的阻碍作用使结构中形成松散的无定形部位,并暴露出很多活泼基团。柞蚕丝素中主要的氨基酸是丙氨酸,同时有较多的带庞大支链的二氨基酸和二羧基酸,造成多缩氨酸分子链的弯曲,使结构更松散,这也是柞蚕丝的取向度和结晶度比桑蚕丝低,而弹性较高的原因。

丝素的分子链又称多肽链,含有许多—CONH—基结构,据X射线衍射研究发现,肽链在结晶区几乎是完全展直的,侧链间距离为0.7nm,属于$\beta$构象。大分子主链中—CONH—基反复出现,因而相邻大分子链间氢键数很多,氢键间距又很短(平均为0.17nm),使丝素分子间引力比一般天然纤维大。

丝素的微结构可用"边缘(缨状)原纤结构"模型表示。丝素的多肽链长约140nm,链整齐排列的部位形成结晶性原纤,链间有氢键连接(图中以横短线表示),丝素的结晶原纤大小通常认为约50nm×5nm(宽×厚)。多肽链可以穿过一个结晶原纤进入无规则的松散排列区,并有可能再参加到另一个原纤中,形成多肽链连续网状结构。据研究表明,丝素的无定形区的直径约为1~10nm。无定形部位对丝素的性质起着真正的主导作用,化学反应、力学伸长、弹性等都与这一部分紧密相关。

**2. 丝素的性质**

(1)吸湿性。丝素的吸湿性比较高,在标准状态下(20℃,相对湿度65%),丝素的吸湿率在9%以上,而含有丝胶的桑蚕丝吸湿率为10%~11%,柞蚕丝比桑蚕丝的吸湿性好,丝胶比丝素的吸湿性更好。

丝素的吸湿性随相对湿度的提高,吸湿量逐渐增加,在饱和湿度下(相对湿度100%)吸湿量可达30%。丝素的吸湿等温线与纤维素的吸湿等温线图形相仿,丝素也有吸湿滞后现象。

(2)耐热性。练熟后的丝(脱胶丝)有较高的耐热性,加热至100℃时,丝内的水分大量散失，但强度不受影响；在120℃时放置2h，丝内所含水分全部放出，成为无水分的干燥丝，伸长度略有减少，拉力尚无变化；在150℃处理30min以上，则丝内的油脂发散，丝素中的氨基酸开始分解，含氮物质减少，色泽发生变化，强度下降；温度高到170～180℃，丝纤维出现收缩、分解、开始炭化；250℃时处理15min，则丝纤维变成黑褐色；280℃时，丝纤维在短时间内即会冒烟，放出角质燃烧时的臭味。

柞蚕丝比桑蚕丝的耐热性好，如在140℃高温中处理30min，柞蚕丝的强度无明显降低，而桑蚕丝已开始分解。

丝的热传导性很低，因此它比棉、麻和羊毛的保暖性都好。

(3)膨化与溶解性。丝素吸收水分后发生膨化，并表现出各向异性，如在18℃水中，丝素直径可增加16%～18%，而长度仅增加1.2%。丝素在水中只能溶胀，不能溶解，X射线衍射图像不发生变化，说明水只进到丝素的无定形区。

盐类对桑蚕丝素的膨化能力和溶解能力差异很大。在氯化钠和硝酸钠的稀溶液中，丝素只发生有限溶胀；而在它们的浓溶液中，丝素就会发生无限溶胀而溶解。此外，氯化锌、硝酸镁以及锶、钡、锂的氯化物、溴化物、碘化物、硝酸盐、硫氰酸盐等浓溶液均可进入丝素的结晶区，丝素大分子间的交链很少，是以氢键和范德华力相互作用的，当结晶区被破坏后，分子之间便出现无限溶胀成为黏稠的溶液。不同盐类对丝素的作用能力有如下规律：

$$SCN^- > I^- > NO_3^- > Cl^- > CH_3COO^- > SO_4^{2-} > F^-$$

有些特殊的盐类还可以用作鉴别交织物中丝成分的溶剂以及测定丝素分子量的溶剂。在相对分子质量测定时，可用铜氨、铜乙二胺溶液做溶剂。浓氯化锌的沸溶液、低温下的液态氨(-10℃以下)、室温下含某些盐酸溶液均可溶解丝素。一般铁、铝、钙、铬等金属盐类对丝素的溶胀作用并不显著，但它们被丝素吸收，可以起到增加丝重的作用，因此这些金属盐可以用作丝的增重整理剂，增重后的丝强度有所降低，手感发硬。

柞蚕丝对盐类的抵抗作用比桑蚕丝强，在锌、钙、锂、镁的盐酸盐浓溶液及铜氨溶液中均难以溶解，这是因为柞蚕丝的丝素结构中支链较多，能保持一定程度的交联作用。

(4)耐酸性。丝素是两性物质，既含有酸性基(—COOH)，又含有碱性基(—$NH_2$)，可同时离解成为两性离子，而酸性略强。丝素的等电点为pH=3.5～5.2，在等电点pH值以下，丝素能够结合一定量的酸而无损于多肽链，100g丝素可以结合0.019～0.024mol的盐酸，因此可以说桑蚕丝对酸具有一定的抵抗能力，抗酸性比棉纤维强，比羊毛差，是较耐酸的纤维之一。其耐酸的程度取决于酸的种类、浓度、温度、处理时间及电解质的种类和浓度。

有机酸不会使丝素脆损和溶解，稀溶液被丝吸收后，还能长期保存，增加丝重并能增加丝的光泽和赋予丝鸣，其中以单宁酸的效果为最显著。若在有机酸溶液中高温煮沸，则丝纤维将会受到损伤，并失去光泽。

丝素对弱的无机酸(如磷酸、亚硫酸)比较稳定，而易溶解于盐酸、硫酸、硝酸等强酸溶液中，即使在较低温度下也能溶解，若酸的浓度适中，室温条件下浸酸1～2min立即水洗，丝的强度不受影响，而丝的长度可产生30%左右的强烈收缩，这种作用称为酸缩，常被用来制作皱纹丝织品。

酸浴中增添盐分或提高温度，均会增加酸对丝的损伤能力，如蚁酸中含有一定的氯化钙，在室温下可使丝素溶解。由此看来，使用硬水进行丝的染整加工是非常不利的。

柞蚕丝对酸的抵抗能力比桑蚕丝强得多，如用相对密度为 1.16 的盐酸，在室温下处理，桑蚕丝立即溶解，而柞蚕丝需要 12h 才缓缓溶解。

(5)耐碱性。丝素的耐碱能力很差，作用比较剧烈，但比羊毛的耐碱性要好，尤其在室温下，丝素对碱较为稳定。丝在碱液中能发生水解，碱在水解过程中起催化作用。丝的多缩氨酸分子链水解后生成膘、胨、肽等产物，严重者水解成氨基酸，使铜氨溶液的黏度迅速下降。

碱的种类不同，对丝的水解催化能力也不同，氢氧化钠的催化作用最强，氨水、碳酸钠、碳酸钾作用较弱，碳酸氢钠、硼砂、硅酸钠、肥皂等弱碱性介质无损于丝素，只能溶解丝胶，是生丝的精练剂。

碱液温度对丝素的水解影响很大，如 10% 的氢氧化钠溶液，若温度低于 10℃ 时，其对丝素无明显损伤，若高于 10℃，就能使丝素溶解，溶解的速率随着温度的提高而加快。

若碱液中存在中性盐，则其对丝素的破坏作用加剧。根据膜平衡原理，碱性介质中丝纤维膜内体系的碱度小于丝纤维外的碱度。当有中性盐存在时，丝纤维内外的碱度趋于相等，使碱对丝的损伤加剧，而且是随着中性盐浓度增加而增加的。

柞蚕丝素对碱的抵抗能力比桑蚕丝强，在 10% 沸的氢氧化钠溶液中，桑蚕丝仅需 10min 即可溶解，而柞蚕丝要 50min 左右才能溶解。

(6)耐氧化剂和还原剂的性能。氧化剂容易使丝素分子中的肽链断裂，严重者可使丝素完全分解。所以在丝纤维漂白时要注意氧化剂的选择以及对其浓度、温度、pH 值、时间等条件的控制。丝素在强氧化剂、高温、长时间作用下，完全分解生成氨、草酸、饱和脂肪酸和芳香酸等。

含氯的氧化剂对丝素作用时，不仅有氧化作用，还伴随有氯化反应，所以破坏作用很大。生成氯胺类带色物质，达不到漂白目的。次氯酸钠的氯化反应如下：

酮酸极不稳定，会进一步分解，使肽链断裂。因此，丝的漂白应避免使用含氯的氧化剂，生产上常采用过氧化氢与过氧化钠作为漂白剂。但也应注意，漂浴的 pH 值越高，对丝素的损伤也越强烈。

柞蚕丝的抗氧化能力比桑蚕丝强，对 $KMnO_4$ 和 $H_2O_2$ 等氧化剂比较稳定，但在长时间汽蒸条件下，同样是不稳定的。

一般还原剂对丝素的作用很弱，没有明显的损伤，常用还原剂对丝素进行漂白脱色，如保险粉、雕白粉、亚硫酸钠、亚硫酸氢钠等。但还原漂白的效果往往不如氧化漂白的效果持久。由于还原剂对丝纤维的作用很弱，在丝织物拔染印花中也有应用。

(7)耐光性。丝纤维是纺织纤维中耐光性最差的一种。这是因为丝素分子中含有芳香结构的氨基酸,受到日光的照射时极易被氧化,使纤维无定形部分松开,延伸度降低。此外,羟基氨基酸吸收紫外光后,亦能使分子间的氢键断裂,降低纤维的强度。这种因光的作用而引起纤维强度、延伸度降低的现象称为光敏脆化作用。光敏脆化作用被认为是在空气存在下,太阳光中波长233~325nm的紫外光的能量被纤维吸收而发生氧化的结果。表4-6为夏季光照和气候条件下,纤维发生脆化作用的情况。

**表4-6　日晒对蚕丝强度和延伸度的影响**

| 剩余值(%)　天数<br>类别 | | 10 | 20 | 40 | 60 |
|---|---|---|---|---|---|
| 强度 | 桑蚕丝 | 76 | 55 | 27 | 10 |
| | 柞蚕丝 | 80 | 65 | 34 | 23 |
| 延伸度 | 桑蚕丝 | 82 | 50 | 8 | 5 |
| | 柞蚕丝 | 68 | 71 | 25 | 10 |

有些物质对丝素的光氧化作用起催化作用,如铜盐、铁盐、锡盐、铝盐,铁盐的催化作用最强,这可能是由于金属离子易吸收能量并传给氧,使氧变成臭氧或激化状态,从而加速了纤维的氧化脆损作用。另外,有些物质对丝素的光氧化作用起阻碍及延缓的作用,如硫脲、硫氰酸铵、单宁、蚁酸盐等还原性物质,这些物质可首先被氧化,从而对丝纤维起到保护作用。

酸和碱的存在对丝纤维的光氧化速率有重大影响。当丝的pH=10.0时,它显示出最大的稳定性;pH=1.0~2.0和pH=13.0时,它的稳定性最差。

丝纤维受光照会泛黄,若对纤维施以紫外线吸收剂以及硫脲或还原性的树脂处理,可使纤维免受氧化,不致脆化和泛黄。

## 三、丝胶的结构和性质

### 1. 丝胶的组成和结构

生丝中丝胶的含量随品种的不同而不同。一般桑蚕丝中丝胶约占20%~30%,而柞蚕丝中丝胶约占12%。

丝胶中的元素组成与丝素略有差异,丝胶由碳、氢、氧、氮、硫5种元素组成。在元素含量上,丝胶与丝素相比,含碳量少,含氧量多,并增加了硫的成分,各种组分的含量也随品种的不同而异,其组成如下所列。

碳:44.32%~46.29%

氢:5.72%~6.42%

氧:30.35%~32.50%

氮:16.44%~18.30%

硫:0.15%

丝胶是一种很容易变性的蛋白质,它的氨基酸组成与丝素相仿,但各氨基酸的含量有明显不同。丝胶中乙氨酸、丙氨酸的含量少而丝氨酸(含羟基)的含量很高,约占34%,苏氨酸(含羟基)约占9%,此外二羟基和二氨基酸的含量都比丝素中的含量高。这些亲水性基团的存在增加了丝胶的吸湿性和水溶性。

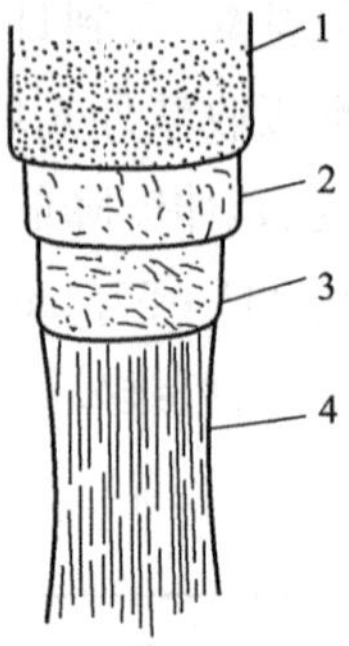

图4-13 A、B丝胶论模型图

1—丝胶A 2—丝胶A、B 3—丝胶B 4—丝素

关于丝胶结构状态的研究,最初有"A、B丝胶论",认为丝胶A的溶解度大,在茧丝的最外层,里层是溶解度小的丝胶B,两层之间是AB混合层,如图4-13所示。

也有人发现,长时间脱胶处理时,丝胶A会转变为丝胶B,在X射线研究和红外光谱分析中证明,丝胶A和丝胶B的分子形态和聚集态并无差别。由此说明茧丝中仅含有一种丝胶。近年来,又有人认为茧丝的丝胶可分为4层,是由不同蛋白质组成,分别称为丝胶Ⅰ、丝胶Ⅱ、丝胶Ⅲ、丝胶Ⅳ,并以此顺序从外向内层状分布。

含量比例约为:Ⅰ∶Ⅱ∶(Ⅲ+Ⅳ)=4∶4∶2

其中的Ⅲ的含量仅占3%,它们的溶解度排序为:Ⅰ>Ⅱ>Ⅲ>Ⅳ。

据X射线衍射图像研究,最外层丝胶的分子排列基本是无定形状态,向内各层结晶度逐层提高,且取向度增加,丝胶内分子的取向是与纤维轴近似垂直排列的。

随着丝胶复合性理论的提出,认为丝胶是单一蛋白质(单一丝胶论)的观点一直在发展。它们认为蚕的丝腺体内只有一种易溶性的丝胶,当吐丝后,在不同环境的影响下,其中一部分逐渐转化为溶解性较差的丝胶。单一丝胶论目前还难以提供有关分子结构的直接证据,尚属一个值得注意的研究动向。

**2. 丝胶的性质**

丝胶分子的支化程度比丝素高,支链的极性基团含量比较高,分子链的排列不够规整,分子间力较小,基于这些原因,丝胶的吸湿性比丝素高,也就是说,含有丝胶的生丝比脱胶后的丝素吸湿性高。

丝胶在水溶液中强烈吸湿会发生膨化,一般在温度低于60℃时,水分子进入无定形部分,只出现有限的膨化,温度高于60℃,膨化作用剧烈,水分子部分地进入结晶区,丝胶的溶解度迅速增加,但在100℃以下水中,只能做到部分脱胶,而且主要是丝胶A。在100℃沸水中处理10min内,约有40%的丝胶溶解,这是丝纤维表面层的丝胶被溶解,其后溶解速度变小,沸煮2h又溶解40%~50%,这可能是中层的有一定结晶度和取向度的丝胶被溶解;最后的10%~20%最难溶解,沸煮5~6h,才能达到完全脱胶,这是因为内层丝胶结晶度和取向度较高,同时蜡状物质明显增加,造成水溶性降低的缘故。

丝胶一经膨化溶解,若再干燥则会引起丝胶分子的重排而发生重结晶,重结晶后的丝胶溶解性显著下降。再度脱胶时,必须在更严格的条件下才能完全脱去,这在制丝过程中应引起注意。

丝胶的水溶液具有一定的吸附染料、乳化油脂的能力。精练后的废丝胶液对酸性染料具有吸附性。因此,丝胶的水溶液可用来作丝绸染色时的匀染剂。

丝胶和丝素、羊毛一样,具有两性性质,酸性略大于碱性,等电点为pH=3.9~4.3,其中丝胶 A 的等电点为 3.9，丝胶 B 的等电点为 4.3。丝胶也能结合一定量的酸或碱，但当溶液 pH < 2.5 或 pH > 9 时，多缩氨酸键可能受到水解作用，结晶区被拆散，丝胶的溶解度迅速增加，尤其在碱性溶液中作用更为剧烈，生产上常采用弱碱性溶液进行生丝脱胶，温度可降到 95℃ 以下，在 30min 以内可达到全脱胶。

丝胶也具有保护胶体的性质，但是它的稳定性与 pH 值有关，在等电点时最差，容易产生凝胶。在丝胶水溶液中加入少量盐，如硫酸铜、氯化铁等，也会使丝胶凝固。

丝胶不溶于酒精、丙酮、乙醚、苯等有机溶剂，但酒精、丙酮、单宁等会使丝胶液凝固。

柞蚕丝的丝胶含量比桑蚕丝少，它在水、酸、碱溶液中的溶解度也低，这是因为柞蚕丝的丝胶除分布在丝素的周围，还有一部分在丝素内部，再加上柞蚕丝中有微量的单宁存在，它可与丝胶化学结合，造成脱胶困难。

## 第四节 大豆蛋白纤维

大豆蛋白纤维的主要成分与羊绒和真丝类似，它是一种再生植物蛋白纤维。大豆蛋白纤维的单丝细度细、密度小、强伸度较高、耐酸耐碱性好，用它纺织成的面料具有羊绒般的手感、蚕丝般的柔和光泽，兼有羊毛的保暖性、棉纤维的吸湿性和导湿性，穿着十分舒适，而且能使成本下降 30% ~40%。大豆蛋白纤维既具有天然蚕丝的优良特性，又具有合成纤维的机械性能，它的出现满足了人们对穿着舒适性、美观性的追求，符合服装免烫、洗可穿的潮流。

### 一、大豆蛋白纤维的生产

大豆蛋白纤维属于再生性植物纤维，它的主要原料来自于自然界的大豆粕，通过采用生物工程新技术从大豆的豆粕中提炼出的蛋白质经由其他助剂和生物酶的处理，以湿法纺丝而成，具体的生产工艺如下。

(1)以出过油的大豆废粕为原料，通过浸泡提取大豆蛋白质，利用生物工程新技术提取提纯球蛋白，再借助助剂、生物酶的作用，使提纯的球蛋白改变空间结构。

(2)溶解提纯的蛋白质，通过控制大豆蛋白质溶液的 pH 值和在蛋白质溶液中加入甲醛、乙二醛或戊二醛、多聚羧酸等交联剂，使蛋白质分子内或分子间形成交联，从而减少蛋白质的水溶性，制成一定浓度的非常稳定的蛋白纺丝液。

(3)将按比例混合搅拌成的蛋白纺丝原液过滤，用湿法纺丝工艺纺成单丝线密度为 0.9 ~3.0dtex的丝束，然后通过凝固浴将丝条凝固，再经过牵伸等工序制成半成品。

(4)由于半成品中的羧基、氰基高聚物并没有完全发生共聚，还具有相当的水溶性，故需经过缩醛化处理以稳定纤维的性能。

(5)稳定后的半成品经水洗、上油、烘干、卷曲定形和切断，即可生产出各种长度规格的纺织用大豆蛋白纤维。由于使用的大豆粕原料数量多，再生性强，不会对生态资源造成掠夺性开发。生产过程中所使用的大部分助剂和半成品纤维均可回收再用，不会污染环境，且提纯蛋白后留下的残渣还可以用作饲料。据报道,我国的大豆蛋白纤维生产技术可以从100kg豆粕中提取40kg的大豆蛋白质,从提取到纺成大豆蛋白纤维的成本仅为真丝的1/3、羊绒的1/15。由于大豆蛋白纤维性能优良,成本竞争上有很大的优势,因此开发大豆蛋白纤维已成为提升纺织品的科技含量、提高纺织品附加值以及在激烈的市场竞争中取胜的重要因素。

## 二、大豆蛋白纤维的性能

**1. 外观和手感**

大豆蛋白纤维的原色为淡黄色,很像柞蚕丝的颜色。其横截面呈扁平状哑铃形或腰圆形,纵向表面呈现不明显的沟槽,纤维具有一定的卷曲,但卷曲度不如细羊毛明显。由大豆蛋白纤维织成的织物手感柔软、滑爽,质地轻薄,具有真丝般的光泽和良好的悬垂性。

**2. 吸湿、导湿透气性**

大豆蛋白分子中含有大量的氨基、羧基等亲水性基团,使其具有良好的吸湿性,而大豆蛋白纤维表面的沟槽,使纤维具有良好的导湿透气性。大豆蛋白纤维的回潮率与棉纤维接近,因此其吸湿性与棉相当,而导湿透气性胜于棉纤维,所以大豆蛋白织物具有很好的穿着舒适性。

**3. 染色性能**

由于大豆蛋白纤维耐酸性特好,因此可用酸性染料和活性染料染色,尤其是经活性染料染色的织物色泽鲜艳有光泽,而且染色牢度优于真丝。

**4. 物理—机械性能**

大豆蛋白纤维与其他纺织纤维的性能比较见表4－7。由表4－7可见,这种纤维的密度小,干、湿断裂强度比棉、蚕丝和羊毛纤维的强度都高,可用于开发高品质的细密面料。由于大豆蛋白纤维的初始模量偏高,所以织物的尺寸稳定性好,抗皱性好,且易洗、快干。

**表4－7 大豆蛋白纤维和其他纺织纤维性能的比较**

| 性能 \ 纤维 | | 大豆蛋白纤维 | 棉纤维 | 蚕丝纤维 | 羊毛纤维 |
|---|---|---|---|---|---|
| 断裂强度(cN/dtex) | 干 | 3.8～4.0 | 1.9～3.1 | 2.6～3.5 | 0.9～1.6 |
| | 湿 | 2.5～3.0 | 2.2～3.1 | 1.9～2.5 | 0.7～1.3 |
| 干断裂伸长率(%) | | 8～21 | 7～10 | 14～25 | 25～35 |
| 初始模量(MPa) | | 6 874～12 766 | 8 347～11 784 | 6 383～12 275 | — |
| 钩接强度(%) | | 75～85 | 70 | 60～80 | — |
| 结节强度(%) | | 85 | 92～100 | 80～85 | — |
| 回潮率(%) | | 8.6 | 9.0 | 11.0 | 14.0～16.0 |
| 密度(g/cm³) | | 1.29 | 1.50～1.54 | 1.34～1.38 | 1.33 |
| 耐热性 | | 120℃左右泛黄、发黏<br>差 | 150℃长时间处理变棕色<br>好 | 148℃以下稳定<br>较好 | 较好 |
| 耐碱性 | | 一般 | 好 | 较好 | 差 |
| 耐酸性 | | 好 | 差 | 好 | 好 |
| 抗紫外线性 | | 较好 | 一般 | 差 | 较差 |

**5. 抗菌保健功能**

大豆蛋白纤维含有的氨基与人体皮肤相容，具有良好的保健作用。2002 年 2 月，上海市预防医学研究院通过对大豆蛋白纤维样板的检测证明，大豆蛋白纤维对大肠杆菌、金黄色葡萄球菌、白色念珠菌均有抑菌作用。此外，上海出入境检验检疫局对大豆蛋白纤维样品中的甲醛含量进行了检测，其结果见表 4 – 8。结果表明，大豆蛋白纤维中的甲醛含量大大低于国内外相关法规对纺织品甲醛含量的限定标准，因此，由大豆蛋白纤维织成的织物不会对人体造成伤害。

**表 4 – 8　大豆蛋白纤维中甲醛含量的检测/鉴定结果**

| 检 验 项 目 | 漂 白 样 | 染色样（咖啡色） |
|---|---|---|
| 甲醛含量（$\times10^{-6}$） | 11.6 | 11.2 |
| 吸光度 $A-A_0$ | 0.038 | 0.037 |

## 三、大豆蛋白纤维的应用

大豆蛋白纤维具有天然纤维和合成纤维的许多优点，不仅轻、薄、强伸度高、易于染色、舒适透气，而且手感柔软，有丝般柔和的光泽，有棉纤维的吸湿导湿性和羊毛纤维的保暖性等优良性能，因此开发大豆蛋白纤维的纺织产品有着广阔的市场前景。目前，我国已基本掌握了纯大豆蛋白纤维的纺纱技术，能纺制 12.5 ~ 50tex 等不同纱线线密度的纯大豆蛋白纱，同时大豆蛋白纤维还可与天然纤维（毛纤维、丝纤维、棉纤维）和其他化学纤维（改性涤纶、黏胶纤维、天丝、Modal 等）进行混纺、交织，形成各种独特风格的织物。

**1. 应用于高档的针织内、外衣**

由于大豆蛋白纤维的线密度低、克重轻、手感柔软、吸湿导湿性好，其所含的蛋白质与皮肤的亲和力好，加上纤维本身具有抑菌作用，所含的甲醛等有害物质大大低于国际标准，因此在高档针织内、外衣领域有很好的开发前景。据报道，某公司利用低线密度的大豆蛋白纤维纱和亚麻纱为主要原料，采用先进的工艺技术，已生产出 T 恤衫和夏季针织服装，该产品具有其他纤维无法比拟的柔软性、吸湿性、透气性和导热性，更具有较强的抗紫外线性能，织物手感柔软、舒适、凉爽、易洗快干。

**2. 应用于衬衫、贴身服装等面料**

大豆蛋白纤维的梭织产品有类似于麻绢混纺产品的光泽、羊绒般的手感、悬垂性好、染色牢度强的特点，用高支纱织成的织物表面纹路细洁、清晰，可用作高档的衬衫面料。国内某企业利用大豆蛋白纤维与真丝纤维交织，开发了桑绿缎、绿丝绡、保健绸等符合环保要求、具有保健功能的机织面料。这些产品设计新颖，质地丰满柔和，制作的成衣尺寸稳定、穿着舒适，有羊绒般的外观和手感，又具备了吸湿、透气性强和保健护肤等特殊性能，是流行服装的首选面料。

**3. 应用于家用纺织品面料**

由于大豆蛋白纤维自身的优异特性，使得这种廉价的新型再生纤维可部分替代羊绒和真丝与其他纤维混纺，制作高档家用纺织品面料，不仅能大幅度提高大豆的利用价值，而且能节省原材料成本。据报道，东北某企业以大豆纤维股纱和亚麻纱为原料，采用先进工艺和进口设备加工的轻薄型大提花凉爽毯，产品花色典雅柔和、光滑舒适、透气性好，特别是抗紫外线性能大大优于棉、蚕丝等天然纤维，是夏季理想的床上用品。

我国是生产大豆的大国，大豆的年产量达1000多万吨。大豆蛋白纤维的研制成功，填补了国际上合成纤维领域内中国原创技术的空白历史。不仅为农副产品深加工提供了机会，而且丰富了国际纺织原料市场。大豆蛋白纤维产品的开发，将提高我国纺织品在国际市场的竞争能力，同时也给人们带来新视野、新境界，满足消费者对身体保健和生活质量的追求。

## 复习指导

1. 了解蛋白质基本知识。
2. 掌握羊毛纤维的主要物理、化学性质。
3. 掌握蚕丝纤维的主要物理、化学性质。
4. 了解其他蛋白质纤维。
5. 了解蛋白质纤维的性能与加工的关系。

## 思考题

1. 蛋白质的组成单元是怎样的？
2. 等电点如何定义？
3. 羊毛的基本组成是怎样的？
4. 羊毛的物理性能如何？
5. 羊毛的化学性能如何？
6. 蚕丝的形态结构与组成是怎样的？
7. 丝素具有哪些特性？与丝胶相比有什么区别？
8. 大豆蛋白纤维具有哪些优点？

# 第五章　合成纤维

## 第一节　合成纤维的概况

合成纤维（synthetic fibre）是以简单的低分子化合物（来源于煤、石油、天然气等）为原料，经过一系列的化学反应，成为高分子化合物，再经抽丝加工而成的纤维。

由于合成纤维的原料来源广泛，生产不受自然条件限制，并具有许多优良特性，如坚牢耐磨、质轻、易洗快干、不易皱缩、不霉不蛀等，成为很好的衣着原料。市场上销售的涤纶、锦纶、腈纶、丙纶、氨纶等都属于合成纤维。

合成纤维的分类如下所示。

- 合成纤维
  - 聚酯类纤维——聚对苯二甲酸乙二醇酯纤维（涤纶）、各类改性聚酯纤维等
  - 聚酰胺类纤维——聚酰胺 6 纤维（锦纶 6）、聚酰胺 66 纤维（锦纶 66）、聚酰胺 1010 纤维（锦纶 1010）、芳香族聚酰胺纤维（芳纶）等
  - 聚烯烃类纤维——聚丙烯腈纤维（腈纶）、聚丙烯纤维（丙纶）、聚乙烯醇缩甲醛纤维（维纶）、聚氯乙烯纤维（氯纶）、聚乙烯纤维（乙纶纤维）等
  - 其他类纤维——聚氨酯甲酸酯（弹性）纤维（氨纶）、聚甲醛纤维、含氟纤维、酚醛纤维、碳纤维等

### 一、合成纤维的发展概况

合成纤维工业是在 20 世纪 30 年代末、40 年代初发展起来的。虽然合成纤维问世时间不长，但由于它们具有某些独特的、天然纤维所难比拟的性能，在短短的几十年间，发展速度超过了其他任何纤维。合成纤维的品种很多，用于纺织品的主要有涤纶、锦纶、腈纶、维纶、丙纶和氨纶等，其中以涤纶、锦纶和腈纶的产量最大，约占合成纤维总产量的 90% 以上。

世界上第一个实现工业化生产的合成纤维是锦纶 66。由于它结实耐磨、富有弹性，自 1940 年问世以来，产量一直居合成纤维之首，直到 1972 年才让位于涤纶，居第二位。20 世纪 50 年代，涤纶和腈纶先后投入工业化生产，由于涤纶具有优良的性能，发展速度特别快，在合成纤维中已居于遥遥领先的地位。腈纶具有良好的仿毛性能，目前为合成纤维的第三大品种。

20 世纪 40 ~ 50 年代，氯纶和维纶也相继开始工业化生产，并得到一定的发展，但与其他合成纤维相比，氯纶和维纶并没有特别优良的性能，故发展受到一定的限制。

20 世纪 60 年代，丙纶实现了工业化生产。通过几十年的研究，采用纤维改性等方法，在吸湿性和可染性方面不断取得进展，使丙纶的性能不断得到提高，并且由于其原料成本低，已成为合成纤维中的后起之秀。

进入20世纪70年代后,人们对纺织纤维的需求范围越来越大,功能要求越来越高,使合成纤维的产量迅速增长,且市场竞争日趋激烈,常规合成纤维已不能满足市场需要。此时随着高分子合成技术和纤维材料科学的不断发展,科学家利用化学改性和物理改性的手段,制造出改性合成纤维——新型合成纤维(新合纤)。与原有合成纤维相比,新合纤在吸湿性、染深色性、抗起毛起球性、蓬松保暖、手感、视觉风格等方面有较大改善,并具有抗菌防臭、防紫外线、抗静电等特殊功能。采用新合纤生产的仿棉、仿麻、仿毛、仿丝的新一代仿真(仿天然纤维)产品也相继问世,并投入工业化生产。现在新合纤在合成纤维中的比例正迅速增加,在一些发达国家,新合纤的产量已占其全部合成纤维产量的50%以上。

随着合成纤维应用领域的不断扩大,具有特殊性能的合成纤维不断问世,如高强度、高模量的聚对苯二甲酰对苯二胺纤维,强度可达1.9~2.2N/tex、模量为46~85N/tex;耐高温的聚间苯二甲酰间苯二胺纤维,在304℃下连续加热1000h,强度仍可保持原来的64%,在火焰中难燃,并具有自熄灭性;高弹性的聚氨酯弹性纤维,伸长率为500%~600%时,弹性回复率可达97%~98%;耐高温耐腐蚀的聚四氟乙烯纤维,在天然及化学纤维中化学稳定性最好;电绝缘纤维——2,6-二苯基对苯醚纤维,在175℃的热空气中稳定、耐超高电压500kV以上;具有微孔结构的中空纤维膜,在压力差、浓度差或电位差的推动下,可进行反渗透、超滤、透析等。

我国的合成纤维工业是从1958年以后发展起来的。我国石油化学工业的发展为合成纤维提供了日益丰富的原料,并陆续建立起许多工业化生产基地。目前我国的合成纤维产量已居世界前列。在新合纤的研究和开发中,新产品不断投产。其中有色纤维、网络丝、细旦丝、高强低伸缝纫线等的年产量已超过万吨;高收缩纤维、异形纤维、涤纶阳离子可染改性纤维、三维立体卷曲涤纶、空气变形丝、远红外纤维、中空仿羽绒纤维、抗静电纤维等的年产量也已超过千吨。目前已建成规模可批量生产的新合纤有高强高模维纶、高吸水涤纶、聚对苯二甲酸丁二醇酯(PBT)弹性聚酯纤维、阻燃纤维、复合腈纶、导电纤维、水溶性纤维、低熔点纤维、抗起毛起球纤维等。另外还有很多正在研制或小批量生产的高性能、功能性纤维。

## 二、合成纤维的生产简介

合成纤维的原料来源比人造纤维广泛得多,它是从石油、煤、天然气、石灰石中提炼出一些可以供化学上合成用的有机化合物,如乙烯、丙烯、苯、甲苯、二甲苯等,经过不同的化学加工,就得到了生产合成纤维的直接原料——单体,如己内酰胺、丙烯腈、醋酸乙烯、苯二甲酸等。

单体的分子量都很低,不具备纺丝的性能。因此,必须在一定的条件下,通过聚合反应,使几十、几百、几千这样的单体分子聚合成为分子量很高的具备纺丝性能的高分子化合物,如聚己内酰胺、聚丙烯腈等。要把这种具备纺丝性能的高分子化合物纺成纤维,还必须像蚕吐丝那样,把它们先制成黏稠的液体(纺丝液),从喷丝头的细孔中喷出,再经空气或某种液体凝固成丝。

### 1. 纺丝方法

合成纤维的纺丝方法主要有三种。

(1)熔融法纺丝。熔融法纺丝是把高分子化合物加热到熔点以上,使它成为黏稠的熔体,然后把它从喷丝头细孔中喷出，在空气中或水中冷却凝固成丝。

(2)湿法纺丝。湿法纺丝是将高分子化合物溶解在适当的溶剂中，先制成黏稠的纺丝溶液，再从喷丝头细孔中喷出，纺丝溶液呈细流状射入凝固液，凝固成丝。

(3)干法纺丝。干法纺丝是将高分子化合物溶解在挥发性的溶剂中制成纺丝液，从喷丝头小孔中喷出后，呈细流状进入热空气中，使溶剂挥发而凝固成丝。

除上述纺丝法外，还有复合纺丝法、拉裂法、切割法、反应法等。

目前，合成纤维生产中以熔融法纺丝为主，其次是湿法纺丝，干法纺丝使用较少。根据各种高分子化合物的不同性质，采用熔融法纺丝生产的有锦纶、涤纶、丙纶等，采用湿法纺丝生产的有腈纶和维纶短纤维，采用干法纺丝生产的有腈纶长丝、氨纶弹性丝。

**2. 圆形纤维和异形纤维**

合成纤维喷丝头的孔数，从一孔到几百孔，甚至更多。喷丝孔的形状有圆形、三角形、五叶形、扁平形、中空形等各种形状。在合成纤维成型过程中，用圆形喷丝孔纺成的丝的横截面呈圆形，用各种异形喷丝孔则纺成非圆形横截面的纤维或中空纤维，称为异形横截面纤维，简称异形纤维。

异形纤维在纯化纤仿真丝、仿毛产品中应用广泛，主要原料为涤纶。有的异形纤维由于采用不均匀牵伸技术，使化纤长丝的条干不匀，用其织成的织物可获得天然纤维般的自然外观，并可改善纤维的抱合力、手感、回弹性、抗起球性、耐污性等。如在三叶形纤维的 3 个顶点开出微小缺口或使纤维表面轴向有微细沟槽，可使纤维在摩擦时产生丝鸣感，且没有普通涤纶的极光；十字形横截面的锦纶回弹性强；五叶形横截面的涤纶长丝有类似真丝的光泽，抗起球性、手感和覆盖性良好；扁平、带状、哑铃形横截面的合成纤维具有麻、毛等纤维的手感和光泽。异形纤维的横截面形状复杂，比表面积增大，能改善织物的吸湿性、蓬松性和透气性。异形纤维的异形度越大，纤维的抱合力就越大，使其抗起毛起球能力增加。异形纤维横截面的透光性小于圆形横截面，可在视觉上增强织物的耐污性。

中空纤维的保暖性和蓬松性优良，某些中空纤维还具有特殊用途，如制作反渗透膜，用于人工肾脏、海水淡化、污水处理、硬水软化、溶液浓缩等方面。图 5－1 为一些制造异形纤维所用喷丝孔的形状及相应的纤维横截面形状。

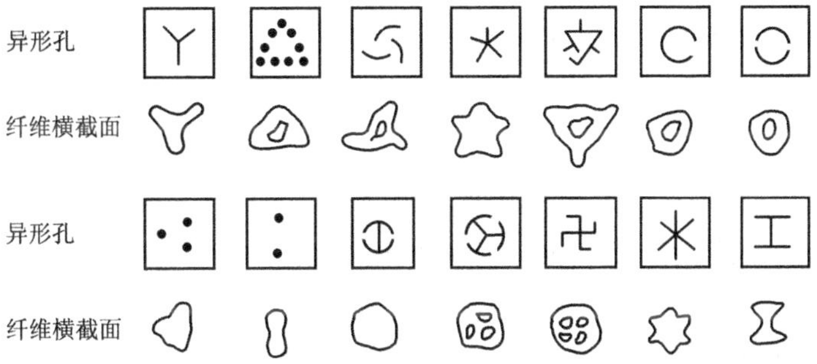


图 5－1　异形喷丝孔及异形纤维的横截面形状图

**3. 复合纤维**

一般合成纤维多以单一组分的高分子化合物制造而成，为了使纤维获得某些独特的性能，可采用复合纺丝法制成复合纤维。复合纺丝是用两种或两种以上不同的高分子化合物同时通过一个喷丝孔喷出，使两组分或多组分黏并成为一根纤维。复合纤维又称共轭纤维或多组分纤维。

复合纤维最早用于模仿羊毛的双侧结构，从 1937～1960 年先后研制出双侧结构的黏胶纤维、聚丙烯腈并列复合纤维及锦纶类并列复合纤维，但用途并不广泛。近年来，随着纤维科学的发展，复合纤维的品种越来越多，从纤维的横截面形态来分主要有并列型、皮芯型和海岛型以及裂离型，如图 5－2 所示。

图 5－2　复合纤维的几种主要类型

不同类型的复合纤维，具有不同的特性。比较典型的复合纤维的性能如下：并列型及偏心皮芯型纤维是由两种收缩率不同的高聚物组成的，与羊毛纤维一样具有螺旋状卷曲特性。刚成型的初生纤维并不卷曲，只有经拉伸和热松弛处理后，两种高聚物产生收缩率差异，造成纤维本身的不对称结构，这时才显现出卷曲，收缩率高的组分在螺旋卷曲的内侧。在染整加工时，这种收缩差异性使织物表面有毛织物的缩绒效果，可增加产品的丰满感。

复合纤维最突出的特点是大多数都具有三维空间的立体卷曲，所以具有高度的蓬松性、伸长率和覆盖能力。有的复合纤维经过适当的加工，还可制成吸湿性优良的多孔纤维或质地非常柔软的超细纤维。

复合纺丝设备主要由螺杆挤出机、计量泵和复合纺丝组件组成。图 5－3 为双组分复合纺丝装置示意图，其中复合纺丝组件是关键部件，有各种组合形式。只需改变纺丝组件的形式，就可生产出各种类型的复合纤维。

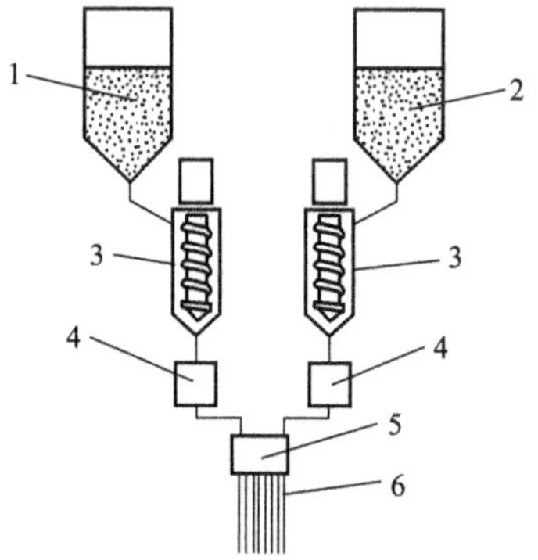


图 5－3　双组分复合纺丝装置示意图
1，2—聚合物　3—螺杆挤出机　4—计量泵
5—复合纺丝组件　6—复合纤维

**4. 纺丝后加工**

刚纺出来的合成纤维还没有完全定型，强度较低，伸长也较大，易变形，不能直接用来加工制成纺织品，因此还必须根据不同品种进行拉伸、水洗、上油、干燥、定型等一系列后处理过程。如果是长丝，要将丝束连续卷绕在筒管上，再经过加捻和络丝等工序；如果是短纤维，需要将丝束切断成近似棉花、羊毛等纤维的长度，有的在切断前还要经过卷曲处理，经过这些后处理加工的合成纤维，才具有可供纺织使用的优良性能。

目前全世界化学纤维生产中，短纤维的产量高于长丝。根据纤维特点，有些品种（如锦纶）以生产长丝为主，有些品种（如腈纶）则以生产短纤维为主，而有些品种（如涤纶）则长丝与短纤维比例比较接近。

## 第二节　涤纶

在我国市场上，涤纶（poly ester）是聚对苯二甲酸乙二醇酯纤维（polyethylene terephthalate fiber；PET Fiber）的商品名称，英国商品名为特丽纶（Terylene），美国商品名为达可纶（Dacron）。

在 20 世纪 20 年代，美国化学家以脂肪族二元酸和乙二醇缩聚后制成聚酯纤维，由于其熔点低和易水解而无实用价值。1941 年，英国科学家改用对苯二甲酸和乙二醇进行缩聚，制得高熔点（250℃左右）的聚合物后制成聚对苯二甲酸乙二醇酯纤维。这种纤维具有良好的纺织性能，并开始进行工业化生产。随后各国又相继研制了其他品种的聚酯纤维和改性聚酯纤维。

涤纶的工业化生产始于 1953 年，是发展较晚的一种合成纤维，但因其具有机械强度好、耐磨、耐酸碱、不易霉蛀、化学稳定性好等特点，在近半个世纪发展很快，产量已居合纤首位。涤纶可制成长丝，也可制成短纤维，产量几乎各占一半。涤纶短纤维可以纯纺，也可与天然纤维混纺织制各种“的确良”，还可以与其他化纤混纺，广泛用于衣着织物。涤纶发展迅速的原因，还在于它具有良好的弹性及保形性、较高的强度和纤维的可变异性，在衣着、装饰和工业用品中都是良好的应用材料。

随着涤纶长丝的不断研制改进，各种异形截面丝、细旦、微细旦纤维的开发，涤纶仿丝绸产品几乎达到以假乱真的地步。采用不同加工方法生产的涤纶丝具有不同的性能，将这些不同性能的涤纶丝进行组合，可以设计出性能不同、外观各异的涤纶织物。

### 一、涤纶生产简介

涤纶生产所用的原料为对苯二甲酸（TPA）和乙二醇（EG）。它们通过化学合成，可得到聚对苯二甲酸乙二醇酯。聚对苯二甲酸乙二醇酯的合成方法有两种，即酯交换法和直接酯化法。

**1. 酯交换法**

将对苯二甲酸与甲醇在有硫酸作催化剂的情况下，进行酯化，其反应如下：

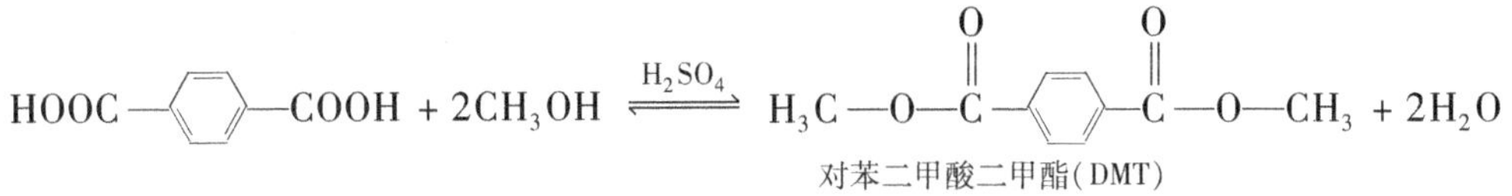


对苯二甲酸二甲酯（DMT）

所得到的 DMT 经提纯后用乙二醇进行酯交换：

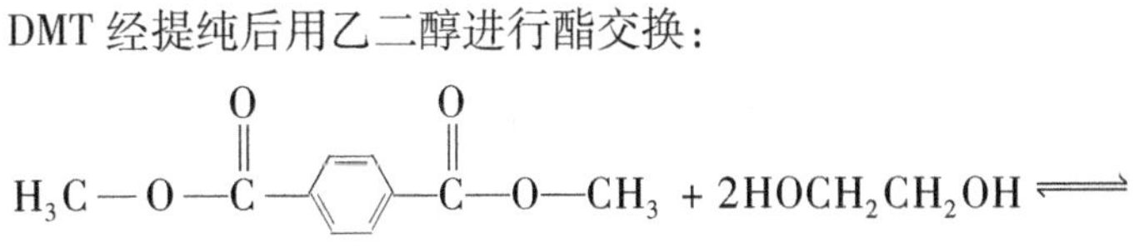


DMT　　　　EG

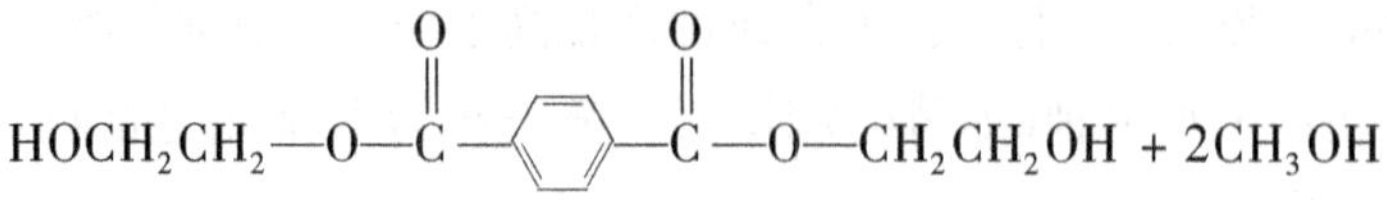

对苯二甲酸双羟基乙酯(BHET)

对苯二甲酸双羟基乙酯经过缩聚释放出乙二醇，并转变为具有一定聚合度的聚对苯二甲酸乙二醇酯，成为纺制涤纶的原料。其反应如下：

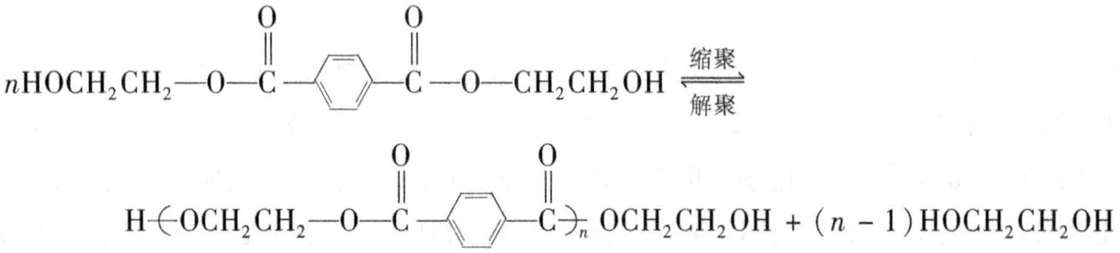

聚对苯二甲酸乙二醇酯(PET)

采用这种工艺的原因是 DMT 比 TPA 容易提纯。

**2. 直接酯化法**

将经过提纯的对苯二甲酸和乙二醇直接进行酯化生成 BHET，其反应如下：

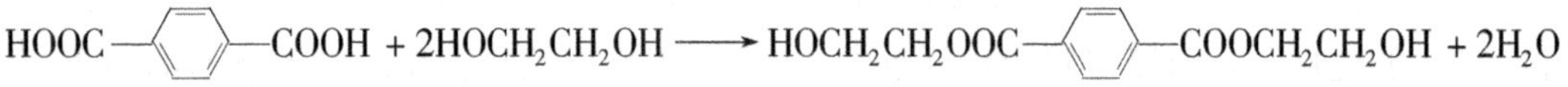

TPA　　EG　　BHET

再经缩聚反应生成聚对苯二甲酸乙二醇酯。

将上述两种方法合成的聚对苯二甲酸乙二醇酯铸带、切粒，使其成为无色透明的固体颗粒，通常称为涤纶树脂或涤纶切片，切片干燥后即可纺丝。

涤纶采用熔融法纺丝，温度为 285 ~ 290℃。涤纶熔体从喷丝板的小孔中挤出形成黏液细流，细流在空气中冷却形成初生纤维。

涤纶的后加工因生产产品的品种不同而异。生产涤纶长丝时，要经牵伸加捻、热定型、络丝和包装；生产涤纶短纤维时，后加工一般包括集束、牵伸、上油、卷曲、热定型、切断和打包等。

## 二、涤纶的结构

**1. 涤纶的形态结构**

在一般光学显微镜下观察，普通涤纶的纵向为光滑、均匀、无条痕的圆柱体，横截面为圆形(图 5 - 4)。

**2. 涤纶的分子结构**

涤纶大分子的化学组成为聚对苯二甲酸乙二醇酯，分子结构式如下：

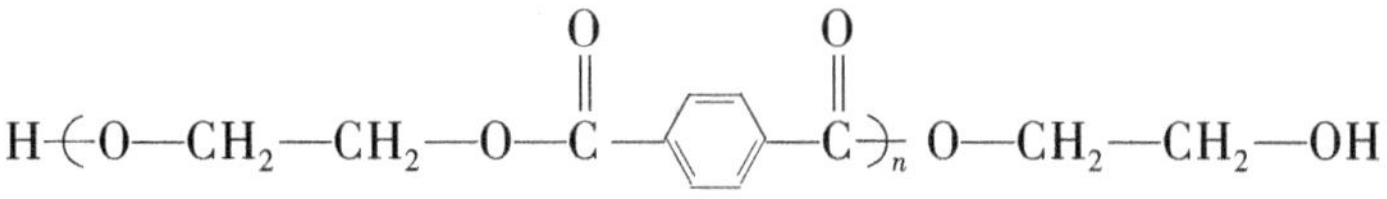

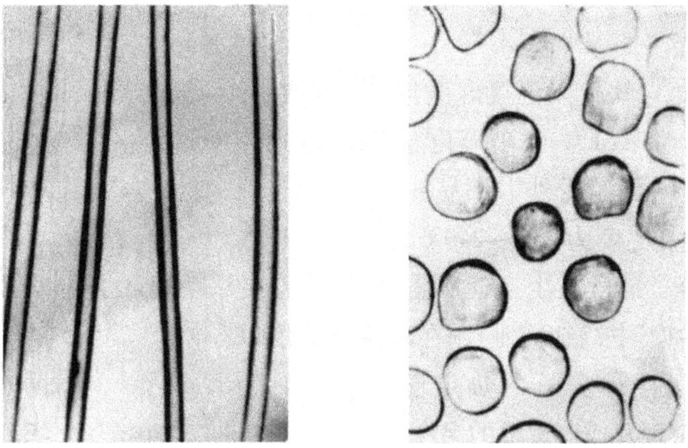

(a) 涤纶纵面放大2000倍　　(b) 涤纶横截面

图 5－4　在显微镜下观察到的普通涤纶的形态结构图

从以上结构式中可以看出：

(1)除两端含—OH 外，涤纶大分子链上不含有亲水性基团，且缺乏与染料分子结合的官能团，故吸湿性、染色性差，属于疏水性纤维。

(2)酯键的存在使涤纶分子具有一定的化学反应能力，但由于苯环和亚甲基的稳定性较好，所以涤纶的化学稳定性较好。

(3)涤纶大分子的基本链节中含有苯环，阻碍了大分子的内旋转，使主链刚性增加。但涤纶大分子的基本链节中还含有一定数量的亚甲基，所以又有一定的柔性。刚柔相济的大分子结构使涤纶具有弹性优良、挺括、尺寸稳定性好等优异性质。

(4)涤纶大分子为线型分子，没有大的侧基和支链，分子链容易沿着纤维拉伸方向平行排列，因此分子间容易紧密地堆砌在一起，形成结晶，这使纤维具有较高的机械强度和形状稳定性。

**3. 涤纶的超分子结构**

涤纶的超分子结构与纤维生产过程中的拉伸和热处理有关。涤纶喷丝成型后的初生纤维是无定形的，取向度很差，需要进一步牵伸取向后方能纺织加工。经过拉伸和热定型处理后的纤维，结晶度约为 60%，并有较高的取向度。涤纶的 X 射线衍射图像如图 5－5 所示。

将过度磨损的涤纶放在电子显微镜下观察，可以看到原纤组织。原纤是纤维的基本组成单位，原纤之间有较大的微隙，并由一些排列不规则的分子联系着。原纤又是由高侧序度的分子所组成的微原纤堆砌而成的，微原纤之间存在着较小的微隙，并被一些侧序度较低的分子联系起来。因此涤纶的超分子结构也可用缨状原纤模型来加以描述。但与棉纤维不同的是，其在缨状原纤中存在着缨状折叠链结晶，称为“折叠链缨状微原纤”，如图 5－6 所示。

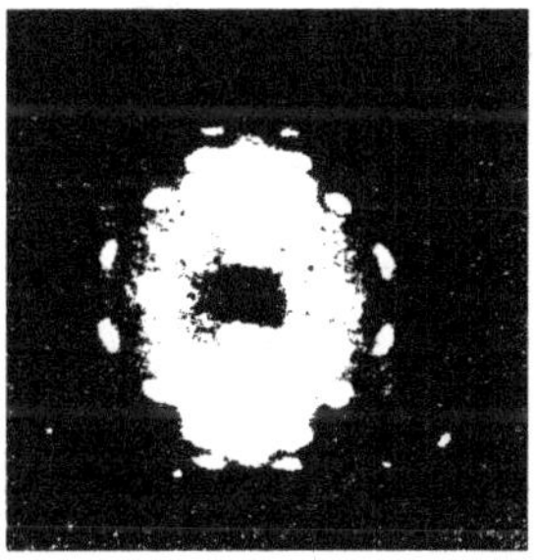

图 5－5　涤纶的 X 射线衍射图像

## 三、涤纶的性能

### 1. 热性能

(1)玻璃化温度与软化点温度。涤纶是热塑性纤维,其玻璃化温度为68~81℃,在玻璃化温度以下,大分子链段的活动能力小,涤纶受外力不易变形,有利于正常使用;涤纶的软化点温度为230~240℃,高于此温度,纤维开始解取向,分子链段发生运动产生形变,且形变不能回复。在染整加工中,温度要控制在玻璃化温度以上,软化点温度以下。印染厂的热定形温度一般为180~220℃,染色、整理及成衣熨烫的温度均应低于热定形温度,否则会因分子链段活动加剧而破坏定形效果。

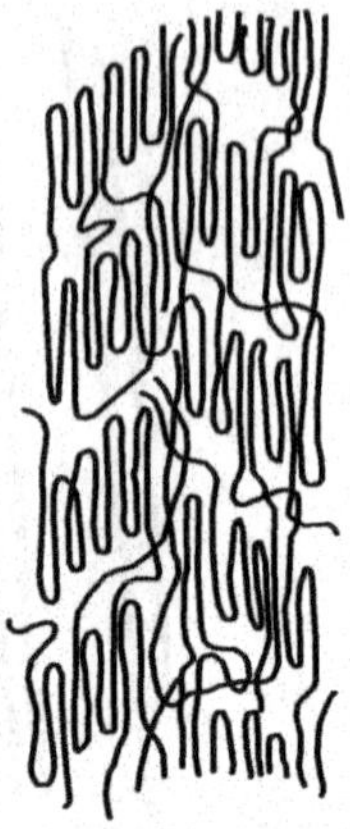

图5-6 折叠链缨状微原纤模型

(2)耐热性。在几种主要的合成纤维中,涤纶的耐热性最好。这是因为组成涤纶的聚对苯二甲酸乙二醇酯的熔点较高。涤纶在230~240℃才开始软化,260℃左右开始熔融。涤纶在170℃以下短时间受热所引起的强度损失在温度降低后可以恢复。

涤纶的热稳定性在几种主要的合成纤维中也是最好的。涤纶在150℃下加热168h后,其强度损失不超过3%,而锦纶在150℃下受热5h即变黄,纤维强度大幅度下降。大部分碳链纤维在高于80~90℃下受热要发生变形,其强度损失很难恢复。所以对涤棉混纺织物进行热加工时,应着重考虑棉纤维本身的耐热性。

涤纶所能允许的使用温度范围较大,可在-70~170℃之间使用,低温时纤维不会发脆。如果在生产中涤纶经过较好的热定型,那么它的热收缩性也是最小的。

### 2. 机械性能

(1)强度和断裂伸长率。涤纶的强度和断裂伸长率不仅与其分子结构有关,还与纤维纺丝过程中的拉伸和热处理工艺密切相关。经拉伸后,涤纶大分子链按一定方向排列,取向度提高,使其能均匀承受外力,故强度提高。

通常涤纶短纤维的断裂强度约为0.27~0.66cN/tex,断裂伸长率在25%~50%之间。在适当的热处理条件下,涤纶在纺丝过程中的拉伸程度越高,则纤维的取向度越高,纤维的断裂强度也越高,而断裂伸长率却较低;反之,则可能获得低强高伸的纤维。即改变拉伸和热处理条件,可制成高强低伸或低强高伸等不同品种的纤维。图5-7为部分纤维的强度—伸长率曲线。

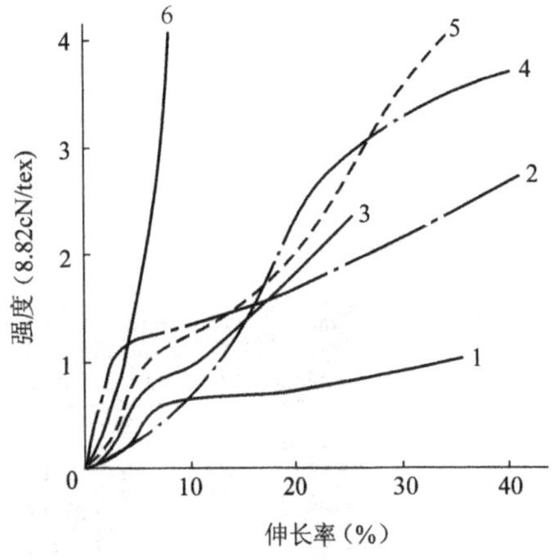


图5-7 部分纤维的强度—伸长率曲线

1—羊毛 2—腈纶 3—黏胶纤维

4—锦纶 5—涤纶 6—棉

(2)弹性。涤纶具有优良的弹性,在较小的外力作用下不易变形，当受到较大外力作用而产生形变时，取消外力后，其回复原状的能力也较强，其形变回复能力与羊毛相近。表 5 – 1 为一些纺织纤维发生形变后的回复能力。

**表 5 – 1 一些纺织纤维发生形变后的回复能力**

| 纤维 | 从形变中回复的程度（%）（相对湿度 60%） | | |
|---|---|---|---|
| | 1% 伸长 | 5% 伸长 | 10% 伸长 |
| 棉 | 91 | 52 | — |
| 黏胶纤维 | 67 | 32 | 23 |
| 羊毛 | 99 | 69 | 51 |
| 蚕丝 | 84 | 54 | 34 |
| 涤纶 | 98 | 65 | 51 |
| 锦纶 | 90 | 89 | 89 |

涤纶弹性好的原因有两方面，一方面是由于涤纶具有较大的弹性模量，大约为 220.5 ~ 1411.2cN/tex，比锦纶高 2 ~ 3 倍。涤纶的弹性模量大，则表明纤维的刚性强，受外力时不易产生形变；一旦产生形变，由于回弹率较高，又容易回复。另一方面，从涤纶的微结构来看，无定形区的分子间力小，受外力作用时会发生链段运动，产生一定的形变；结晶区和取向度高的部位，分子间有比较牢固的连接点，因此分子间力较大，受外力时不易产生形变。只有在较大的外力作用时，才能破坏晶区边缘的连接点，使一些基本结构单元或分子链段移动至新的位置，一旦外力取消，这些基本结构单元或分子链段在未断裂的连接点所储存的内能和分子内旋转的作用下，逐渐移近原来位置，力图使形变回复。所以涤纶在一定外力作用下产生的形变是可回复形变，但在高度拉伸时，回复性能显著变差。

既然涤纶又抗拉（弹性模量大），又易恢复形变（回弹性较高），所以涤纶织物不易折皱，再加上其吸湿能力小，在水中能保持弹性，洗后保形性好，因而用涤纶做的衣服具有“洗可穿”性能，即其在洗后能达到不皱、免烫。在这点上涤纶较羊毛为优，也是其他天然纤维和化学纤维织物所不及的。

（3）耐磨性。涤纶的耐磨性仅次于锦纶而超过其他纤维。涤纶的湿态耐磨性能与干态时很接近，但锦纶的湿态耐磨性仅是干态的 45% ~ 50%。耐磨性主要取决于伸长率和弹性的高低，与纤维的强度也有关系。如玻璃纤维的强度和弹性都好，但伸长率较低，故易损坏；羊毛虽然强度不高，但伸长率和弹性指标较高，故较耐磨。涤纶和锦纶的伸长率、弹性和强度都很好，所以耐磨性突出。表 5 – 2 为一些化学纤维的耐磨性能。

**表 5 – 2 化学纤维的耐磨性能（断裂时经受的摩擦次数）**

| 纤维 | 线密度（tex） | 干态（次） | 湿态（次） |
|---|---|---|---|
| 聚酯纤维 | 0.22 | 1980 | 1870 |
| 聚酰胺纤维 | 0.33 | 8800 | 3800 |
| 黏胶纤维 | 0.22 | 880 | 28 |

**3. 化学性能**

涤纶的化学性能与其分子结构有关。在涤纶大分子中,苯环和亚甲基的稳定性较好,故涤纶的化学稳定性较好;而酯键的存在使分子具有一定的化学反应能力。

(1)与酸和碱的作用。涤纶的耐酸性较好,对无机酸和有机酸均有很好的稳定性。涤纶大分子在酸中的水解反应如下:

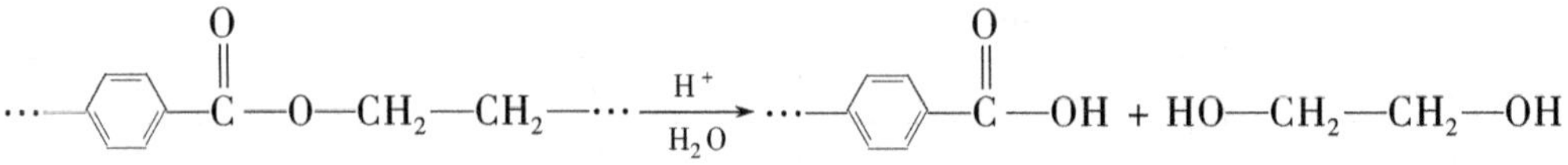

酯键在酸中水解后,生成的酸和醇可发生酯化反应,使水解反应不易继续进行,且涤纶的物理结构紧密,故耐酸性较好。在弱酸中,即使是煮沸的条件下,涤纶也不致发生严重损伤;在强酸(氢氟酸或30%盐酸)中室温条件下,涤纶也很稳定。

涤纶大分子中含有酯键,所以对碱的稳定性稍差,在浓碱的作用下容易发生水解。但由于其结构紧密,在室温条件下,涤纶对稀的纯碱和烧碱的稳定性还是较好的。涤纶中酯键与碱的水解反应如下:

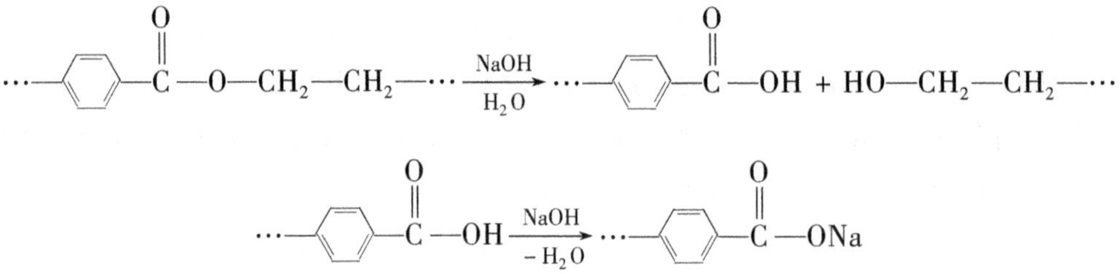

由于水解反应生成的酸能与碱进一步反应成为钠盐,使涤纶在碱中的水解反应能一直进行下去,故其耐碱性较差。

涤纶在浓碱液或热的稀碱液作用下,纤维表面的大分子会发生水解,一层层地剥落下来,并溶解在碱液中,使纤维逐渐变细,这种现象称为“剥皮现象”。利用这一方法处理涤纶织物,可使纤维变得细而柔软,增加了纤维在纱线中的活动性,使涤纶织物获得仿真丝效果。

(2)对氧化剂和还原剂的稳定性。涤纶对氧化剂和还原剂均具有良好的稳定性,印染加工过程中常使用的氧化剂和还原剂对其几乎没有损伤。需注意的是,在涤棉混纺织物漂白和染色时,应根据棉纤维的性质来选择适当的漂白和染色工艺及化学试剂。

(3)耐溶剂性。涤纶的耐溶剂性较好。一般的非极性有机溶剂和室温下的极性有机溶剂对涤纶没有影响。但随浓度及处理温度的不同,有些有机溶剂可以使涤纶膨化或溶解,如丙酮、苯、三氯甲烷、苯酚—氯仿、苯酚—氯苯、苯酚—甲苯等。

2%的苯酚、苯甲酸或水杨酸的水溶液、0.5%氯苯的水分散液、四氢萘及苯甲酸甲酯等可作涤纶的膨化剂,所以酚类化合物常用作涤纶染色的载体。

**4. 吸湿、染色性能**

涤纶的吸湿性在合成纤维中较差。在标准状态(温度20℃,相对湿度65%)下,其公定回潮率仅为0.4%；在相对湿度为95%的条件下，最高吸湿率为0.7%。由涤纶的分子结构可知，大分子链中不含亲水性基团，且涤纶的结晶度高，分子排列紧密，分子间的空隙小，故吸水性差，在水中的膨化程度也低，因而其织物具有易洗快干的特性。但织物吸湿性差，透气性不好，容易积聚静电而吸附灰尘。

涤纶染色较困难，一般染料不易着色，除因其吸湿性较差、染料难以随水分进入涤纶内部外，涤纶大分子上缺少极性基团也是造成染色困难的原因之一。目前生产常采用的染色方法有高温染色、载体法染色，所用染料为分子结构简单、体积较小的分散染料。在高温或载体的作用下，涤纶大分子链的运动较为容易，瞬间空隙增加，有利于染料分子进入纤维内部。

**5. 起球现象**

涤纶织物表面容易起球而影响外观。这是因为涤纶表面光滑，纤维之间抱合力差，故纤维尖端容易散露在织物表面形成绒毛，穿着时经摩擦使纤维纠缠在一起结成小球。又由于纤维强度高、弹性好，使小球难以脱落。为改善起球现象，可采用异形截面纤维、降低纤维分子的聚合度等方法，在染整加工中采用烧毛和热定形工序也可改善起球现象。

**6. 静电现象**

涤纶由于吸湿性低、导电性差，经摩擦易产生静电。静电使织物易起毛起球，易沾污，并会黏附在皮肤或其他服装上，穿着很不舒服。生产中，织物会吸附在机械部件上，也容易吸附车间中的尘埃，造成加工困难，还可能会因电火花造成火灾事故。因此生产涤纶织物时，要在设备上安装静电消除器，避免在加工过程中产生静电积累。为使织物在穿着使用时不产生静电，还可对织物进行抗静电整理。

**7. 燃烧性能**

涤纶靠近火焰时会收缩熔化为黏流状，接触火焰即燃烧，并形成熔珠而滴落，熔珠为硬的黑色小球，燃烧时有芳香气味并产生黑烟。离开火焰后，涤纶能继续燃烧，但易熄灭。涤纶燃烧时会因熔融而黏附于皮肤上，造成严重灼伤。涤纶与易燃纤维混纺时，燃烧更为剧烈。

## 四、改性涤纶

在本节不仅阐述了涤纶的优点，也分析了它的缺点，主要是静电大、吸湿差、易起球、穿着不舒服、不易染色等。这些问题可以通过涤纶改性得到解决。

**1. 涤纶的改性原理**

涤纶大分子是由许多重复结构单元连接起来的线型长链分子。这些长链分子可形成高度的有规则排列，这一特征使涤纶具有高度的紧密结构和较高的结晶度。此外，涤纶大分子中缺乏吸水性基团。这些因素导致了其纤维刚性较强、吸湿性差、染色困难。

为了改善涤纶的性能，必须从改变其大分子链结构着手，一般方法有：

(1)引入有空间阻碍的基团，降低大分子的结晶度。

(2)引入第三单体，使涤纶分子结构的规整性下降，改变其紧密堆砌的状况，使结构变得较为疏松。

(3)引入可与染料分子结合的基团，以提高其对染料的亲和力。

(4)引入一定的吸水性基团,改善其吸湿性。

(5)改变工艺条件,增加纤维中无定形区的含量。

**2. 改性涤纶品种**

(1)易染改性涤纶。在聚合物中添加第三单体或第三、第四单体改性剂,可改变涤纶分子结构,提高染色性能,易染色改性涤纶类型有以下几种:

①阳离子染料可染聚酯纤维 CDP。采用强酸性的间苯二甲酸磺酸钠与聚酯共聚,可在分子链中引入磺酸基团,得到阳离子染料可染的共聚酯 CDP。改性剂的用量一般为 DMT(对苯二甲酸二甲醇酯)质量的 2.5% ~4.0%。这种阳离子染料可染聚酯纤维需在高压下染色。

为使共聚酯在常压下易染,可再加入第四单体作为改性剂,使其进一步降低结晶度和玻璃化温度,提高无定形区的含量。常用的改性剂有脂肪族和芳香族的二羧酸及其衍生物、脂肪族或芳香族二元醇及其衍生物、羟基酸类化合物、脂环族二元酸或二元醇等。

国内对常压下易染共聚酯的合成有聚酯和聚醚两种类型。第四单体的加入,可降低大分子结构的规整性,增加无定形区的含量,并可降低玻璃化温度,使染料分子更容易进入无定形区,因此可在常压下染色。引入第四单体后还可增加共聚酯大分子的柔性,提高吸湿性和抗起球性。

由于第三、第四单体的加入,大分子链的规整性下降,通常会使纤维的强度下降;由于磺酸基团的存在,对裂解反应、醚化反应等副反应起催化作用,也使分子量下降;且共聚酯中二甘醇的含量增加,对聚合物耐热性带来影响。因此,又研究了高强型和耐热型的阳离子染料易染聚酯。

易染共聚酯可生产短纤维,也可以制成长丝,可采用纯纺、混纺、混纤和交织方法,织成厚织物或薄织物,如法兰绒、哔叽、华达呢、仿丝绸、巴里纱、麦尔纱等。所织织物可染单色、双色或异色,染品色泽鲜艳。

②酸性染料可染聚酯纤维。酸性染料可染聚酯纤维是通过具有碱性基团的改性剂与聚酯共聚制得的,这类共聚单体一般为胺类化合物。这种纤维不仅可用酸性染料染色,还具有抗起球和抗静电性。

③两性离子染料可染聚酯纤维。这种共聚酯用的改性剂既有磺酸基团,又有胺基,因此既可以用阳离子染料,又可以用酸性染料染色。

④分散染料易染聚酯纤维。分散染料常压可染的共聚酯有聚酯型和聚醚型两种类型。聚酯型一般在大分子中引入间苯二甲酸酯、双官能团双醇酸酯、羟基酸类等制得。聚醚型一般为聚氧化乙烯和聚酯的嵌段共聚物。

这类共聚酯在100℃以下,采用无载体分散染料染色,便可达到常规聚酯在高压染色时同样的色泽深度。

⑤聚对苯二甲酸丁二醇酯(PBT)纤维。PBT 是工程塑料的骄子。随着差别化纤维的发展,PBT 作为纤维的使用价值被人们所认识,它具有优越的回弹性,手感柔软,在常压下就能染上鲜艳的色彩,受到人们的喜爱,自 1979 年问世后,便以年平均 15% ~20% 的增长率迅速发展。我国也开发了 PBT 弹力丝,并部分替代了氨纶。由于 PBT 原料之一的丁二醇需要进口,价格较贵,因此常与常规聚酯 PET 结合使用,如 PBT/PET 复合纤维,尽管只用一半 PBT 原料,但同样能在常压沸染下得到深色。PBT 与 PET 的无规共聚物和嵌段共聚物的研制也获得了成功,目

前已批量投入生产。利用 PBT 和 PET 共混纺丝开发的易染短纤维，不仅染色方便，而且手感非常柔软，是仿毛产品的理想原料。

(2)抗静电改性涤纶。涤纶的静电较大，比电阻在 $10^{14}\Omega \cdot cm$ 以上，摩擦电压在1 000V 以上，半衰期可达数小时。纤维产生静电不仅影响织物的使用，而且会造成生产过程的困难。

静电产生的原因是因为聚酯大分子以共价键结合，不能电离，也不能传递电子，再加上其极性小、疏水性大、电荷不易逸散，所以聚酯纤维易产生电荷积聚。

为了消除静电，改善织物的加工性和穿着舒适性，可采用抗静电改性。

①对纤维进行化学改性。为了获得永久性的抗静电性能，可采用化学改性方法。例如，将2% 的聚乙二醇($\overline{M}=1\ 000 \sim 2\ 000$)、$C_{36}$的二聚羧酸反应得到酯类产物与对苯二甲酸乙二醇酯共缩聚，可得到抗静电的共聚酯。也可以用丙烯酰胺对聚酯纤维进行接枝来改善抗静电性能。

②在聚合物内部添加抗静电剂进行共混改性。采用多元聚合物共混纺丝或用抗静电剂共混纺丝也可以获得抗静电纤维。例如，用聚乙二醇($\overline{M}=20\ 000$)、$C_{3 \sim 30}$的烷基磺酸钠与 PET 共混纺丝可得到半衰期为 18s 的抗静电纤维。

作为永久性抗静电剂必须具备几个条件。首先要有高效的抗静电性能，且不影响聚合物的纺丝，由于聚合物在加工过程中需经受高温，因此抗静电剂必须有较好的热稳定性，以免在纺丝过程中分解或挥发而失效；其次，抗静电剂与聚合物要有一定的相容性，以保证其均匀分散在聚合物中，熔融时不会凝聚，能缓慢地渗透到纤维表面，形成单分子导电层。抗静电剂的均匀分布可避免纤维染色时的色花现象。抗静电剂的种类有阳离子、阴离子、两性离子、非离子等类型，可根据以上原则进行选用。

(3)抗起球涤纶。常规的涤纶表面光滑，而且纤维强度高，形成的小球会牢固地系在织物表面不易脱落，严重影响织物的美观和手感。

①物理改性方法。采用物理改性的方法，使纤维的截面异形化，可增加纤维的抱合力，防止纤维松散而露出尾端。一般也可以用变形加工及网络加工来增加纤维的抱合力。

②化学改性方法。采用化学改性方法降低纤维强度，纤维尾端露出形成的小球易在使用中经摩擦从织物表面脱落。

降低纤维强度最简单的方法，是采用低黏度的聚酯切片来纺丝，这类聚酯的特性黏度低于0.50L/g。但低黏度聚酯切片的纺丝工艺及产品质量控制比较困难。此外可以加入第三单体，与 PET 共缩聚进行改性。常用的改性剂有聚乙二醇、聚丙二醇与 PET 进行嵌段共聚，也可以用邻位或间位的苯二甲酸、脂肪族二元酸、脂肪族二元醇、带双键的不饱和二元醇等改性剂。这类改性共聚酯一般可获得抗起球和易染双重效果。加入第三单体得到的阳离子染料可染和分散染料易染的共聚酯，同时可获得抗起球性能。例如，用含间苯二甲酸磺酸钠 1% ~6%(摩尔分数)的 PET 共聚酯和含双丁基磷酸盐0.5% ~1.5%(摩尔分数)的化合物一起熔纺，得到纤维的抗起球性能达到 4 级。用含聚氧化乙烯链段的嵌段共聚酯纤维，用含有钡盐和碱性化合物的水溶液处理的纤维，抗起球性能可达到 4 ~5 级。

(4)吸水吸湿性涤纶。涤纶的使用量在各种合成纤维中所占的比例最大，广泛用于衣着织物。涤纶的吸水吸湿性不仅会影响到织物的舒适性，还与抗静电性、防污性有关。提高涤纶的

吸水吸湿性有以下方法:

①聚合物改性。将常规聚酯与亲水性单体共聚,使聚合物原料亲水化,或用亲水性单体进行接枝共聚。引入的亲水性组分,有聚乙二醇、己内酰胺、胺类。

常规聚酯与亲水性化合物共混纺丝。采用己内酰胺、对苯二甲酸、乙二醇 3 种单体制取嵌段共聚物,随后与 PET 共混纺丝。

纤维截面异形化。采用非结晶聚酯和环氧乙烷、氧化丙烯及 $H\!\!-\!\![\!\!-\!(NHCH_2CH_2)_3NHCO\!-\!]_2NH_2$ 三者加成物的混合物作皮,PET 作芯的皮芯复合丝,具有良好的吸湿性。

②用亲水性物质进行表面处理,使织物表面形成亲水层。用亲水性试剂对聚酯纤维织物表面处理的方法很多。用三甲基嘧胺、丙烯酸的乳化剂溶液浸渍聚酯纤维织物,经蒸汽处理后,用 1% 的硫酸镍处理,可具有良好的吸水性和防污性。含磺酸基的间苯二甲酸二甲醇酯的共聚酯,用丙烯酸和甲基丙烯酸混合物的水溶液处理后,再用 2% 的 $Na_2HPO_4 \cdot 12H_2O$ 水溶液处理,最后用 0.2% 的醋酸镁处理,得到的织物具有 6.1% 的吸水率。

③使纤维形成微孔结构。多采用含 5 - 磺酸钠间苯二甲酸乙二醇酯的共聚酯与 PET 共混纺丝。用氢氧化钠水溶液处理成品纤维,因共聚酯在碱中的水解速率较快,被水解的部分在纤维上留下微孔。将这种纤维做成中空纤维,由于纤维表面的微孔与中空部分的微孔相通,纤维具有吸水速率快、透湿性好、保水率高的特性,有利于水分的散发,其吸湿性、散湿性优于棉纤维,并具有快干性和优良的抗静电性。如将带微孔的中空纤维制成并列复合的中空纤维,则纤维既有高吸湿性,又有卷曲性,改善了织物的手感和外观,穿着及使用效果更佳。

# 第三节　锦纶

锦纶(nylon)是合成纤维的主要品种之一,学名叫聚酰胺纤维(polyamide fiber,PA Fiber),其大分子主链上含有酰胺键(—CONH—)。国外名称有耐纶、尼龙、卡普隆等。

锦纶一般分为两大类。一类是由二元胺和二元酸缩聚制成,可分别用两个数字表示两者所含的碳原子数,前者代表二胺的碳原子数,后者代表二酸的碳原子数,如锦纶 66、锦纶 1010;另一类是由 $\varepsilon$ - 氨基酸缩聚或由己内酰胺开环聚合而得的,其数字表示氨基酸或己内酰胺的碳原子数,如锦纶 6。

锦纶是合成纤维中第一个实现工业化生产的品种,锦纶 66 和锦纶 6 分别于 1939 年和 1943 年开始工业化生产,随后实现工业化生产的有锦纶 11、锦纶 610、锦纶 1010。

锦纶具有一系列优良特性,如耐磨性、弹性好,强度、伸长率高,相对密度小、耐霉耐蛀等,因此广泛应用于民用、工业和国防等方面。纺织工业中最常用的是锦纶 6 和锦纶 66。

## 一、锦纶生产简介

### 1. 锦纶 6 的生产

锦纶 6 的分子结构式为:

$$H\text{-}[NH(CH_2)_5CO]_n\text{-}OH$$

锦纶 6 的学名为聚己内酰胺纤维，大规模工业化生产中常用己内酰胺为原料，在适当的温度和活化剂（如少量水）存在下，经一系列反应开环聚合，水解后的开环产物为 ε－氨基己酸，它可以通过缩聚或加成两种途径完成，使单体分子一个个连接起来成为长链状的聚己内酰胺。

$$n\underbrace{HN(CH_2)_5CO}_{\text{环}} + nH_2O \xrightarrow{\text{聚合}} H\text{-}[NH(CH_2)_5CO]_n\text{-}OH$$

聚合物的分子量一般控制在 2 万左右。

锦纶 6 采用熔融法纺丝，其纺丝过程与涤纶基本相同。但锦纶 6 缩聚体中含有 8% ~10% 的低分子化合物，需要在纺丝前进行切片萃取或在纺丝后洗涤加以去除。

**2. 锦纶 66 的生产**

锦纶 66 的分子结构为：

$$H\text{-}[NH(CH_2)_6NHOC(CH_2)_4CO]_n\text{-}OH$$

锦纶 66 的学名称为聚己二酰己二胺纤维。生产时是将己二酸与己二胺以等物质的量比制成盐后，再进行缩聚。

$$\underset{\text{己二胺}}{nH_2N(CH_2)_6NH_2} + \underset{\text{己二酸}}{nHOOC(CH_2)_4COOH} \longrightarrow \underset{\text{锦纶 66}}{H\text{-}[NH(CH_2)_6NHOC(CH_2)_4CO]_n\text{-}OH} + (2n-1)H_2O$$

聚合物的相对分子质量一般控制在 20 000 ~30 000 之间。

锦纶 66 缩聚物的纺丝及后加工与锦纶 6 基本相同，只是锦纶 66 中低分子化合物含量较少，一般小于 1%，因此在后加工中可省去萃取、洗涤、干燥等工序。

锦纶生产以长丝为主，锦纶长丝经拉伸加捻后，可制成弹力丝。生产弹力丝采用假捻法，锦纶长丝在一台机器上一次完成加捻、热定型、退捻 3 个过程，制得弹力丝，如图 5－8 所示。用弹力丝制成的弹力纱具有很高的弹性和耐磨性，主要用于针织品，如手套、袜子、运动衣、弹力衫等。

## 二、锦纶的结构

锦纶的形态结构与普通涤纶相似，在显微镜下观察，纵向光滑，横截面接近圆形。

锦纶的大分子主链是由碳原子和规律相间的氮原子构成，主链上无侧基，容易形成结晶。相邻大分子间和大分子内部可借羰基和亚氨基生成氢键。

锦纶的聚集态结构也与涤纶相似，为折叠链和伸直链晶体共存的体系。

由于锦纶大分子易形成氢键，故其比涤纶分子容易结晶，常规速度纺丝的初生涤纶是无结晶的，而锦纶 66 在纺丝过程中即结晶，锦纶 6 在纺丝后的放置过程中发生结晶。在锦纶的后加工中，锦纶受到拉伸和热处理，使纤维的取向度大大提高，进一步形成结晶。锦纶的结晶度为 50% ~60%，最高可达 70%。

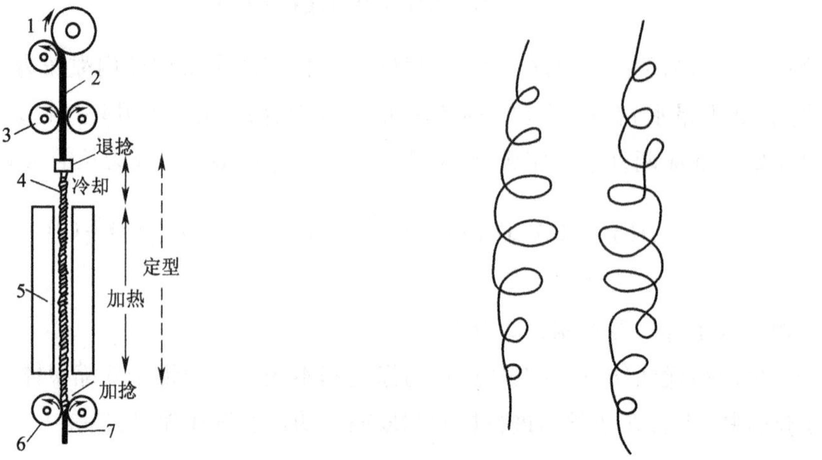


(a) 假捻变形纱加工机工作示意图　　(b) 假捻变形纱中长丝转移螺旋换向的几何形状图

图 5-8　假捻法加工示意图

1—卷取筒子　2—变形纱　3—输出辊　4—加捻管

5—加热器　6—喂入辊　7—原纱

在冷却成型和拉伸过程中，由于纤维内外所受的温度不一致，使锦纶具有皮芯结构，一般皮层较为紧密，取向度较高而结晶度较低，芯层则取向度较低而结晶度较高。

## 三、锦纶的性能

锦纶与涤纶都具有良好的结晶性，两者在热性能、机械性能等方面有许多相似之处。

### 1. 热性能

锦纶和涤纶一样，也是一种热塑性纤维。在上节讨论中已知，锦纶的耐热性较好而热稳定性较差。锦纶的热性能见表 5-3。

表 5-3　锦纶的热性能

| 热　性　能 | | 锦纶 6 | 锦纶 66 |
|---|---|---|---|
| 玻璃化温度(℃) | | 50～75 | 40～60 |
| 软化点(℃) | | 160～180 | 235 |
| 熔点(℃) | | 215～220 | 250～265 |
| 定型温度(℃) | 热空气 | 190 | 220 |
| | 蒸汽 | 127 | 130 |
| 耐最高熨烫温度(℃) | | 150 | 180 |
| 耐最高洗涤温度(℃) | 采用热空气定型时 | 30 | 60 |
| | 采用蒸汽定型时 | 72 | 90 |
| 最高安全使用温度(℃) | | 90～95 | 128～130 |

锦纶的热稳定性不太好。进行热处理时，若无氧气存在，锦纶的强度损失很小。在隔绝空气的情况下，锦纶可被熔融而不发生明显的降解，它发生明显热裂解的温度为 300～315℃。在 100℃以下有氧气和水分存在时，锦纶所受到的氧化作用也不明显，它在空气中的最高使用温度是 100～110℃，高于 120℃该纤维即发生明显的氧化裂解，强度损失明显，150～185℃时，裂解变得极为迅速。此外，温度升高还会使锦纶收缩，当温度接近熔点时，纤维在严重收缩的同时会泛黄。

**2. 机械性能**

锦纶的机械性能和涤纶一样，这除了与分子结构有关外，还取决于生产过程中的工艺条件。因此，可以根据需要制成高强（0.96cN/tex）低伸（18%）或低强（0.47cN/tex）高伸（45%）的纤维。图 5－9 为一些合成纤维的应力—应变曲线。

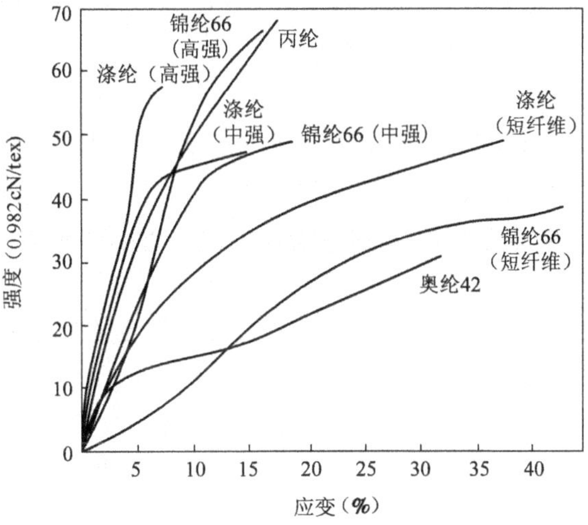


图 5－9　一些合成纤维的应力—应变曲线

锦纶的优点是强度高。锦纶短纤维的强度为 0.41～0.60cN/tex，一般纺织用长丝的强度为 0.43～0.65cN/tex，特殊用途的高强力丝的强度可达 0.75～1.04cN/tex。锦纶大分子具有较高的柔性，分子间又有许多氢键，在纺丝过程中受到拉伸时，可大大提高取向度和结晶度，因此锦纶的强度比涤纶高。高强度的锦纶是用于制作绳索、渔网之类的好材料。但锦纶在湿态时的强度稍有降低，一般情况下其湿态强度损失 10%～15%。

锦纶的另一优点是回弹性好。锦纶大分子结构中具有大量的亚甲基（—$CH_2$—），在松弛状态下，纤维大分子易处于无规则的卷曲状态，当受外力拉伸时，分子链被拉直，长度明显增加。外力取消后，由于氢键的作用，被拉直的分子链重新转变为卷曲状态，表现出高伸长率和良好的回弹性。实验表明，当锦纶的伸长率为 3%～6%时，其回弹率为 100%；伸长率为 15%时，回弹率为 82.6%。在所有的天然纤维及化学纤维中，锦纶的回弹性最高。

由于锦纶的强度高、回弹性好，所以锦纶是所有天然纤维和合成纤维中耐磨性最好的纤维。它的耐磨性比羊毛纤维高 20 倍，比棉纤维高 10 倍，适合做袜子、手套等经常受到摩擦的纺织品。若与其他纤维混纺,可提高织物的耐磨性。

**3. 化学性能**

锦纶的耐碱性较强,室温下50%氢氧化钠溶液对它没有影响,在85℃的10%氢氧化钠溶液中浸渍10h,纤维强度只降低5%。锦纶对其他碱及氨水也很稳定。

酸可使锦纶大分子中的酰胺键水解,引起纤维聚合度的降低。在100℃以下水解作用不显著,当温度超过100℃时,水解反应逐渐显著。因此锦纶对酸是不稳定的,对浓的强无机酸尤为敏感。在常温下,质量分数大于10%的硝酸、7%的盐酸、20%的硫酸都能使锦纶发生溶解。有机酸对锦纶的作用比较缓和,草酸、乳酸等较强的有机酸对锦纶有一定影响,甲酸和醋酸对锦纶有膨化作用。

锦纶对氧化剂的稳定性较差。次氯酸钠、双氧水等都能引起纤维大分子链的断裂,使纤维强度降低。用这些氧化剂进行漂白后还易使织物变黄,所以锦纶织物如需要漂白时,一般多采用还原型漂白剂。

**4. 吸湿染色性**

锦纶属于疏水性纤维。因其大分子中含有极性的酰胺基,故吸湿性比涤纶、腈纶要高。但由于酰胺基在锦纶大分子中所占比例不大,同时酰胺基也不是一个亲水性很强的基团,所以锦纶的吸湿性并不太高。在标准状态下,锦纶和其他纤维的吸湿率如表5-4所示。

**表5-4 常见纤维的吸湿率(相对湿度65%,温度20℃)**

| 纤 维 | 吸湿率(%) | 纤 维 | 吸湿率(%) |
|---|---|---|---|
| 棉纤维 | 7~8 | 蚕丝纤维 | 10 |
| 丝光棉纤维 | 12 | 锦纶66 | 4.2 |
| 黏胶纤维 | 12~13 | 锦纶6 | 4 |
| 醋酯纤维 | 6 | 涤纶 | 0.4 |
| 羊毛纤维 | 14 | 腈纶 | 0.9~2.0 |

锦纶吸湿后也会引起纤维的膨化,与一般纤维不同的是,锦纶膨化的异向性很小,纵向与横向的膨化几乎相同,这可能是锦纶的皮层结构限制了截面方向的膨化。

由于锦纶有一定的吸湿性,所以在合成纤维中属于容易染色的。从锦纶分子结构上看,大分子上含有相当数量的亚甲基疏水链,因此可采用疏水性的分散染料染色。另外,锦纶大分子的两端含有氨基和羧基,在酸性介质中带有正电荷,可用酸性染料染色,在碱性介质中带有负电荷,可用阳离子染料染色。

**5. 其他性能**

锦纶的相对密度为1.04~1.14,比棉花轻35%,比黏胶纤维轻25%。锦纶的保形性不好,做成的服装不如涤纶挺括,易于变形。锦纶的耐光性不好,长时间的日光照射会使织物泛黄,而且强度下降。锦纶的燃烧性能与涤纶相似,只是因为含有酰胺基,燃烧时带有氨的臭味。

# 第四节　腈纶

腈纶（PAN）是我国市场上聚丙烯腈纤维（polyacrylonitrile fiber，acrylic fiber，polyacrylic fiber）的商品名称，通常由85%以上的丙烯腈和其他单体的共聚物组成。如共聚物中丙烯腈的含量在35%～85%之间，则称为改性腈纶。国外名称有奥纶、开司米纶、亚力克等。

腈纶是合成纤维的主要品种之一，产量仅次于涤纶和锦纶。腈纶质轻保暖，弹性较好，许多性能极似羊毛纤维，故被称为“合成羊毛”。在我国腈纶已成为重要的仿毛纺织材料，用途十分广泛。毛纺工业中以腈纶为原料制成的纺织品有绒线、绒毯、人造毛皮、纯腈纶或腈纶混纺面料、装饰品及针织产品等。

## 一、腈纶的组成

腈纶是以丙烯腈为主要组分的共聚物。纯聚丙烯腈的聚合物纺丝困难、机械性能差、染色性不佳，故不利于染整加工及穿着服用的要求。为改善腈纶的性能，常在聚合时以丙烯腈为主，加入其他单体与之共聚，使上述缺点得到改善。

国内生产的腈纶基本上采用三种单体进行共聚，第一单体为丙烯腈，它是组成聚丙烯腈纤维的主体；第二单体通常为含酯基的乙烯基，它可破坏聚丙烯腈大分子的规整性，降低大分子间作用力，改善纤维的手感和弹性；第三单体为染色单体，它用于提供染色基团，改善纤维的染色性及亲水性。

能与丙烯腈共聚的第二、第三单体很多，这三种单体在共聚分子链上的分布也是随机的。当共聚单体的品种和用量不同时，可得到不同的聚丙烯腈纤维。不同的生产厂商提供的聚丙烯腈纤维的化学组成也有差别。表5－5为主要聚丙烯腈纤维的商品名称和化学组成。

**表5－5　主要聚丙烯腈纤维的商品名称和化学组成**

| 商品名称 | 化学组成 | | |
|---|---|---|---|
| | 第一单体 | 第二单体 | 第三单体 |
| 腈纶（兰州产） | 丙烯腈 | 丙烯酸甲酯 | 衣康酸钠盐 |
| 腈纶（金山产） | 丙烯腈 | 丙烯酸甲酯 | 丙烯磺酸钠 |
| 爱克斯纶（日本） | 丙烯腈 | 丙烯酸甲酯 | 甲基丙烯磺酸钠 |
| 奥纶42（美国） | 丙烯腈 | 丙烯酸甲酯 | 苯乙烯磺酸钠 |
| 开司米纶（日本） | 丙烯腈 | 丙烯酸甲酯 | 异丁烯磺酸钠 |
| 阿克利纶（美国） | 丙烯腈 | 醋酸乙烯酯 | 乙烯吡啶 |
| 特拉纶（德国） | 丙烯腈 | 甲基丙烯酸甲酯 | 甲基丙烯磺酸钠 |

## 二、腈纶生产简介

**1. 纺丝原液的制备**

制备丙烯腈共聚物的纺丝原液，常采用溶液聚合法，即在硫氰酸钠水溶液中，以偶氮二异丁腈为引发剂，使三种单体的双键打开，发生聚合反应。

以丙烯腈、丙烯酸甲酯和丙烯磺酸钠为原料进行三元共聚的总反应可表示如下。

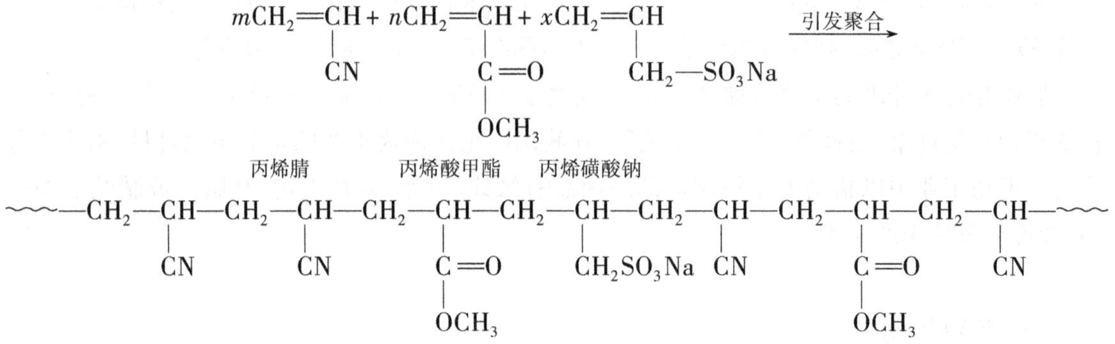


三元共聚物(3 种单体在大分子链中的排列是随机的)

聚合后所得溶液可直接用于纺丝。

**2. 纺丝方法**

聚丙烯腈纤维一般采用湿法纺丝或干法纺丝，两种方法的主要优缺点比较见表 5 -6。

**表 5 -6　湿法纺丝和干法纺丝主要优缺点的比较**

| 湿法纺丝 | 干法纺丝 |
|---|---|
| 纺丝速度较低，第一导辊线速度为 5 ~ 10m/min，最高不超过 50m/min | 纺丝速度较高，一般为 100 ~ 300m/min，最高可达 600m/min |
| 喷丝头孔数可达 10 万孔以上 | 喷丝头孔数少，一般 200 ~ 300 孔 |
| 适于纺短纤维，纺长丝效率低 | 适于纺长丝，也可纺短纤维 |
| 成型过程较剧烈，纤维内易形成孔洞 | 成型过程缓和，纤维内部结构均匀 |
| 纤维的物理—机械性能及染色性能不如干法好 | 纤维物理—机械性能及染色性能较好 |
| 似羊毛，适宜做仿毛织物 | 长丝外观手感似蚕丝，适宜做轻薄仿真丝绸织物 |
| 溶剂回收较复杂 | 溶剂回收简单 |
| 纺丝设备较简单 | 纺丝设备较复杂 |
| 溶剂挥发较多，劳动条件较差 | 设备密闭性要求高，溶剂挥发少，劳动条件较好 |
| 占地面积较大 | 流程紧凑，占地面积小 |
| 有多种溶剂可供选择 | 只能使用二甲基甲酰胺(DMF)为溶剂 |

湿法纺丝是聚丙烯腈纤维采用的重要纺丝方法。在湿法纺丝过程中，纺丝原液由喷丝孔挤出，进入凝固浴，使纤维凝固成型，称为初生纤维或初生丝。

干法纺丝也是聚丙烯腈纤维采用的纺丝方法之一，其凝固介质为热空气。腈纶的干法纺丝发展较快，目前由干法纺丝得到的纤维产量约占总产量的 25% ~30% 。

腈纶的初生纤维由于其内部含有溶剂，凝固得不够充分，故必须经过一系列后处理方能使用。腈纶长丝的后处理主要包括拉伸、水洗、上油、干燥、热定型等，腈纶短纤维除上述后处理外，还要进行卷曲、切断等工序。腈纶短纤维可制成棉型、毛型或中长纤维。

## 三、腈纶的结构

**1. 腈纶的形态结构**

在光学显微镜下观察，腈纶的纵向表面有沟槽，呈树皮状。湿法纺丝生产的腈纶，其横截面基本上是圆形的，而干法纺丝生产的腈纶的横截面呈哑铃形，如图 5－10 所示。

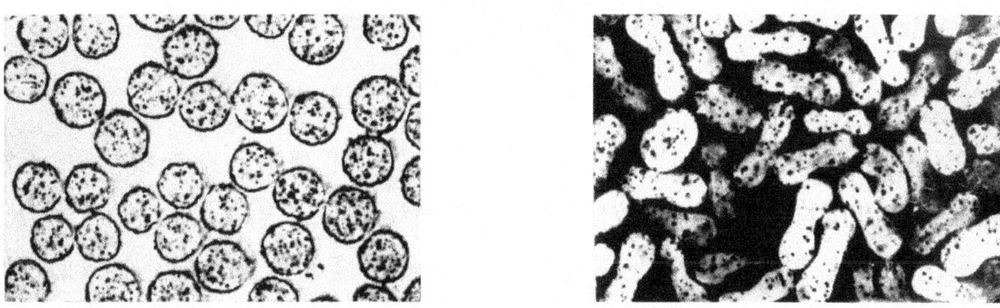

(a) 湿法纺丝生产的腈纶的横截面　　(b) 干法纺丝生产的腈纶的横截面

图 5－10　腈纶的横截面形状示意图

湿法纺丝生产的腈纶，其结构中存在着微孔。共聚体的组成、纺丝成型条件等会影响纤维内部微孔的形成与状态，而微孔的大小和多少又会影响到纤维的机械及染色性能。

为使腈纶在形态结构上与羊毛纤维更加类似，可生产具有双边结构的腈纶复合纤维，它是将两种不同的丙烯腈共聚物同时从喷丝头喷出，凝固成丝。由于复合纤维中两种共聚物的内应力不同，受热时收缩性不一样而形成卷曲，这与羊毛的正、偏皮质结构相似，故可使腈纶具有类似羊毛卷曲的性质。

**2. 腈纶的分子结构**

腈纶的主要组成物质为丙烯腈，所以腈纶大分子以聚丙烯腈表示：

$$\left[ CH_2 - \underset{\displaystyle CN}{\underset{|}{CH}} \right]_n$$

从以上结构式可以看出：

(1)腈纶大分子为碳链结构，化学稳定性较好；

(2)腈纶大分子的规整性好，分子结构紧密；

(3)大分子链中的氰基(—C≡N)为强极性基团，碳、氮原子之间的电子云密度分布极不均匀，使腈纶大分子间形成氢键，并通过氰基的偶极间相互作用，如图 5－11 所示。

腈纶大分子间依靠范德华力、氢键、偶极作用结合，形成很强的分子间力，同一大分子上的氰基因极性相同而互相排斥，相邻大分子间因氰基极性相反而互相吸引，这样使大分子链呈螺旋状构象，第二、第三单体的加入使这种构象更不规则，这使得腈纶在分子结构上类似

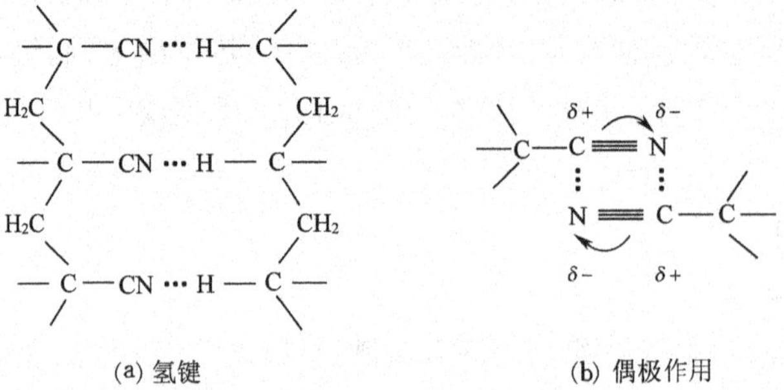


图 5－11 腈纶大分子间的相互作用力示意图

羊毛纤维。

**3. 腈纶的超分子结构**

腈纶的超分子结构与涤纶、锦纶不同，由于大分子链呈不规则的螺旋状构象，无法整齐排列，不易形成结晶，但它的无定形区在拉伸过程中，排列规整度又较高。所以腈纶大分子为侧向二维有序而纵向无序的结构，又称为准晶态结构，可用侧序度的概念来描述。按照腈纶超分子结构中大分子排列的规整度，分为高侧序度、中侧序度和低侧序度三部分，高侧序度部分又称为准晶区或蕴晶区（图 2－8）。

## 四、腈纶的性能

**1. 热性能**

腈纶与涤纶、锦纶同属热塑性纤维，但准晶态结构使其具有以下特性。

（1）具有两个玻璃化温度。由于聚丙烯腈的准晶态结构，使其具有两个玻璃化温度：低侧序区 $T_{g1}$ 为 80～100℃，高侧序区 $T_{g2}$ 为 140～150℃。加入第二、第三单体后，降低了纤维的侧序度，使两个玻璃化温度相互接近，约为 75～100℃。当染整加工中有较多水分或膨化剂存在时，$T_g$ 为 75℃左右。玻璃化温度对腈纶制品的染整加工有着重要意义，染色和印花时的固色温度应控制在玻璃化温度以上。

（2）耐热性较好。聚丙烯腈大分子没有明显的结晶区和无定形区，所以没有明显的熔点。它的软化温度范围较宽，在 190～240℃之间，故腈纶的耐热性较好。在 150℃热空气中短时间放置，腈纶强度不受影响，放置 20h，其强度下降不到 5%。不同的纤维品种，其耐热性能有所不同。

（3）热稳定性较差。腈纶的准晶态结构造成纤维的热稳定性较差。利用这一特点，可制造出人们喜爱的“膨体纱”。以下是制造膨体纱的简要原理及过程。

在玻璃化温度以上对腈纶进行拉伸时，螺旋状大分子能沿受力方向运动，使得纤维伸长，此时纤维内大分子处于能量较高的不稳定状态，若在伸长状态下将纤维迅速冷却固定，会使纤维内具有较大的内应力，纤维有恢复到原来稳定状态的趋势。这种纤维在高温下且不受外力作用时，收缩变形较大。这种在热的作用下能产生较大收缩的纤维称为高收缩纤维。

将高收缩纤维 A 与普通纤维 B 按一定比例混合纺纱，混纺纱在 100℃以上蒸汽或沸水中进行热松弛处理，高收缩纤维就会收缩而迫使普通纤维弯曲，呈波浪状浮在纱线表面（图 5 - 12），使纱线变得蓬松、丰满、柔软，人们称之为“膨体纱”。

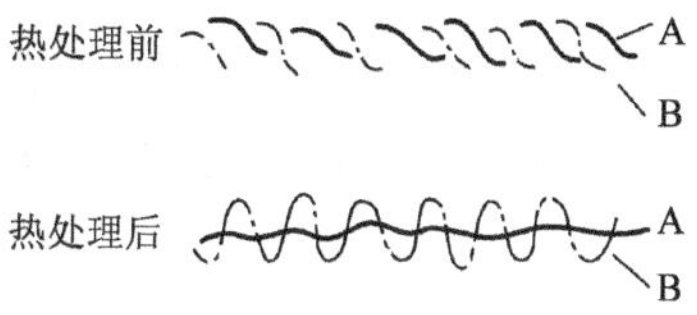


图 5 - 12 膨体纱热处理前后的形态

**2. 机械性能**

腈纶的强度虽不如涤纶和锦纶，但比羊毛纤维要好，其强度约高出羊毛纤维的 1 ~ 2.5 倍。所以用腈纶做的服装、毛线比纯毛的结实。毛型腈纶的干态断裂强度为 17.6 ~ 30.87cN/tex，棉型腈纶的干态断裂强度为 29.1 ~ 31.75cN/tex，湿态断裂强度为干态断裂强度的 80% ~ 100%。腈纶在湿态下强度降低的原因，是由于腈纶中的第三单体含有亲水性基团，可使纤维在水中发生一定的溶胀，造成大分子间作用力减弱。

腈纶的伸长率很高，干态伸长率一般为 25% ~ 46%，毛型腈纶的伸长率应高于棉型腈纶，纤维的伸长率可以通过纺丝后的拉伸、热处理工艺加以控制。其伸长率要求和所混纺的纤维相近似，以使混纺纱线能均匀承受应力。

腈纶的初始模量为中等水平，比涤纶低但比锦纶短纤维高，因此它的硬挺度介于这两种纤维之间。

腈纶的回弹性也相当高，当伸长 3% 时，除去外力后在 1min 内可回复至 90% ~ 95%。腈纶的回弹性在伸长较小时与羊毛相差不大，如当伸长 2% 时，腈纶回弹率为 92% ~ 99%，羊毛为 99%。但在服用试验中，羊毛多次循环负荷的回弹性优于腈纶，穿着不易变形。为提高腈纶的弹性，多采用复合法纺丝，用两种收缩性质不同的组分纺制复合纤维，以获得永久性的螺旋卷曲纤维。

**3. 吸湿和染色性能**

腈纶的吸湿性很小，在温度 20℃、相对湿度 65% 的标准状态下，腈纶的吸湿率为 1.0% ~ 2.5%。加入第二、第三单体后，降低了纤维的规整性，使纤维带有亲水性基团—COONa、$—SO_3Na$，吸湿性有很大改善。

均聚的聚丙烯腈纤维很难染色，引入含有亲染料基团的第三单体与丙烯腈共聚，可为染料提供“染座”，改善纤维对染料的亲和力，大大提高染料与纤维的结合能力。

**4. 化学性能**

聚丙烯腈纤维属于碳链高分子化合物，其大分子主链对酸、碱等化学试剂的稳定性都比较好，一般浓度的酸和碱对腈纶的降解影响不大，但是能使其侧氰基发生水解。氰基在酸、碱的催化作用下，先水解生成酰胺基，进一步水解生成羧基。在水解反应中，氢氧化钠的催化作用比硫酸强，水解的结果使聚丙烯腈转变为可溶性的聚丙烯酸而溶解。如在 50g/L 的氢氧化钠溶液中沸煮 5h，纤维将全部溶解。水解反应过程如下：

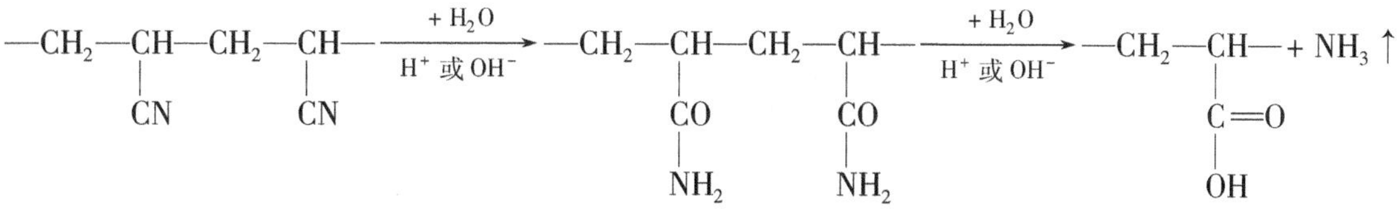

腈纶在碱中的稳定性要比在酸中差得多，碱性稍强一些的试剂除能使纤维水解外，还能使纤维的色泽发生变化，这是因为聚丙烯腈碱性水解时释出的 $NH_3$ 与未被水解的氰基反应生成脒基，而该基团是发色基团，产生黄色。故腈纶在强碱条件下处理容易发黄，且色泽变暗。化学反应如下：

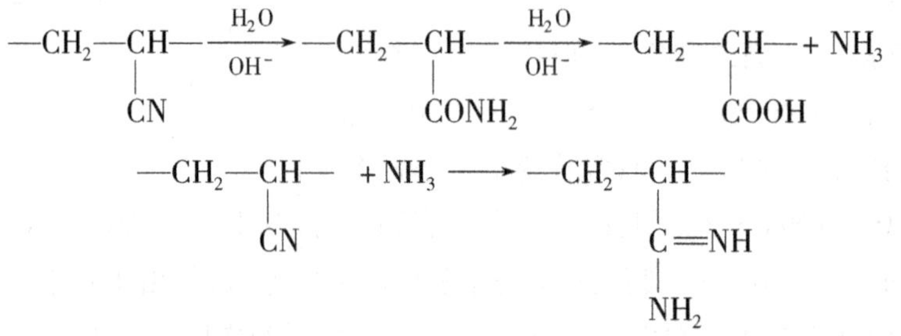

适当控制上述反应中氰基的水解程度，使腈纶大分子上带有一定量的酰胺基、羧基，可改变腈纶的化学性能，提高其吸湿性和染色性。

聚丙烯腈纤维对常用的氧化性漂白剂稳定性良好，在适当的条件下，可使用亚氯酸钠、过氧化氢对其进行漂白。对常用的还原剂，如亚硫酸钠、亚硫酸氢钠、保险粉也较稳定，所以与羊毛混纺时可用保险粉漂白。

聚丙烯腈纤维一般不溶于醇、醚、酯、酮及油类等溶剂，但可溶于二甲基酰胺、二甲基亚砜。

**5. 其他性能**

腈纶的相对密度与锦纶接近，一般为 1.12 ~ 1.17，约比羊毛轻 10%，比棉轻 20%。经适当热处理后的腈纶，随纤维取向度的增加，相对密度会增至 1.2 ~ 1.24。

腈纶的耐光性与耐气候性，除含氟纤维外，是目前一切天然纤维和化学纤维中最好的。实验证明，将下列几种纤维同样放在室外暴晒一年，锦纶、黏胶纤维及蚕丝的强度完全破坏，棉布强度下降 95%，而腈纶的强度仅下降 20%。因此，腈纶特别适宜制作各种室外用品，如按不同比例与棉、羊毛或黏胶纤维混纺制成各种花呢、哔叽、人造毛皮、工作服、军用帐篷、窗帘、伞布等。

腈纶还具有优良的耐霉、耐菌、耐虫蛀的性能。有试验表明，腈纶在湿热（31℃，相对湿度 97%）土壤中埋半年没有发生变化，而羊毛和棉帆布仅埋 10 天就完全腐烂了。腈纶具有优良的耐光、耐气候性及防霉、防腐性，是因为大分子中含有氰基的缘故。棉纤维如采用丙烯腈接枝或氰乙基化处理后，也可大大改善其耐光、防霉、防腐性能。

腈纶靠近火焰即发生收缩，接触火焰迅速燃烧，离开火焰继续燃烧，燃烧时冒黑烟。由于腈纶在熔融前已发生分解，形成的熔珠是松而脆的黑色小球，易碎。腈纶燃烧时会产生 NO、$NO_2$、HCN 以及其他氰化物等有毒物质，在大量纤维燃烧时应特别注意。腈纶织物不会由于火星（烟灰、电火花等）溅落在其上而熔成小孔。

## 第五节 丙纶

丙纶（PP）是聚丙烯纤维（polypropylene fiber）的国内商品名称。国外商品名称为梅拉克纶(Meraklon)。丙纶于1957年开始工业化生产,由于其吸湿性和染色性很差,因此主要用它生产捆扎用的聚丙烯膜裂纤维,并由薄膜原纤化制得纺织用纤维及地毯用纱等产品。进入20世纪70年代,纺丝工艺及设备的改进,非织造布的出现和迅速发展,使聚丙烯纤维的发展与应用有了广阔的前景。1992年,世界聚丙烯产量为1276万吨,聚丙烯纤维产量已近300万吨。目前我国聚丙烯的生产能力已达百万吨以上,丙纶产量约为22.5万吨,其产量仅次于腈纶。聚丙烯的产品主要有普通长丝、短纤维、膜裂纤维、膨体长丝、烟用丝束、工业用丝、纺粘和熔喷法非织造布等。

## 一、丙纶生产简介

聚丙烯的分子结构有全同、间同和无规三种(见第二章第二节),目前生产的丙纶为全同立构聚合物。聚丙烯的合成是以丙烯为原料,在烷烃溶液中进行定向聚合,用三氯化钛或卤化烷基铝为催化剂,聚合温度为50~70℃,在5~10个大气压[1]下进行,反应表示如下:

$$n\mathrm{CH_2{=}\underset{\displaystyle CH_3}{\underset{|}{CH}}} \longrightarrow \left(\mathrm{CH_2{-}\underset{\displaystyle CH_3}{\underset{|}{CH}}}\right)_n$$

丙纶短纤维的聚合度一般控制在1 000~2 000,长丝聚合度可提高到5 000左右。聚合物的等规度一般为85%~97%,熔点为164~170℃。

聚丙烯多采用熔体纺丝法制取长丝和短纤维,纺丝过程与涤纶、锦纶相似。由于成纤聚丙烯分子量大,使熔体黏度较高,流动性差,对喷丝不利,所以纺丝温度要比聚丙烯熔点高50~130℃,即实际熔体温度为260~300℃左右。

纺丝后的长丝制品要经过拉伸、加捻和热定型。丙纶在冷却成型过程中的结晶速度较快,故拉伸时要严格控制温度,冷却温度要比涤纶和锦纶低,以防止其结晶度过大,到后加工时牵伸难以进行。因为丙纶的吸湿性很低,对湿度条件要求可不像锦纶那样严格。纺丝后进行拉伸、热定型等,再按棉型或毛型纤维的不同要求,切成短纤维。

## 二、丙纶的结构

### 1. 丙纶的形态结构

聚丙烯纤维通常由熔体纺丝法制成,一般情况下,纤维纵向光滑、无条纹,横截面呈圆形。也有纺制成异形纤维和复合纤维的。

### 2. 丙纶的分子结构

从构型上看,全同聚丙烯为有规则的重复单元,—$CH_3$ 侧基在分子链受拉伸时有规律地排列于主链平面的同一侧或两侧,具有较高的立体规整性,这种规则的结构很容易结晶。从全同聚丙烯的X射线衍射图像分析,它的分子链呈立体螺旋构型。

---

[1] 1大气压=101.3kPa。

**3. 丙纶的晶体结构**

全同聚丙烯的结晶结构有五种，即 α、β、γ、δ 和拟六方变体。最常见的晶体属于单晶体系（α 变体），其晶格参数为：$a=0.665\text{nm}$，$b=2.096\text{nm}$，$c=0.650\text{nm}$，$c$ 轴由 3 个基本链节组成，$\beta=99°12'$，如图 5－13 所示。

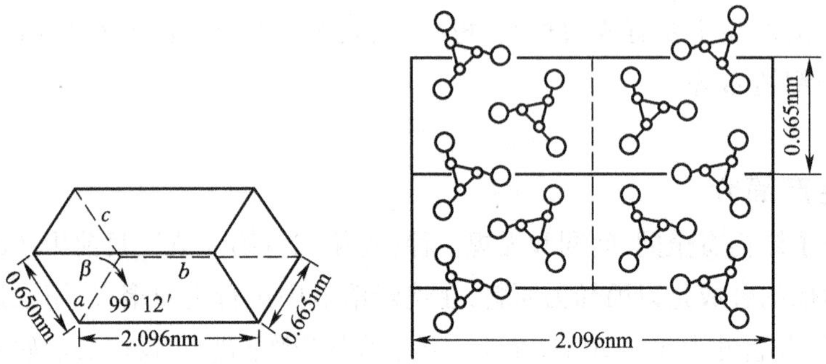


图 5－13　全同聚丙烯 α 变体的晶体结构图

丙纶的超分子结构可采用“折叠链缨状微原纤”理论及模型来解释。

丙纶初生纤维的结晶度约为 33%～40%，经拉伸后，结晶度上升至 37%～48%，再经热处理，结晶度可达 65%～75%。

## 三、丙纶的性能

**1. 耐热性**

丙纶是一种热塑性纤维，其热性能参数见表 5－7。

**表 5－7　丙纶的某些热性能参数**

| | | | |
|---|---|---|---|
| 玻璃化温度(℃) | －15 | 比热容[J/(g·℃)] | 1.88 |
| 熔点(℃) | 165～173 | 导热率[J/(cm·℃·s)] | $8.8\times10^{-4}$ |
| 软化点(℃) | 比熔点低 10～15℃ | 体膨胀系数($K^{-1}$) | $3.5\times10^{-4}$ |

丙纶的熔点较低(165～173℃)，软化点比熔点要低 10～15℃，故其耐热性差，在染整加工及使用过程中，应注意控制温度，以免发生塑性形变。

丙纶与锦纶相似，在高温时容易氧化，故纤维的热稳定性较差。尤其在高温并有空气存在时，纤维的氧化裂解加快，聚合度降低，强度损失明显。这种氧化作用在丙纶的纺丝过程中、纤维的加工和使用过程中都会发生，直接影响到纤维的结构和性能。为提高丙纶的稳定性，在纺丝时可加入一定量的抗氧化剂，常用的有苯酚、芳香胺的衍生物和含硫化合物（如硫醇、硫醚、磺酰苯酚、二硫代磷酸盐等）。

**2. 机械性能**

丙纶具有很好的强度，一般丙纶短纤维的强度为 35.28～52.92cN/tex，如果纺制成高强度聚丙烯纤维，其强度可达74.97cN/tex，这一数值比涤纶和锦纶要高。丙纶的吸湿度极低，因此，干、湿强度和断裂强度几乎相等，这一点更优于锦纶，特别适于制作渔网、绳索和滤布等。

丙纶的强度随温度的降低而增加，随温度的升高而下降，其下降的程度超过了锦纶。在室温下，设丙纶和锦纶66的强度为100%，纤维的强度与温度的变化关系如图5-14所示。由于丙纶的熔点低，在高温时强度下降更多，在染整加工时应引起足够重视。

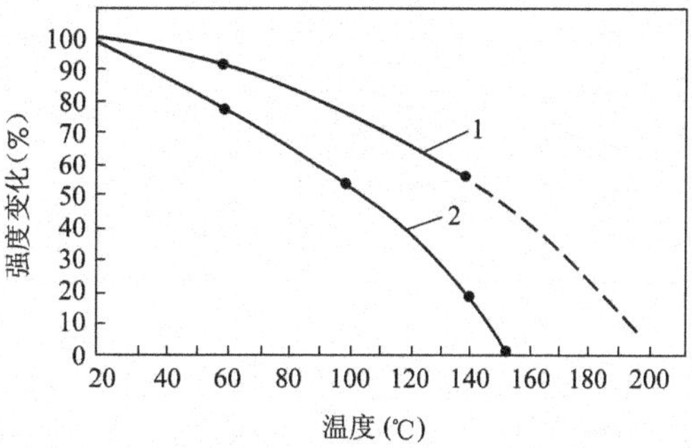


图5-14 丙纶和锦纶66的强度与温度关系曲线图

1—锦纶66 2—丙纶

丙纶的断裂伸长率可根据不同产品的要求，在15%～35%之间进行选择。丙纶的强度和伸长率与加工工艺有关，丙纶的主要机械性能见表5-8。

**表5-8 丙纶的主要机械性能**

| 性能指标 \ 纤维品种 | 长丝 | 短纤维 |
|---|---|---|
| 干、湿强度(cN/tex) | 0.55～0.76 | 0.43～0.66 |
| 断裂伸长率(%) | 15～35 | 20～35 |
| 初始模量(dN/tex) | 46～136 | 23～63 |
| 沸水收缩率(%) | 0～5 | 0～5 |
| 回潮率(%) | <0.03 | <0.03 |

丙纶的弹性很好。其弹性模量可达793.8cN/tex，比锦纶高，故在较小形变时丙纶的急弹性较好。在伸长3%时，丙纶的弹性回复率可达96%～100%。因此丙纶做的服装不仅结实耐穿，而且外观挺括，尺寸稳定。丙纶、锦纶66和腈纶的形变回复性能比较见表5-9。

**表5-9 丙纶、锦纶66和腈纶的形变回复性能比较**

| 指标 \ 纤维品种 | | 丙纶 | 锦纶66 | 腈纶 |
|---|---|---|---|---|
| 伸长率5% | 急弹性回复率(%) | 38.4 | 17.2 | 20.8 |
| | 缓弹性回复率(%) | 61.6 | 82.8 | 73.7 |
| | 永久变形率(%) | 0 | 0 | 5.5 |
| 伸长率10% | 急弹性回复率(%) | 29.4 | 14.7 | 11.8 |
| | 缓弹性回复率(%) | 64.2 | 19.9 | 56.4 |
| | 永久变形率(%) | 6.4 | 5.4 | 31.8 |

续表

| 指标 \ 纤维品种 | | 丙　纶 | 锦纶 66 | 腈　纶 |
|---|---|---|---|---|
| 伸长率 15% | 急弹性回复率(%) | 27.5 | 14.4 | 9.2 |
| | 缓弹性回复率(%) | 61.7 | 71 | 49.0 |
| | 永久变形率(%) | 10.8 | 14.6 | 41.8 |

丙纶的强度高,断裂伸长率和弹性都好。因此,丙纶的耐磨性也很好,尤其是耐反复弯曲的寿命长,优于其他的合成纤维,在断裂角为 175°时可经受反复挠曲 20 万次。用 30% 丙纶与棉纤维混纺,可使织物的耐曲磨性提高 10 倍。丙纶的耐平磨性能也很好,与涤纶接近,但比锦纶差一些。丙纶是制造耐摩擦的绳索和袜子的良好材料。

**3. 吸湿性和染色性**

在合成纤维中,丙纶的吸湿性和染色性是最差的。由于聚丙烯大分子上没有亲水性基团,纤维的微结构紧密,所以它的吸湿率低于 0.03%,可以说在标准状态下几乎不吸湿。因此用于服装面料时,丙纶常与吸湿性高的纤维混纺。

丙纶大分子的规整性高,结晶度高,且丙纶大分子中无极性基团和可反应基团,缺乏染座,故染色很困难,普通的染料均不能使其着色。采用分散染料染色,只能得到很淡的颜色,且染色牢度很差。改善丙纶染色困难的方法有以下三种:

(1)采用与丙烯酸、丙烯腈、乙烯基吡啶等共聚或接枝共聚的方法,在聚合物上引入可接受染料的基团。

(2)当熔体挤出时,在聚合物中混入少量染料接受剂,一般引入有机金属化合物或阳离子有机氮化合物。

(3)在纺丝时加入着色剂,包括熔体着色和母粒着色。

**4. 化学性能**

丙纶是碳链高分子化合物,且不含极性基团,耐酸、碱及其他化学药剂的稳定性优于其他合成纤维。但丙纶对有机溶剂的稳定性稍差,见表 5-10。

**表 5-10　丙纶的化学稳定性(20℃)**

| 试　剂 | | 浓度(%) | 保留强度(%)(4 个月后) |
|---|---|---|---|
| 酸 | 盐酸 | 34 | 100 |
| | 硝酸 | 66 | 100 |
| | 硫酸 | 94 | 100 |
| | 蚁酸 | 75 | 100 |
| | 冰醋酸 | — | 100 |
| 碱 | 氢氧化钾 | 40 | 90 |
| | 氢氧化钠 | 40 | 90 |

续表

| 试剂 | | 浓度(%) | 保留强度(%)(4个月后) |
|---|---|---|---|
| 溶剂 | 三氯乙烯 | — | 80 |
| | 四氯乙烯 | — | 80 |
| | 甲苯 | — | 85 |
| | 苯 | — | 80 |
| 氧化剂 | 次氯酸钠 | 有效氯5% | 85 |
| | 过氧化氢 | 12(体积) | 90 |

**5. 其他性能**

(1)丙纶的相对密度为0.91,比锦纶轻20%,比涤纶轻30%,比黏胶纤维轻40%,只有棉花质量的3/5,是纺织纤维中最轻的,因此丙纶具有质轻、覆盖性好的优点。

(2)丙纶的导热系数很小,保暖性最好。

(3)丙纶的电阻率很高($7 \times 10^{19} \Omega \cdot cm$),导电率低,具有良好的电绝缘性。

(4)丙纶的耐光性较差,经日光暴晒会发生光敏退化或光氧化作用,使纤维强度下降。为提高其耐光性,纺制纤维时,常在加入抗氧化剂的同时加入紫外线吸收剂,以提高丙纶的抗老化性能。

(5)丙纶耐微生物的侵蚀,不霉不蛀。

(6)丙纶属于可燃性的烃类,但不易燃烧,在火焰中纤维发生收缩、熔化,火焰即可自行熄灭。燃烧时,丙纶形成透明硬块,有轻微的沥青味。

# 第六节 氨纶

氨纶(polyurcthanc fibcr,缩写PU)又叫聚氨酯弹性纤维,其学名为聚氨基甲酸酯(弹性)纤维。国际上也叫Spendex,其主要厂商的商标名有Lycra(美国杜邦公司)、Dorlastan(德国拜尔公司)等。氨纶由美国杜邦公司于20世纪50年代实现工业化生产。

氨纶具有较高的弹性和伸长率,是生产优质弹性织物的重要纺织原料之一。目前,市场上出现了许许多多的氨纶弹性织物,特别是含氨纶的各种针织品,结构多样,功能各异。由于氨纶具有优异的回弹性能,它已得到越来越多的应用,不但广泛用于纺织工业,而且作为功能材料用于医疗领域。

## 一、氨纶的组成及结构

氨纶是以聚氨基甲酸酯为主要组分的嵌段共聚物,其结构式如下:

$$\sim\sim\sim O-\overset{\overset{\displaystyle O}{\|}}{C}-NH-R-NH-\overset{\overset{\displaystyle O}{\|}}{C}-NH-R'-NH-\overset{\overset{\displaystyle O}{\|}}{C}-NH-R-NH-\overset{\overset{\displaystyle O}{\|}}{C}-O\sim\sim\sim$$

式中：R ——芳香二异氰酸酯链；

R′ ——次脂肪族基，如—$CH_2$—$CH_2$—；

～～～——聚酯或聚醚的分子链。

氨纶的嵌段共聚物是由柔性和刚性两种链段组成的。其中柔性链段由非结晶态的聚酯或聚醚组成，占 85% 以上，常温下分子是卷曲的，为氨纶提供刚柔适中的弹性；刚性链段由结晶态的芳香二异氰酸酯组成，它具有多种极性基团（如脲基、氨基甲酸酯基等），可在大分子链间产生横向交联，赋予纤维一定的强度。

氨纶的结构如图 5－15 所示。

在外力作用下，大分子柔性链段的大幅度伸长使纤维产生很大形变，而刚性链段可防止大分子链间的相对滑移，并为回弹提供必要的连接点。

由于氨纶大分子的柔性链段可用聚醚或聚酯组成，故有聚醚型氨纶和聚酯型氨纶两种。

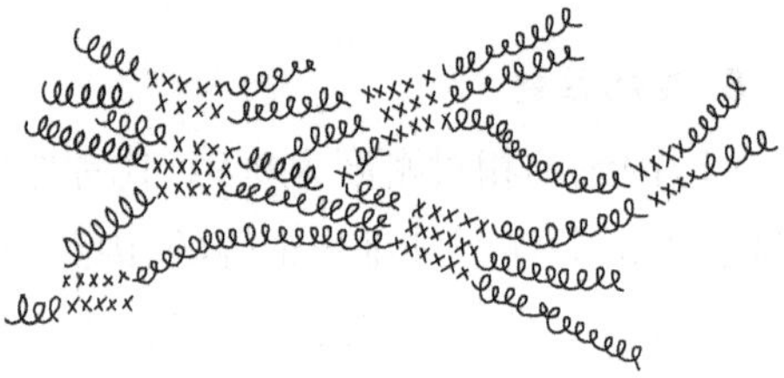

图 5－15　氨纶结构示意图

氨纶长丝的横截面大部分为狗骨形（dog－bone－shaped），一些长丝表面光滑或呈锯齿状。

## 二、氨纶生产简介

### 1. 聚氨酯嵌段共聚物的合成

聚氨酯嵌段共聚物的合成分两步完成。第一步为预聚合，即用 1mol 的聚酯或聚醚与 2mol 的芳香族二异氰酸酯反应，生成分子两端含有异氰酸酯基—NCO 的预聚物。第二步是用低分子量的、含有活泼氢原子的双官能团化合物作链增长剂，与预聚物继续反应，生成分子量在 20 000～50 000 之间的聚氨酯嵌段共聚物。化学反应如下：

$$\underset{\text{二异氰酸酯}}{OCN-R-NCO} + \underset{\text{聚酯或聚醚}}{HO\sim\sim\sim OH} + \underset{\text{二异氰酸酯}}{OCN-R-NCO}$$

$$\downarrow \text{预缩聚}$$

$$OCNRNH-\overset{\overset{\displaystyle O}{\|}}{C}-O\sim\sim\sim O-\overset{\overset{\displaystyle O}{\|}}{C}-HNRNCO\text{（预聚物）}$$

$$H_2N-R'-NH_2 \downarrow \text{链扩展}$$

$$\sim\sim\sim O-\overset{\overset{\displaystyle O}{\|}}{C}-NH-R-NH-\overset{\overset{\displaystyle O}{\|}}{C}-NH-R'-NH-\overset{\overset{\displaystyle O}{\|}}{C}-NH-R-NH-\overset{\overset{\displaystyle O}{\|}}{C}-O\sim\sim\sim$$

### 2. 纺丝方法

氨纶的纺丝方法有四种，即干法纺丝、湿法纺丝、熔体纺丝和反应纺丝。目前，世界上应用最广的为干法纺丝,其产量约占世界氨纶总产量的 80%。

纺丝后得到的初生纤维,特别是由干法纺丝和熔体纺丝得到的初生纤维,表面黏性较大,需采用不同的方法和处理剂对纤维表面进行处理,以降低纤维表面黏性,并改善纤维的润滑性和抗静电性。

针对纤维性能的不同要求还可进行热处理或其他方法的处理,最后可在一般络筒机上将纤维络成筒子。

目前,纺制的氨纶丝最细的为 0.55tex,最粗的为 554.4tex,通常加工的线密度为 4.4～180tex。

通过改变氨纶的生产原料、生产方法或向纤维中添加某些材料来增加纤维的品种。

**3. 氨纶的用途**

氨纶可采用裸丝的形式做纺织原料,也可将裸丝加工成包芯纱、包覆纱、合捻线等,以不同的比例与天然纤维、合成纤维及其他纤维混用,生产机织物或针织物。一般在机织物中,氨纶的混用比占织物质量的 1%～5%;在针织物中,为 5%～10%。氨纶可与其他纤维一起织造多种用途的织物,如体操服、游泳衣、滑雪服、球衣、衬裙、短裤、弹力胸罩、束腰带、弹力劳动布、灯芯绒及各种弹力袜等。

## 三、氨纶的性能

**1. 耐热性**

氨纶的熔点约为 250℃,软化温度为 175℃,优于橡胶丝,在化学纤维中属耐热性较好的,但不同品种氨纶的耐热性差异较大。在 150℃以上时,纤维变黄、发黏、强度下降。由于氨纶多以包芯纱或包覆纱的状态存在于织物中,因此在热定型过程中可采用较高温度(180～190℃),但处理时间不得超过 40s。

**2. 机械性能**

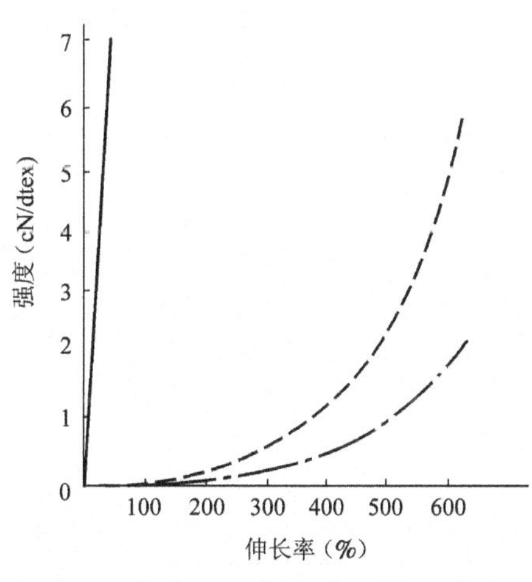


图 5－16　锦纶丝、橡胶丝和氨纶丝的有效强度对比曲线图

—锦纶丝　---氨纶丝　—·—橡胶丝

(1)强度。氨纶的断裂强度,湿态时为 3.5～8.8cN/tex,干态时为 4.4～8.8cN/tex,是橡胶丝的 3～5 倍。当纤维达到最大伸长时,纤维变细,在这个线密度下,测出的强度称为有效强度。氨纶的有效强度可达 52.8cN/tex。

锦纶丝、橡胶丝和氨纶丝的有效强度对比如图 5－16 所示。氨纶丝与橡胶丝的强力伸长曲线如图 5－17 所示。

(2)弹性。氨纶有很大的弹性,其伸长率可大于 400%,甚至高达 800%。而一般锦纶弹力丝的伸长率在 300%左右。氨纶弹力丝的回弹率比锦纶弹力丝好,伸长率为 500%时,其回弹率为 95%～99%,这是锦纶弹力丝难以达到的。

在合成纤维中,氨纶具有优异的回弹性和伸长率，其弹性的获得与锦纶不同。锦纶的弹性伸长率是其受热塑和高假捻作用的结果，而氨纶的高弹性和伸长率是来自氨纶特殊的大分子结构。聚氨基甲酸酯是一种嵌段聚合物，在弹性纤维中聚氨基甲酸酯的线性嵌段占85%以上，为柔性链段，分子量为1 500～3 500，通常情况下不结晶，且具有很低的玻璃化温度，在室温下处于高弹态，拉伸时可以有很大的伸长率和优异的回弹性。而弹性纤维中的刚性链段含有多种极性基团，分子间的氢键和结晶起着大分子链间的物理交联作用。这种聚合物由结晶的刚性链段和非结晶的柔性链段纵横向连接，结合形成一个具有强大的分子间作用力的大分子网状结构。柔性链段呈无规则的缠结状态，通过拉伸，强迫柔性链段变成有规则的状态，取消外力，刚性链段又使其恢复原来的缠结状态。所以氨纶具有高弹力性能和伸长后迅速恢复性能。

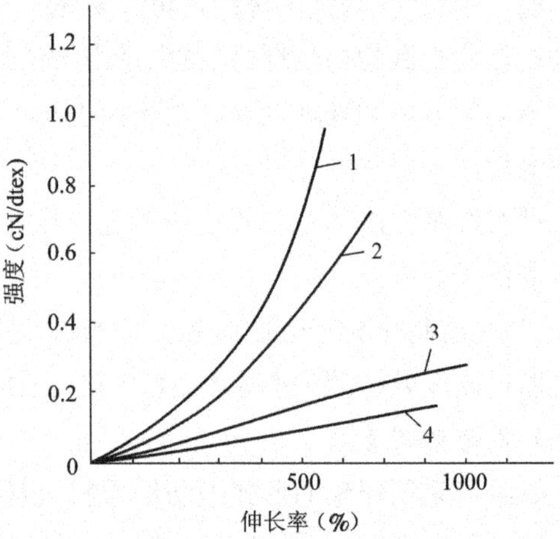


图5－17　氨纶丝与橡胶丝的强力伸长曲线图

1—4.4tex氨纶丝　2—30tex氨纶丝

3—12tex圆橡胶丝　4—12tex角橡胶丝

**3. 化学性能**

氨纶的耐化学药品性能见表5－11。由表可知，氨纶对一般化学药品具有一定的抵抗性，但对氯较为敏感。尽管一般游泳池中消毒用剂的含氯量较低，但长时间作用能使氨纶降解，使其失去弹性和伸长率。这是氨纶的主要缺点之一。故在染整加工时推荐使用过硼酸钠、过硫酸钠等含氧型漂白剂。

**表5－11　氨纶的耐化学药品性能**

| 药品名称 | 浓度(%) | 温度(℃) | 时间(h) | 物理性能变化 | 颜色变化 |
|---|---|---|---|---|---|
| 肥皂液 | 0.5 | 50 | 24 | 无 | 不变 |
| 氯化乙烯 | 100 | 室温 | 0.75 | 无 | 不变 |
| 四氯乙烷 | 100 | 室温 | 0.75 | 无 | 轻微变黄 |
| 硫酸 | 3 | 90 | 1 | 无 | 不变 |
| 烧碱 | 1 | 50 | 24 | 无 | 不变 |
| 双氧水 | 3 | 50 | 24 | 无 | 不变 |
| 亚氯酸钠 | 1 | 50 | 6 | 显著降解 | 变黄 |
| 有效氯 | $5\times10^{-6}$ | 室温 | 一周 | 无 | 不变 |
| 汗(酸、碱) | — | 50 | 24 | 无 | 不变 |
| 海水 | 100 | 室温 | 一周 | 无 | 不变 |

聚醚型氨纶的耐水解性好，聚酯型氨纶的耐碱、耐水解性稍差。

**4. 吸湿、染色性能**

氨纶的吸湿率为0.3%～1.3%，吸湿率的大小主要取决于纤维原料的配方及组成。氨纶的吸湿性优于涤纶和丙纶。

氨纶的染色性能较好，染色加工主要采用分散染料、酸性染料和少量的活性染料。

**5. 其他性能**

氨纶的耐疲劳性好。将氨纶与橡胶丝做拉伸收缩疲劳的比较试验，在50%～300%伸长范围内，每分钟拉伸220次，氨纶可承受100万次不断裂，而橡胶丝只能承受2.4万次。此外氨纶还具有良好的耐气候性。

# 第七节 维纶

维纶是聚乙烯醇纤维(polyvinyl alcohol fiber，PVA Fiber)的中国商品名称。它是由聚乙烯醇线型大分子为原料构成的一种合成纤维的统称。狭义的维纶专指用甲醛处理后的聚乙烯醇缩甲醛纤维(polyvinyl formal fiber)。维纶又称维尼纶(vinylon, vinal)。

在20世纪20年代，聚乙烯醇由德国人研制成功，此后不久便制成纤维，但由于它能溶解于水，不适宜作纺织纤维。直到1939年，日本和朝鲜合作研究成功了聚乙烯醇纤维的热处理和缩醛化方法，使制造出的纤维具有良好的耐热水性能。1950年，不溶于水的聚乙烯醇纤维实现工业化生产。目前，世界上生产维纶的国家有中国、日本、朝鲜等。

维纶的生产以短纤维为主，维纶长丝的生产量不大，也生产少量的可溶性长丝。

维纶短纤维具有棉的风格，故有"合成棉花"之称。在已进行工业化生产的合成纤维中，维纶的吸湿性几乎是最高的。维纶织物穿着比较舒适，其坚牢度优于棉织物，但缺少毛型感。维纶织物的挺括性差，易起折皱、染色性能差，常与棉、毛、黏胶纤维或其他纤维混纺，织成机织物或针织物。由于维纶有染色性差、弹性低等缺点，因而服用发展受到一定限制，一般织制较低档的服用织物。

世界维纶总产量每年仅为10多万吨，但在工农业、渔业等方面的应用却有所增加，用于装饰、产业和功能性纤维的比例也逐渐增大。维纶短纤维和长丝的制品，因其强度高、质量轻、耐摩擦、耐日晒，耐海水腐蚀性好等特点，有着广泛的用途，可制成帆布、缆绳、渔网、轮胎帘子线、过滤材料等。水溶性维纶长丝是维纶的特色品种，具有理想的水溶温度(0～100℃)和强伸度，良好的耐酸、耐碱、耐干热性能，溶于水后无味、无毒，水溶液呈无色透明状，在较短时间内能自然生物降解，是一种很有价值的功能性差别化纤维，除用于外科手术缝合线外，还可供其他用途使用。

## 一、维纶生产简介

**1. 聚乙烯醇的制备**

维纶的原料是聚乙烯醇(PVA)，通常以醋酸乙烯为单体进行聚合，得到聚醋酸乙烯，然后进行醇解而制得聚乙烯醇。反应如下：

$$nCH_2{=}\underset{\displaystyle OCOCH_3}{\underset{|}{CH}} \xrightarrow{\text{引发剂}} \left[ CH_2-\underset{\displaystyle OCOCH_3}{\underset{|}{CH}} \right]_n$$

醋酸乙烯　　　　聚醋酸乙烯

$$\left[ CH_2-\underset{\displaystyle OCOCH_3}{\underset{|}{CH}} \right]_n + nCH_3OH \xrightarrow{NaOH} \left[ CH_2-\underset{\displaystyle OH}{\underset{|}{CH}} \right]_n + nCH_3COOCH_3$$

聚乙烯醇(PVA)

聚醋酸乙烯的醇解,采用氢氧化钠为催化剂,在甲醛溶液中进行反应。供纺丝用的聚乙烯醇聚合度为1700～1800,要求残存的醋酸基在0.2%以下。

**2. 纤维成形**

聚乙烯醇在分解之前没有明显的熔点,故不采用熔融法纺丝。一般采用湿法纺丝生产短纤维,干法纺丝用于生产长丝。湿法和干法的加工过程均包括纺丝液的制备、纺丝及后处理。维纶干法纺丝采用水为溶剂,将聚乙烯醇制成纺丝液,然后通过纺丝和热空气脱水成形。由于很少采用干法纺丝,以下仅对湿法纺丝作简要介绍。

(1)纺丝液制备。水洗精制后的聚乙烯醇溶于水中,经过过滤、脱泡等过程,制成浓度为15%左右的纺丝液。需要时可加入适量的消光剂,生产有色纤维时要加着色剂。

(2)纺丝。纺丝液从喷丝孔喷出后成聚乙烯醇溶液细流,在凝固浴中凝固成纤维。常采用脱水能力较强的硫酸钠或硫酸铵等电解质溶液作凝固剂。纤维在出喷丝孔到拉伸机前,经过导丝盘时,受到初步拉伸。

(3)后处理。后处理过程包括:后拉伸→热处理(定型)→缩醛化→水洗→上油→干燥等。生产短纤维还包括丝束的切断或牵切;生产长丝则需要加捻和络筒等。通常生产聚乙烯醇纤维需要进行缩醛化处理,以进一步提高其耐热水性。但生产某些专用纤维如用于生产帘子布的纤维、水溶性纤维等,则可省去缩醛化工序。

后拉伸是将凝固后的纤维在拉伸机上进行拉伸。在拉伸过程中,纤维大分子在外力作用下沿纤维轴向进行排列,取向度和结晶度都有明显提高。拉伸程度视纤维用途而异,聚乙烯醇纤维所能承受的最大拉伸倍数约为10～12倍。经过拉伸的纤维要在225～240℃进行热处理(热定型),以提高纤维的尺寸稳定性,进一步改善纤维的物理机械性能;热处理还可提高纤维的耐热水性,使纤维能够承受后续的缩醛化处理。

经纺丝、拉伸和热定型后的聚乙烯醇纤维,虽然强伸度已符合要求,但纤维的耐热水性仍较差,在接近沸点的水中其收缩率过大。经缩醛化处理,利用甲醛适当封闭纤维无定形区内的部分羟基,降低纤维的亲水性,提高耐热水性,使原来在水中的软化点(90℃)提高到110～115℃。

所谓水中软化点,是指维纶在热水中产生一定收缩率时的温度。测定时,通常以一定长的丝束,在一定负荷下,在循序升温的水中测定丝束收缩达到规定百分率时的温度。这是表示纤维耐热水程度的常用方法。热定型后半成品的收缩率定为:短纤维8%,长丝5%;缩醛化后成品收缩百分率定为10%。

在缩醛化反应中，以硫酸为催化剂，甲醛为醛化剂，主要在分子内构成相邻羟基的内缩合，极少一部分也发生分子间缩合。反应如下：

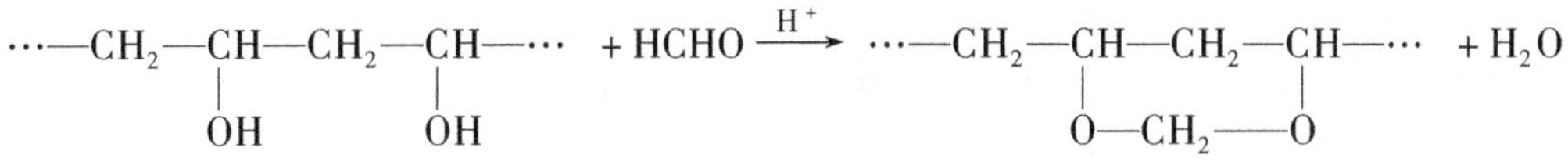

分子内缩合

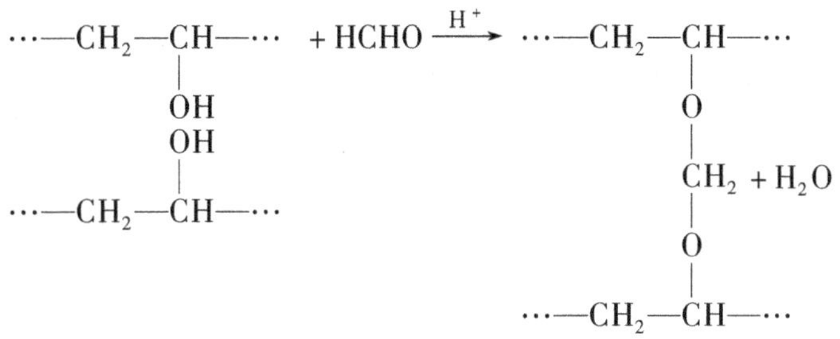

分子间缩合

缩醛化处理的工艺条件为：

| | |
|---|---|
| 甲醛（醛化剂） | 40～75g/L |
| 硫酸（催化剂） | 200～225g/L |
| 硫酸钠（阻溶胀剂） | 0～70g/L |
| 加水合成 | 1L |

以水为介质，70℃处理20～40min。

缩醛化反应的程度常以缩醛度来表示，即聚乙烯醇中参与缩醛化反应的羟基在全部羟基中所占的百分数，通常用摩尔百分数表示。常用的缩醛度测定方法有分解滴定法、增重法等。

聚乙烯醇纤维的缩醛度要求达到30%左右。在缩醛化处理中，纤维还会发生溶胀和松弛，无定形区的分子链段可发生重排，并且对染色性能也有所影响。

## 二、维纶的结构

### 1. 维纶的形态结构

采用湿法纺丝生产的维纶，纵面平直，有1～2根沟槽，纵向表面可以看到梭子形的纵向条纹，长约几个微米，宽度约0.1μm，如图5－18所示。横截面呈腰子形，具有明显的皮芯结构，皮层结构紧密，芯层在凝固浴脱溶剂时形成许多空隙，如图5－19所示。

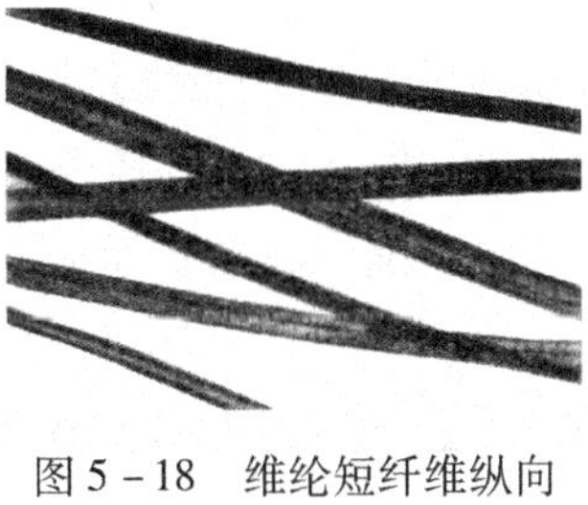

图5－18　维纶短纤维纵向

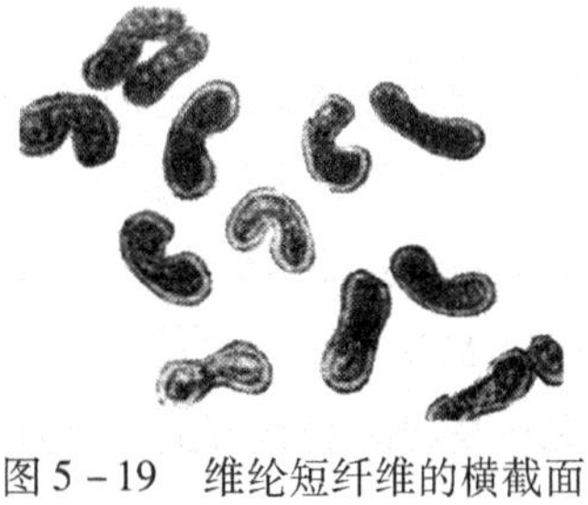

图5－19　维纶短纤维的横截面

**2. 维纶的超分子结构**

经过热处理的维纶，结晶度为 60% ~70%。缩醛化处理对维纶的 X 射线衍射图像基本上没有影响，这说明缩醛化主要发生在纤维的无定形区。

维纶的结晶度、取向度与纺丝过程中的拉伸倍数和热处理温度直接有关。从图 5-20 中可以看到纤维的总拉伸倍数和结晶度、取向度之间的关系。结晶度随着拉伸倍数的增加而提高，大约在 8 倍以后结晶增长逐渐变慢；维纶晶体的取向度在拉伸倍数 1.5 倍前增长极为迅速，超过 1.5 倍后增长则非常缓慢。

关于维纶的微结构模型，根据其单晶分子链是折叠的状态，维纶适用于“折叠链缨状微原纤”理论。

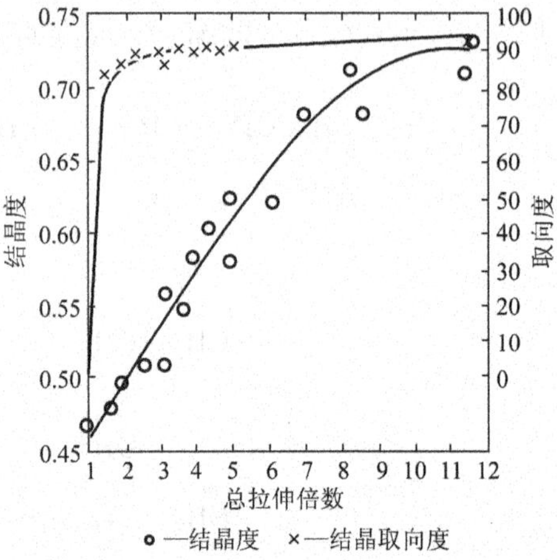


图 5-20　维纶的总拉伸倍数与结晶度、晶体取向度的关系

## 三、维纶的性能

**1. 热性能**

(1)耐热水性。维纶在加工和使用过程中，应注意耐热水性能与缩醛度的关系(表 5-12)。缩醛度低的维纶，耐热水性很差，在热水中收缩大，并会溶解于热水。随着缩醛度的提高，耐热水性能逐渐改善，缩醛度达到 30% 时，维纶的耐热水性明显提高。当商品维纶的水中软化点高于 115℃时，在沸水中尺寸稳定性良好，在沸水中松弛处理 1h，纤维收缩仅为 1% ~2%。

**表 5-12　缩醛度不同的聚乙烯醇纤维* 的耐热水性**

| 收缩(%) / 缩醛度(%) / 热处理条件 | 7.7 | 11.4 | 23.1 | 30.0 |
|---|---|---|---|---|
| 浸在 105℃热水中 30min 后 | 43 | 5 | 2 | 3 |
| 浸在 110℃热水中 30min 后 | ** | 28 | 5 | 5 |
| 浸在 115℃热水中 30min 后 | ** | ** | 6 | 5 |
| 浸在 120℃热水中 30min 后 | ** | ** | ** | 40 |

* 湿法纺聚乙烯醇纤维经热拉伸和松弛处理后，在通常的缩醛化条件下进行处理。

** 溶解或极大收缩。

(2)耐干热性。维纶的耐干热稳定性较好。对普通棉型维纶短纤维纱进行温度—收缩率试验，在 40 ~180℃的温度下，随温度提高，纱的收缩增加缓慢；在 180℃时，收缩约 2%；当温度超过 200℃，收缩增加较快；220℃时收缩达 6% 左右；240℃后纤维的收缩直线上升，至 260℃左右收缩达最高值，约 22%(图 5-21)。

维纶在空气中，受到高温处理时会发生热裂解。如图 5-22 所示，温度越高或在某一温度

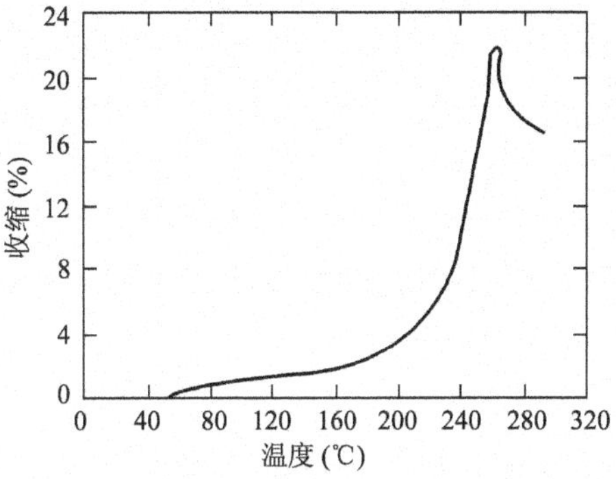


图 5－21　维纶短纤维纱的温度—收缩曲线

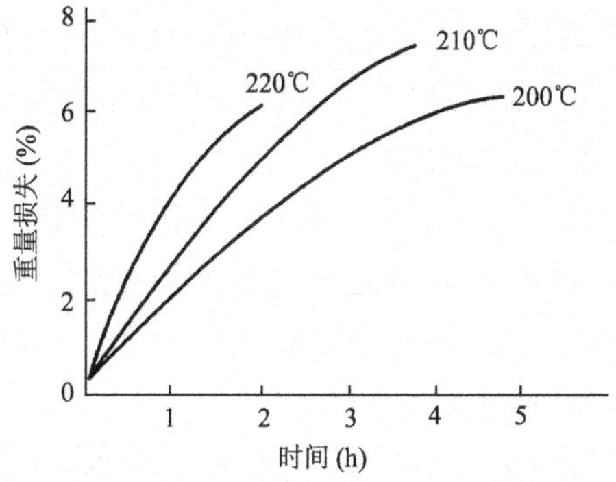


图 5－22　聚乙烯醇的热裂解速度

下加热时间越长，纤维的重量损失越大，即纤维受到的损伤越大。维纶在高温处理后强度的降低或失重的增加，主要是由于纤维被氧化和脱水所造成；其次，热裂解时分子链也可能发生断裂。

**2. 机械性能**

维纶与其他化学纤维一样，其机械性能取决于聚乙烯醇的聚合度和纺丝加工的条件，可以在比较大的幅度内改变。维纶的强度、弹性和耐磨性比棉要高，但低于其他常见合成纤维。

（1）强度。维纶的强度主要与结晶度、分子取向度以及分子间力较强有关。由于聚乙烯醇大分子链接近，极性基团体积小，分子间作用力强，故分子链间易结晶，使其强度稍高于棉花，而比羊毛高很多。普通维纶短纤维的干强为 44. 1cN/tex。维纶与 50% 棉纤维或黏胶纤维混纺制成的织物，其强度要比纯棉织物或纯黏胶纤维织物高 60%，耐用性可提高 1/2～1 倍。维纶长丝（帘子线）强度可达 70. 56cN/tex 左右。

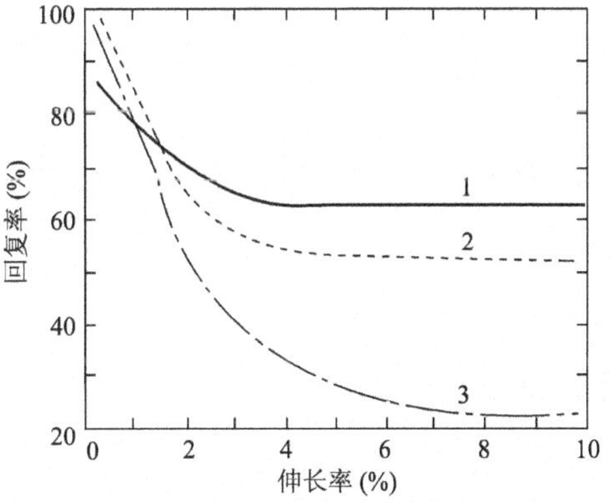


图 5－23　几种纤维的弹性回复能力与伸长率的关系

1—未缩醛化的聚乙烯醇短纤维

2—35% 缩醛度的聚乙烯醇短纤维

3—黏胶纤维

绝对干燥状态下，温度对维纶强度的影响较小，在 0～100℃的温度范围内，维纶短纤维纱的强度降低仅约 1. 09cN/tex，其下降百分率小于高强度黏胶纤维纱；湿态时温度对强度的影响比较大一些，如温度为 0～90℃，维纶强度下降约 2. 18cN/tex，其下降百分率高于黏胶纤维纱和涤纶长丝纱。

（2）弹性。在合成纤维中，维纶的弹性是最差的，故其织物易出现折皱。维纶的初始弹性模量虽然比较高，但它的弹性回复率较低。如图 5－23 所示，维纶短纤维在伸长率小于 2% 时，缩醛化的聚乙烯醇比未经缩醛化的回复能力要大些；当伸长率达 2% 以上时，则呈相反的关系。

(3)耐磨性。维纶的耐磨性良好。当维纶的品种不同时,其耐磨性也会有所差异。一般维纶的强度高和断裂伸长率大时,其耐磨性要更好一些。

**3. 化学性能**

维纶较耐碱而不耐酸。在强碱溶液中,维纶会变黄,但强度变化不大。维纶在50℃以下能溶于浓硫酸、浓硝酸、浓盐酸和浓磷酸。经过缩醛化后,可提高维纶的耐酸性,能经受20%硫酸(20℃),5%硫酸(65℃)溶液的作用。

**4. 吸湿和染色性能**

在常见合成纤维中,维纶的吸湿性最高。一般维纶在标准状态(20℃,相对湿度65%)下的回潮率为5%,接近于棉纤维(7%)。故维纶可用来代替棉纤维,其织物穿着舒适,适宜制内衣。

维纶的染色性能较差,存在着上染速率慢、染料上染量低、色泽不够丰满和鲜艳等问题。这是因为维纶具有明显的皮芯结构,维纶的皮层结构较紧密,尤其皮层较厚的湿纺维纶,其皮层结构直接影响到染料的上染速率、扩散速率和染料上染量;去除皮层后,染色速率和染料吸收量都有提高。

维纶经缩醛化处理后,无定形区中很多羟基与甲醛作用,生成亚甲醚键,使其具有类似醋酯纤维、涤纶等纤维的染色性能,能用分散染料染色;而无定形区中未封闭的羟基使维纶具有纤维素纤维的染色性能。因此,维纶的染色能力介于纤维素纤维和某些合成纤维之间。

**5. 其他性能**

维纶的相对密度为1.21~1.30,比棉花及黏胶纤维要小,因此与棉花相同重量的维纶能织出更多的衣料。维纶的热传导率低,因而保暖性好。

维纶的耐腐蚀性好,不易霉蛀,即使长期放在土壤中也无影响。

维纶具有良好的耐海水性能。将棉纤维和维纶同时浸在海水中20天,棉纤维的强度损失100%,而维纶强度损失12%,故适于制作渔网。

维纶的耐日晒性能良好,在日光下暴晒强度损失不大。将棉帆布和维纶帆布同时放在日光下暴晒6个月,棉帆布强度损失48%,而维纶帆布强度仅下降25%。故维纶适合于制作帐篷或运输用帆布。

维纶在靠近火焰时收缩软化,接触火焰燃烧,离开火焰后继续燃烧,有黑烟冒出。燃烧时有特殊的甜味,灰烬硬而脆,呈黑褐色。

## 第八节 新型合成纤维及制品

新型合成纤维,一般简称为新合纤(Shin - Gosen)。这一名词诞生于20世纪80年代末90年代初的日本纺织行业。

合成纤维在纺织材料中的地位日渐重要,但随着社会的发展,人们对纺织品舒适、美观及功能性的要求日益增长,合成纤维的一系列缺点更加明显。为了改进合成纤维及织物的使用性能，使其不仅具有天然纤维面料的性能，并且在某些方面有所超越，近年来合纤仿真（仿天然纤维）技术发展较快，纺织品的加工越来越注重工艺的科技含量，传统的纺织通过加工新技术赋予织物崭新的视觉和触觉效果，具有高附加值和特殊性能的“新合纤”相继问世，各种仿天然纤维的面料不断出现。

合成纤维从问世至今，在生产技术及感官特性上的改进大体分为四个阶段，如图5－24所示。

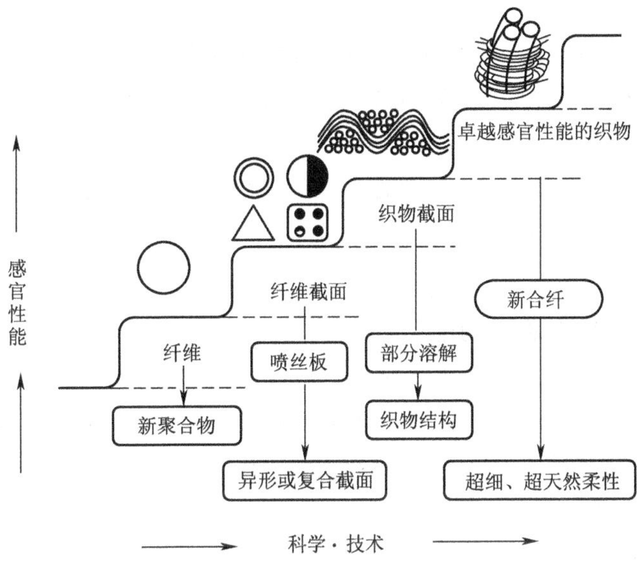


图5－24　合成纤维的发展阶段

（1）新聚合物合成阶段。从聚酰胺纤维的诞生到聚酯纤维和聚丙烯腈纤维的问世，合成纤维产业迅速发展。

（2）合成纤维的仿真时期。开始注意模仿天然纤维的外形及截面，仿蚕丝的异形截面技术、仿棉的中空纤维技术、仿毛的复合纤维技术逐渐成熟。

（3）注重织物结构改进。与纤维的物埋和化学改性相结合，通过超细纤维技术开发出人造麂皮。通过碱减量和异收缩混纤技术，开发出新仿真丝织物。

（4）追求超天然质感的时期。将高分子化学改性技术与合纤加工的高新技术相结合，生产出具有超天然优越特性的新合纤，可赋予纺织面料高舒适性和多功能性。

新合纤不是指几个新颖的合成纤维产品，而是纺织染整工艺的新技术及由此得到的新产品的总称，它标志着纤维材料科学发展到一个新阶段，新合纤是生产技术不断发展的结晶。

新合纤的生产虽以各种合成纤维为基础，但实际上主要是聚酯长丝制品，也有一些其他纤维，如丙纶、锦纶、腈纶、黏胶纤维等。

## 一、新型合成纤维改性技术简介

纵观世界各生产商采用不同的技术生产出的新型合成纤维，可以概括为以下四种。

**1. 聚合物改性技术**

主要有自伸长聚合物、高收缩性聚合物、高收缩应力聚合物、微粒子添加技术、深色化聚合物、易溶解性聚合物等。

**2. 纺丝技术**

主要有超细纤维技术，特殊横截面纺丝技术，不规则共轭纺丝技术，复合纺丝技术，异收缩、异线密度、异截面混纤技术，高度中空纤维技术，轻量感觉技术。

**3. 后加工技术**

主要有不规则热处理技术，异形、异线密度、异聚合物混纤变形、交络技术，纤维表面凹凸化技术，各种组合长短丝复合技术，特殊蓬松加工技术，起毛圈、毛绒加工技术。

**4. 织造及后整理技术**

主要有碱减量技术，部分溶解原纤化技术，深色化染色技术，松弛整理技术，薄起绒技术，超细丝、蓬松丝织制技术，低温上浆、无浆化技术等。

## 二、改性新型合成纤维及制品

随着科技的高速发展以及人们生活质量的日益提高，人们对纺织纤维提出了新的更高要求。近年来，在世界纺织市场上主要开发具有特殊性能和高附加值的“高新技术纤维”，要求合成纤维在保持原有的优良性能的同时，也具有天然纤维的某些优良性能，使合成纤维产品向差别化、功能性和高性能方向发展。

**1. 差别化纤维及制品**

差别化纤维一般泛指通过化学改性或物理变形使常规化纤品种有所创新或赋予某些特性的化学纤维。

差别化纤维主要包括异形纤维、复合纤维、超细纤维、易染纤维、高吸水吸湿纤维、高收缩纤维、抗静电纤维等。

(1)差别化纤维的改性方式。差别化纤维的改性通常采用物理改性、化学改性和工艺改性三种方式。

①物理改性。一般采用改变高分子材料物理结构的方法，使纤维性质发生变化。如纤维横截面异形化，使其具有特殊的风格和性能；纤维表面的微孔化和纤维内的多孔化，以改善纤维的染色性和吸湿性；纤维直径的细化，以改善纤维或织物的外观和手感；将两种或两种以上的聚合物或性能不同的同种聚合物，通过一个喷丝孔纺成一根纤维的复合技术；利用聚合物的可混溶性和溶解性，将两种或几种聚合物混合后喷丝的混合技术；在聚合物中加入某种添加剂，喷纺成抗静电、阻燃、抗紫外线等改性纤维。

②化学改性。采用共聚、接枝或交联等方法，使纤维内部的高分子结构改变，从而改变纤维的某些性能。共聚是用两种或两种以上的单体在特定条件下聚合的方法，由于每种单体的性能各异，因而共聚后生成的纤维就包含了各单体的某些特性，如易染性、阻燃性、抗静电性等；接枝是采用物理或化学的方法在纤维的大分子链上接入某种特殊的基团（如抗菌基团），接枝过程可在聚合时进行，也可在纤维成型后或做成织物后进行；交联是在某种特定条件下，使纤维中的

大分子链相互交联起来形成特大型或三维网状分子结构，可提高纤维的强度、弹性、尺寸稳定性、耐热性和抗皱性等。

③工艺改性。通过改变纤维的生产工艺和过程来达到改性的目的。主要方法有：采用新的聚合方法对聚合物进行特殊控制；采用新的成型方法，如复合纺丝、熔喷纺丝等；改进纺丝成型和后加工工艺；生产过程中多道工序或工艺过程的联合，如纺牵一步法、纺染一步法等。

在实际生产中往往采用几种方法同时使用，以改善纤维的综合性能，提高纤维的品质和档次。差别化纤维主要用于服装及装饰织物，可提高经济效益、优化工序、节约能源、减少污染以及增加纺织面料新品种。

(2)几种主要的差别化纤维。一部分差别化纤维已在相应章节中做过简要介绍，以下主要介绍超细纤维、高吸水吸湿纤维和高收缩纤维。

①超细纤维及制品。超细纤维源于 20 世纪 70 年代的日本，一般是指单丝线密度在 0.55dtex以下的纤维。因其单丝线密度远较常规合纤长丝细而得名。

目前国际上尚无有关超细纤维的统一定义，日本将 0.55 ~ 1.1dtex 的纤维称为细旦丝，0.55 dtex 以下称为超细丝。欧洲将 1.0 ~ 2.4dtex 的纤维称为细旦丝，0.3 ~ 1.0dtex 称为微细丝，0.3dtex 以下称为超细丝。目前，我国将 1dtex 左右的纤维称为细旦纤维，将 0.5 ~ 1dtex 的纤维称为微细纤维，将小于 0.3dtex 的纤维称为超细纤维。现在世界上已能生产出0.00009dtex 的超细丝，如果把这样 1 根丝从地球拉到月球，其质量也不过 5g。

超细纤维可用于生产高舒适性织物，品种有涤纶、丙纶、锦纶、腈纶、黏胶纤维等。

超细纤维一般有三种纺丝方法，即直接纺丝法、复合纺丝法和无规则短纤法。

直接纺丝法是利用常规长丝纺丝设备，通过改变工艺参数，制取单丝线密度为 0.5dtex 的微细长丝。用直接纺丝法制取超细纤维，存在着纺丝不稳定，在纺丝、牵伸、织造、编织、后整理等工序中加工难度较大等问题。

复合纺丝法在第五章第一节中已有叙述，采用复合法制取的复合纤维的特性之一是多种组分之间可合可分，在纺丝初始阶段粘在一起形成较粗的丝，然后根据需要可将其分割开（剥离型）或去除另一组分（海岛型）而形成更细的纤维。剥离型复合丝的横截面有多层形、橘瓣形、米字形等；海岛型复合纤维的横截面类似于肉皮冻，当半透明凝胶状的“海”溶去后，便留下更细微的物质，如图 5 - 25 和图 5 - 26 所示。

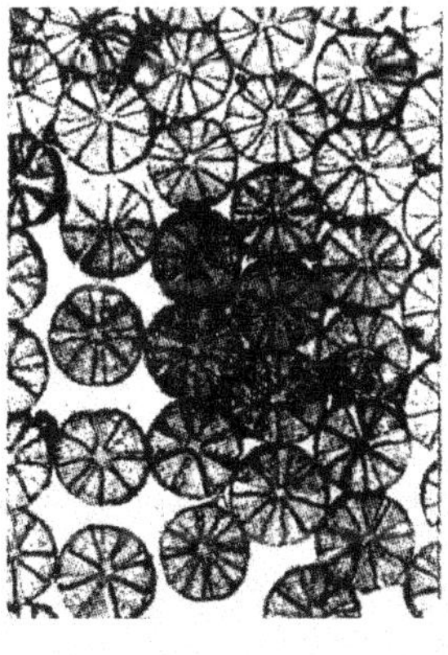

图 5 - 25　超细纤维的米字形横截面图

无规则短纤法包括熔喷法、闪蒸法、离心法、原纤化法、乱流成型法、表面溶蚀法、破裂法等。熔喷法是以高速喷出的气流将熔融的聚合物以细长的短纤维形式喷出，随着高速运动而牵伸和凝固，最终形成无规则的短纤维。熔喷法目前主要用于生产丙纶非织造布。闪蒸法是将高聚物溶于特殊的溶剂中，加热加压后从纺丝孔喷出的溶剂（氟碳化合物等）瞬间蒸发膨胀，聚合物则固化和拉伸成高强微细网络状纤维，类似于蜘蛛网。离心法类似于制棉花糖。原纤化法是用机械捶打纤维或薄膜，使纤维变细。乱流成型法是使聚合物溶液在湍流区凝固而形成细纤维。表面溶蚀法是用碱溶液将涤纶等纤维的表面溶解，使纤维变细。破裂法是在聚合物中加入发泡剂或气体，使其破裂分离成超细纤维。

图 5－26　超细纤维的橘瓣形横截面图

由于超细纤维的线密度极小，比表面积极大，因此超细纤维本身及其制品具有许多独特的性能，如手感柔软而细腻，柔韧性好，光泽柔和，可以织成高密度防水透气织物，保暖性强，具有高吸水性和高清洁能力等。但因其固有的特性，也使超细纤维的加工难度较大，生产成本较高。采用超细纤维生产纺织品，其织造、染色、后整理工艺不同于普通织物的生产工艺，容易产生疵病。目前超细纤维的应用领域主要有以下几方面：

a. 高密度防水透气织物。由于超细纤维非常细，在织物中经纬丝更容易被挤压变形和相互贴紧，因而可织成高密度结构的织物，经收缩处理，便得到不需任何涂层的防水透气织物。用这种织物做成的服装，穿着舒适透气，并具有防水作用。这种织物可用于制作运动服、休闲服、风衣、雨衣、鞋靴面料、帐篷等。

b. 仿桃皮绒织物。超细高密度织物经砂洗等整理，纤维膨化蓬松，织物表面形成犹如桃子表皮的细短绒毛。这种织物透气、拒水，外观高雅美观，手感柔软，细腻而温暖，是做风雨衣、外衣、休闲服的良好面料。

c. 高吸水性材料。超细纤维具有高导湿、高吸水性能，这是因为纤维变细后，其比表面积增大，同时形成数量更多、尺寸更小的毛细孔洞，用这种纤维织成的织物可以吸收和储存更多的液体，可用于制作高吸水毛巾及卫生用品。据报道，日本某公司研制的由 20% 锦纶与 80% 涤纶超细纤维织制的高吸水毛巾，其吸水速度比普通毛巾快 5 倍以上，且手感柔软舒适。

d. 仿麂皮及人造皮革。采用超细纤维制成的针织布、机织布或非织造布，经磨毛或拉毛后，再经染色、涂层处理，最后经过整理，即可制得仿麂皮和人造皮革，具有强度高、质量轻、柔韧性好、防霉防蛀等特点，其效果可以以假乱真。

e. 洁净材料。由超细纤维制成的洁净布具有很强的清洁能力，其较大的表面积可容纳更多的污物，较软的绒毛不会损伤被擦拭的物体，除污既快又彻底，且不会掉毛，洗涤后还可重复使用，可广泛应用于精密机械、光学仪器、微电子、无尘室及家庭的除尘。

f. 其他方面的应用。用超细纤维长丝或短纤维做成的过滤材料，可用于气体和液体的过滤。此外，超细纤维在装饰材料、保温材料、医用材料及生物工程等领域也有广泛的应用。

②高吸水吸湿纤维及制品。疏水性合成纤维经物理变形和化学改性后，在一定条件下的水中浸渍和离心脱水后，仍能保持 15% 以上水分的纤维，称为高吸水纤维；在标准温湿度条件下，能吸收气相水分，回潮率在 6% 以上的纤维，称之为高吸湿纤维。

近年来随着生活水平的提高，人们对于服装面料舒适性的要求越来越高，而服装在穿着时的舒适性与材料的吸放湿特性具有密切的关系。为了满足人们所期望的穿着舒适性，就要求服装面料能在短时间内将人体皮肤表面的汗液吸入，通过纤维很快转移到服装表面并快速蒸发，以保持皮肤表面和服装内侧环境的干燥。也就是说，所谓高吸湿纤维，不仅要求纤维能够吸收液态水，而且能够快速地将水分转移至面料表面，并迅速蒸发。

高吸湿纤维的开发途径主要有化学方法，将吸水性基团接枝到纤维上，聚合物单体共聚，与高吸水性聚合物共混；物理方法，采用纤维表面的粗糙化、截面异形化，采用多孔、中空的纤维结构，纤维的超细化；复合纺丝，与吸湿性聚合物复合纺丝。

下面主要介绍近年来国内外高吸湿纤维的进展：

a. 高吸放湿聚氨酯纤维。聚氨酯纤维由于其良好的弹性而应用广泛。随着消费者对于舒适性要求的不断提高，聚氨酯纤维的技术开发已从单纯的伸缩功能扩大到用途相适应的高功能性纤维的开发上来。日本旭化成公司首创的高吸放湿聚氨酯纤维，其特点是吸湿量大，且放湿速度快，主要用于连裤袜、短裤等贴身衣着。它能迅速地向外面释放蒸汽和汗液，保持穿着舒适感。在运动或高湿度环境下，纤维从皮肤吸收水分，在静止或低湿度环境下可以迅速的放湿，又能重新发挥吸湿性能。因此也把这种纤维称为“能呼吸的纤维”。

b. 超吸水性纤维 LANSEAL。LANSEAL 是以聚丙烯腈纤维为原料，让占纤维 30% 的表层部分经碱性水解制得的。水解的结果是表层部分成为含有羧酸基的水溶性高分子的交联体，具有高吸水性能。占纤维 70% 的芯部是没有发生变化的聚丙烯腈纤维，表层部分是近于粉状高吸水树脂的材料。与水接触时，构成表层的水溶性高分子的分子间隙中就会吸入大量的水，在纤维直径方向大约膨胀 12 倍。LANSEAL 可以和其他纤维混纺制成纱线、非织造布、过滤产品、薄膜、发泡体、复合体等，用作医疗卫生材料、水露吸收材料、食品包装材料、过滤材料、防漏材料、保水材料、冷却材料等。

c. 细旦丙纶。“芯吸效应”是细旦丙纶织物的一大特点。丙纶单丝线密度越小，这种芯吸湿透湿效应越明显，且手感越柔软。因此细旦丙纶织物导汗透气，穿着时可保持皮肤干爽，出汗后无棉织物的凉感，也没有其他合成纤维的闷热和汗臭感，从而提高了织物的舒适性和卫生性。此类织物适用于针织内衣和运动服装。在纺丝过程中添加陶瓷粉、防紫外线物质或抗菌物质，可开发出各种功能性产品。

d. 高去湿四沟道聚酯纤维。杜邦公司用于生产 Cool max 织物的四沟道(Tefra - Channel)聚酯纤维，具有优良的芯吸能力，采用疏水性合成纤维制成高导湿纤维，将高度出汗的皮肤上的汗液用芯吸导到织物表面蒸发冷却。实验证明，在 30min 后湿度去除百分率：棉为 52%，四沟道聚酯纤维为 95%。这种纤维应用于运动服装、军用轻薄保暖内衣特别有效，保持皮肤干爽和舒适，且具有优良的保暖防寒作用。

e. 导湿干爽型涤纶长丝。金纺集团开发的导湿干爽型涤纶长丝，通过改变纤维截面形状使单纤之间的空隙增大，比表面积增大及毛细管效应使其导湿性能大大提高，采用该纤维生产的织物导湿性能、水分扩散性能极佳，与棉等吸湿性好的纤维搭配，采用合理的组织结构，效果更好，制成的服装穿着干爽、清凉、舒适。适用于针织运动服装、机织衬衫、男女夏季服装面料、涤纶丝袜等。

f. 聚酯多孔中空截面纤维 WELLKEY。WELLKEY 是聚酯中空纤维，从纤维表面看，有许多贯通到中空部分的细孔，液态水可以从纤维表面渗透到中空部分，这种纤维的结构以最大的吸水速度和含水率为目标，在纺丝过程中，共混了特殊的微细孔形成剂后再将它溶解，从而形成了这种纤维结构。该纤维具有优良的吸汗快干和干爽型的独特风格，主要用作衬裙、紧身衣、运动服、衬衫、训练服、外套等服装的面料，另外，由于其吸水速干性和低干燥成本的优点，在非衣料领域和医药卫生领域具有广阔的应用前景。

g. 高吸放湿性锦纶 QUUP。日本东丽公司的 QUUP 是在锦纶 6 中混入特殊的高吸湿性聚合物而制得的均匀相溶的聚合物混合体。这种特殊的高温性聚合物在高湿环境中具有很高的平衡吸湿率，而且纤维的吸湿率随着这种聚合物添加率的增加而提高，QUUP 既保持了锦纶 6 原来的特性，又能使其吸湿性提高 2 倍。所以 QUUP 制成的连裤袜和内衣，即便在运动时服装内的湿度也较低，闷热感等舒适性指标得到改善。由于共混后纤维结构发生了变化，因而其染色性也得到改善。

h. HYGRA 纤维。日本尤尼契卡公司的 HYGRA 纤维是把吸湿聚合物作为芯的复合纤维，因而它具有高吸湿性。纤维的表面是常规锦纶，湿润时有滑爽的感觉。无论是吸放湿能力还是吸放湿速度，HYGRA 纤维都比棉好，尤其在吸收服装内的湿气和向衣服外释放湿气方面具有优势。

i. 等离子体表面改性。利用等离子体技术对材料表面处理，如表面刻蚀使纤维表面粗糙化、等离子体聚合使聚合物表面活化产生自由基并发生移植，从而使材料表面改性。通过改性，增加了涤纶等合成纤维及其纺织品的表面吸湿性，同时可作为防污及防静电整理，也可使吸湿性高的棉织物表面产生排水效果。

j. “挥汗纤维”。该纤维表面涂有电离子体，并且纤维中混入了一些化学物质，不仅吸水性强，而且放湿速度也快。因此，“挥汗纤维”具有无闷热感、不沾身、汗水挥发快的功能，可广泛用于内衣、工作服等产品中。

k. 聚丙烯腈纤维 Colax 和 SWIFT。Colax 和 SWIFT 均为吸水、吸汗性聚丙烯腈纤维。Colax 的截面为菊花状，具有天然麻的干爽触感。SWIFT 纤维表面有许多沟槽，同样有柔和干爽的触感。由于采用了异形截面、空洞残留纺丝、表面亲和等组合技术，纤维表面有许多细沟槽和空洞，比表面积增加，纤维既具有天然纤维那样优良的吸湿、扩散和蒸发性能，又使织物的风格变得更好。

l. Sophista 纤维。Sophista 纤维是利用复合纺丝的方法，将乙烯—乙烯醇共聚物（EVOH）和聚酯制成双组分皮芯型的复合纤维。纤维的表层为具有亲水性基团（—OH 基）的 EVOH，芯层为聚酯纤维。在穿着 Sophista 纤维做的服装时，由于亲水性基团的存在，汗和水很快被纤维表面吸收并扩散出去。又由于芯层的聚酯几乎不吸湿，吸入纤维内部的水分与棉纤维相比要少得多，纤维的膨润程度甚微，从皮肤吸入纤维内部的水分可很快扩散蒸发出去，从而有干爽舒适的穿着感，织物不会沾在身上。水分的扩散、蒸发又会产生汽化热，而且 EVOH 的热传导率高，使面料的温度下降，产生凉爽感，因此 Sophista 纤维还具有凉爽功能。

③高收缩纤维及制品。高收缩纤维是差别化纤维中重要的品种之一，它的问世与应用仅有

十余年时间。在合成纤维中，一般的短纤维的沸水收缩率不超过5%，长丝为7% ~9%。通常把沸水收缩率在20%左右的纤维称为一般收缩纤维，把沸水收缩率在35% ~45%的纤维称为高收缩纤维。目前常见的有高收缩聚丙烯腈(腈纶)和高收缩聚酯纤维(涤纶)两种。

制造高收缩聚丙烯腈纤维，除在第五章第四节腈纶的性能中已经介绍的方法(在玻璃化温度以上对腈纶进行拉伸)外，还可采用下列方法：

a. 增加第二单体丙烯酸甲酯的含量，可大幅度地提高腈纶的收缩率；

b. 采用热塑性的第二单体与丙烯腈共聚，能明显地提高纤维的收缩率。

高收缩聚酯纤维一般通过物理改性或化学改性的方法获得。物理改性主要通过改变生产工艺条件来实现，如在普通涤纶纺丝时采用高速纺丝、低温拉伸等特殊工艺，通过降低纤维的结晶速率，制取具有高取向、低结晶度的纤维，在特殊后处理条件(低温、低倍拉伸，高倍拉伸，拉伸、骤冷处理法等)下，可产生高收缩效果。物理改性制得的高收缩聚酯纤维强度低、断裂伸长率大，因而会导致织造困难，染色不均匀，收缩耐久性差。化学改性主要是通过在聚合物合成时加入第二、第三或第四单体，改变其结晶性能、降低聚合物的规整性，使纤维在拉伸加工时结晶速率下降，最终使纤维结晶度降低、取向度提高，获得较高的沸水收缩率。化学改性是通过改变聚合物的分子结构，增加纤维的非晶区，因而可制得具有永久性收缩、性能优良的高收缩纤维，这种纤维易染、易于加工织造，是生产高收缩聚酯纤维的主要方法。

高收缩纤维的用途很广。高收缩腈纶纤维与普通合成纤维及天然纤维混纺、交织，可制成具有独特风格的毛织、丝织、色织和针织产品，在这些纤维中加入高收缩腈纶后，无论是纱线或织物都更加蓬松，弹性好，手感佳。这类织物经沸水处理后，因收缩率不同可产生立体蓬松的效果或图案，如高收缩腈纶与普通腈纶、羊毛、麻、兔毛混纺，可制成仿羊绒、仿马海毛、仿麻、仿真丝类产品，这些产品具有手感柔软、质轻蓬松、富有弹性、保暖性好等特点。

高收缩涤纶与常规涤纶、羊毛、棉花等混纺或与涤/棉、纯棉交织，可生产具有独特风格的织物，如机织泡泡纱、凹凸型提花织物、条纹织物和各种绉类织物等。利用高收缩涤纶长丝与低收缩及不收缩涤纶丝合并网络，成纱后织成织物再经沸水处理，则纤维产生不同程度的卷曲，使织物呈现立体蓬松感，使用这种组合纱生产的仿毛织物丰满、厚实、无极光，物美价廉，可做到仿毛像毛，与相似规格的毛织物产品相媲美。此外，还可以用高收缩涤纶丝与低收缩涤纶丝交织，以高收缩纤维织底或织条格，低收缩纤维丝提花织面，织物经后处理加工，产生永久性泡泡纱或高花绉，产品手感柔软、丰满，立体感强，尤其适宜夏季穿用。

高收缩纤维还可用于制作人造毛皮、人造麂皮、合成革及毛毯等，具有手感柔软，绒毛密致等特点。

**2. 功能性纤维及制品**

功能性纤维是在20世纪60年代开始发展起来的一类纤维，除了具有常规纤维的柔软、保暖等特性外，还有一些常规纤维没有或不足的性能，如抗菌防臭、抗紫外线、远红外、芳香、可变色、高效止血等。目前在世界市场上销售的功能性纤维已有400多种。下面介绍几种目前国内较流行的功能性纤维。

(1)抗菌防臭纤维及制品。抗菌防臭纤维能抑制和杀死细菌，还能防止细菌分解人体的分泌物而产生臭气。在生产过程中,可以用抗菌剂对纤维表面进行处理,也可以将抗菌剂与聚合物共混纺丝,使纤维内部含有抗菌剂。

抗菌剂的种类主要有有机硅季铵盐、芳香族卤化物、烷基胺系、酚醚系和无机物系。在20世纪80年代早期出现的抗菌防臭纺织品,大多采用有机季铵盐、咪唑、洗必泰、硫苯妥钠等有机杀菌剂整理加工制成,此法加工简便,但耐洗性稍差。近年来,在聚合物中添加以天然物质为载体的无机抗菌剂微粉,已成为制造抗菌防臭纤维的主要方法,这类纤维的抗菌性和耐洗性好,易于织染加工。

目前,广泛使用的无机抗菌剂是抗菌沸石,抗菌沸石中具有有杀菌效力的金属离子 $Ag^+$、$Cu^+$ 或 $Zn^{2+}$。抗菌沸石具有较好的耐热性和耐有机溶剂性,可用于采用熔融法纺丝的聚酯纤维、聚酰胺纤维,也可用于采用溶液法纺丝的聚丙烯腈纤维。

沸石本身是一种无毒物质,对人体是安全的。共混在纤维中的抗菌沸石微粉逐渐溶出的微量金属离子($Ag^+$、$Cu^+$、$Zn^{2+}$等),并进入与之接触的细菌细胞内,与细菌繁殖所必需的酶结合,引起细菌代谢障碍而死亡。抗菌沸石对肺炎杆菌、绿脓杆菌、枯草杆菌等多种细菌及霉菌具有杀灭的功效,尤其是对金黄葡萄球菌(MRSA)具有良好的抑菌作用。因此,抗菌防臭纤维制成的医用各类纺织品有着很好的发展前景。

抗菌防臭纤维制品可避免细菌和真菌产生的各种令人不快的气味,阻止细菌和真菌的生长,有效地避免尘螨及排泄物所含的致过敏物质诱发哮喘、皮炎或鼻炎。除医用品外,抗菌防臭纤维还可用于被垫、枕头的填充料、内衣、袜子、浴帘、地毯等。

(2)防紫外线纤维及制品。防紫外线纤维是指本身具有防紫外线破坏能力的纤维或含有防紫外线添加剂的纤维。

过去人们认为紫外线对生命起有益的作用,它可以有效地促进维生素D的合成,具有杀菌作用,认为日光浴是一种健康疗法。但随着科学的进步,人们逐渐认识到过度的紫外线照射,对人体的皮肤有危害性,容易引起皮炎、红斑、皮肤癌,并使免疫功能下降,还会导致白内障疾患。这种认识促进了防紫外线纤维的发展。

防紫外线纤维应该对紫外线有较强的反射和吸收性能。对紫外线能起反射作用的物质,称为紫外线屏蔽剂。某些金属氧化物的超细粉末可作为紫外线屏蔽剂,如三氧化二铝、氧化镁、氧化锌、二氧化钛、石墨等。对紫外线有强烈吸收并能进行能量转换而减少透过量的物质,称为紫外线吸收剂。紫外线吸收剂通常是一些有机化合物,如水杨酸酯类化合物、金属离子螯合物、二苯甲酮类、苯并三唑类等。

防紫外线纤维的生产制造可通过共混纺丝制得。即将紫外线屏蔽剂或紫外线吸收剂的粉体在聚合物聚合时加入或直接共混纺丝,也可先制成防紫外线母粒再进行纺丝。这样制得的防紫外线纤维比后整理法制成的纺织品的防紫外线功能持久,耐洗性好,手感柔软,易于染色。

腈纶本身为优良的防紫外线纤维。涤纶本身具有屏蔽紫外线的性能,可遮挡88%的紫外线,因此用涤纶制成的防紫外线纤维有较高的屏蔽能力,也可在聚酯中掺入陶瓷紫外线遮挡剂制成防紫外线涤纶。锦纶本身防紫外线的能力较差,可在制造锦纶的聚合物中加入少量的添加剂(如锰盐和次磷酸、硼酸锰、硅酸铝及锰盐—铈盐混合物等),即能制得防紫外线锦纶。

防紫外线纤维除了可有效地减少阳光中紫外线对人的伤害外，还具有阻挡热的作用。防紫外线纤维主要用于制作衬衫、运动服、制服、长筒袜、帽子、阳伞等。

(3)远红外纤维及制品。远红外纤维又称远红外线放射性纤维，它是日本在20世纪80年代末开发的产品，是将具有远红外放射能力的陶瓷粉末混入纤维制成的。这种陶瓷粉末在常温下能吸收人体和周围环境散发的热量，并将它转换成2～20μm波长的远红外线，辐射到人体皮下组织，产生热效应，从而有效地抑制人体向外辐射热量导致的热量损失，达到促进人体细胞新陈代谢、增强机体免疫力、消除疲劳等目的。这种纤维具有蓄热保温、活化细胞、促进皮肤下的血液循环的保健功能。

任何物体在一定温度下都能放射红外线，远红外纤维一般指比原来的纤维的远红外放射率大10%以上的纤维。远红外聚酯纤维是最早研发的功能性纤维之一，是由远红外聚酯切片纺丝而得的。在普通聚合过程中加入一定量的远红外粉，制成远红外切片或母粒，用此切片或母粒，在调整的纺丝工艺条件下纺成长丝或短丝。在此工艺路线下纺成的纤维，远红外粉均匀牢固地分散在纤维中，具有持久放射远红外线的功能。

远红外纤维及其混纺、交织的织物可制作内衣、外衣、袜子、护膝、护肩、护腕、床单、被套、鞋垫等。

(4)芳香纤维及制品。芳香纤维具有可释放香味而防臭的卫生功能，又有促进睡眠的保健作用。

芳香纤维的制造可以将香料与聚合物共混纺丝；也可用复合纺丝法，将香料混入多孔中空纤维的中空部分，或将香料混入复合纤维的芯部；亦有将香料封入微胶囊中，并附着于纤维上。

我国研制的丙纶芳香型纤维是采用特种香精为载体，在纺丝前就混入原料中，香精均匀分布在纤维中，香味持久，且耐洗性良好，其性能见表5－13。

**表5－13 丙纶芳香型纤维的性能**

| 强　度 | 伸长率 | 规　格 | 耐洗次数 |
|---|---|---|---|
| ≥20cN/tex | 25%～50% | 83～111dtex/(36～48)f | 100 |

芳香纤维可用于制作内衣、外衣、睡衣、鞋袜、床上用品和装饰用品等。用芳香纤维制成毛巾、寝具用品，可使室内具有“森林浴”的氛围。

(5)可变色纤维及制品。采用常规方法进行染色加工的纺织制品，在正常使用过程中，短时间内基本不会改变颜色。近年来，人们开发了一些随着外界环境改变而会自身发生变色的纤维。按变色的条件可分为光敏变色、温敏变色、湿敏变色、生化变色和辐射变色等。可变色的纺织品多数是可逆的，即环境恢复原状后，纤维也变回原来的颜色。也有一些特殊用途的纤维变色后，某些元素发生了化学反应，所变颜色不可逆转。

①光敏变色纤维。将具有光敏变色性能的化学物质通过共混、接枝、复合等方式或用后整理的方法加入到纤维中去，当外界光线发生变化时，如从明亮处到阴暗处、从室内到室外或在不同的光源下，纤维的颜色将发生明显变化。变色纤维的织物可制作泳衣、滑雪服、儿童服、装饰

品等。

②温敏变色纤维。温敏变色纤维即会随温度而改变颜色的纤维。当温度恢复到原来的温度时,纤维的颜色也随之复原,这一变化是可逆的。温敏纤维的加工主要是将温敏化合物(如含钛、铬、锆等金属的化合物)通过共聚、共混、交联及涂层等方法引入到纤维中或纤维表面。温敏变色织物可用于制作儿童服装、旅游用品及某些人体不宜接触的设备、仪器、管道的外包装材料,当温度变化时可较易发现,提示人们及时采取措施。

③生化变色纤维。生化变色纤维即接触某些生物体或化学物质后会改变颜色的纤维。这种变色多数是不可逆的。如某些带羟基、氨基的纤维与乙酰胆碱酯酶等反应后生成变色纤维。变色纤维在遇到某些有毒、有害物质时会起变色反应。用这类纤维做成的试片,可检验蔬菜、水果中的残留农药量,也可用于某些化工厂或用于对有毒气体和液体的检验。

④辐射变色纤维。将某些吸收辐射波后会改变颜色的化合物(如某些会产生荧光的物质)加入纤维中,当一些看不见的辐射波照射到纤维上时,即可改变纤维原有的颜色。用这类纤维制成的纺织品可作防伪标记或在特种场合起到显示和报警作用。

(6)高效止血纤维。高效止血纤维是指与出血创面接触时具有优良的粘附性和凝血功能的纤维,在出血时能加速血液的凝固作用。止血纤维的止血机理是其优良的黏附性与柔软性,能紧密地与出血面黏结,既能将出血创面的毛细管末端黏结而封闭,又能使血液迅速渗入多孔的纤维内部,促进血小板起凝血作用,达到止血的目的。此外,止血纤维还应具有无毒性,不仅纤维本身不能含有任何有害人体生理机能的毒素,而且还要经过严格的消毒;吸收性好,要求纤维本身具有优良的可溶性,能逐渐与肌肉和血液分子相互渗透和扩散,最后被肌肉吸收。

止血纤维的主要品种有四类:

①羧甲基纤维素止血纤维。这是20世纪60年代研制成功的一种人工合成的新型优质止血剂。采用羧甲基纤维钠与非离子型表面活性剂(如硬脂酸山梨醇)在酸性条件(pH值为3~7)下制成,再将其涂敷于消毒纸上,干燥后即成。羧甲基纤维素无毒,并具有优良的可溶性。

②聚乙烯醇止血纤维。它是以聚乙烯醇为基质,常采用湿法纺丝,在纺丝过程中将具有止血作用的药物引入纤维内。可以制成止血条、止血带等,广泛应用于一般的紧急外伤处理,使用非常方便。

③聚羟基乙酸高分子毡。将聚羟基乙酸制成一种毛毡状材料或海绵状物质,称为高分子止血海绵。

④海藻纤维。也称碱溶纤维、藻蛋白纤维或藻朊酸纤维。它是由海藻中提取的藻酸制成的纤维,因其具有优良的黏附性、柔软性和多孔性,可用于制作吸收止血敷料。

**3. 高性能纤维及制品**

所谓高性能纤维,是指具有突出的化学稳定性,并具有高强度、高模量和难以燃烧等性能,能耐高温、耐腐蚀的纤维。高性能纤维是从20世纪60年代初发展起来的,碳纤维、芳香族聚酰胺纤维、超高分子量聚乙烯纤维和聚四氟乙烯纤维等都属于高性能纤维的范围。这类纤维最初用于军事方面,随着科学技术的进步、生产成本的降低,逐渐也用于民用领域。

(1)碳纤维(carbon fibre)。碳纤维是指含碳量在90%以上的高强度、高模量、耐高温纤维。

碳纤维是一种纤维状碳材料，可分别用聚丙烯腈纤维、沥青纤维或黏胶丝经碳化制得，也有少数采用聚乙烯、聚酰胺或酚醛制取碳纤维。

碳纤维按其力学性能可分为以下三种类型：

①普通型碳纤维。它是指在 900 ~ 1 200℃ 下碳化得到的碳纤维，其强度和弹性模量都较低，一般强度为 1.98N/tex，模量为 235N/tex。

②高强度型碳纤维。它是指在 1 300 ~ 1 700℃ 下碳化得到的碳纤维，它的强度很高，可达 2.84N/tex，模量约为 166N/tex。

③高模量型碳纤维。又称石墨纤维，它是指在碳化后再经 2 500℃ 以上高温石墨化处理所得到的碳纤维。它具有较高的强度，约为 2.17N/tex，模量很高，可高达 327N/tex。

随着航天和航空工业的发展，还出现了高强高伸型碳纤维，其伸长率大于 2%。其中用量最大的是聚丙烯腈基碳纤维。

碳纤维作为一种强度大、密度小、耐腐蚀、耐高温、具有导电性的新型材料，其强度是普通涤纶和锦纶的 2 倍，是不锈钢纤维的 5 倍。碳纤维的密度为 1.7 ~ 1.9 $g/cm^3$，而铁的密度为 7.8 $g/cm^3$，铝的密度为 2.8 $g/cm^3$，故碳纤维制品比金属材料轻得多。碳纤维对一般的酸、碱有良好的耐腐蚀作用，对空气中的酸气组分有很好的抵抗能力。碳纤维在没有氧气存在的情况下，能够耐受 3 000℃ 的高温，这是其他任何纤维无法与之相比的。此外，碳纤维还具有良好的尺寸稳定性，不易发生变形。

碳纤维可加工成织物、毡、席、带、纸及其他材料。碳纤维除用作绝热保温材料外，一般不单独使用，多作为增强材料加入到树脂、金属、陶瓷和混凝土等材料中，构成复合材料。

（2）芳纶。芳纶是芳香族聚酰胺纤维的简称。它的聚合物大分子的主链由芳香环和酰胺键构成，且其中至少 85% 的酰胺键直接与两个芳香环相连接。

芳纶是 20 世纪 60 年代由美国杜邦公司研制成功，于 70 年代初实现工业化生产的。芳纶因所用原料的不同而有多种牌号，如芳纶 1313、芳纶 1414、芳纶 14 等。一般按使用性能，芳纶可分为两大类，即耐热芳纶（以芳纶 1313 为代表）和高强度高模量芳纶（以芳纶 1414 为代表）。

①芳纶 1414。又称聚对苯二甲酰对苯二胺纤维（PPTA），商品名称为诺曼克斯（Nomex）。

芳纶 1414 是一种高强、高模的高性能特种合成纤维，同时也是一种优秀的耐高温阻燃纤维。芳纶 1414 的强度为普通锦纶或涤纶的 4 倍，模量为锦纶的 20 倍。长期使用温度为 240℃，在 400℃ 以上才开始烧焦。芳纶 1414 的化学性能较稳定。

虽然芳纶 1414 的性能优越，但是其产量少，价格昂贵，主要应用于宇航和国防工业，少量作为防弹衣之类的防护用品。

②芳纶 1313。又称聚间苯二甲酰间苯二胺纤维（MPIA），商品名称为凯芙拉（Kevlar）。

芳纶 1313 的突出优点是具有良好的耐热性能，在 260℃ 高温下持续使用 1 000h，可保持原强度的 65%；在热蒸汽中保持 400h 以上，可保持原强度的 50%。它还有很好的阻燃性，在火焰中难燃，并具有自熄性。芳纶 1313 的化学稳定性良好，能耐大多数酸的作用，对碱的稳定性也较好，但不能长时间与强碱（如烧碱）接触；同时，芳纶 1313 对漂白剂、还原剂及苯酚、甲酸、丙酮之类的有机溶剂等也有良好的稳定性。芳纶 1313 的主要缺点是耐光性和染色性较差,如在日光下暴晒 80 周后,强度将下降 50%。

芳纶 1313 在目前所有耐高温纤维中,是产量最大、应用面最广的一种纤维。主要用于制作防火和耐高温材料,如防火帘、防燃手套、消防服、耐热工作服等,另外还用于航空航天、军事装备等方面。

(3)超高分子量聚乙烯纤维。超高分子量聚乙烯纤维又称超高强高模量聚乙烯纤维,它是以超高分子量聚乙烯(UHMWPE)为原料制备而成的,为继碳纤维和芳纶之后的又一种高性能纤维,1979 年由荷兰 DSM 公司试制成功,并于 1990 年率先实现商业化生产,其商标名称为迪尼玛(Dyneema)。

超高分子量聚乙烯纤维的分子量高达$(5\times10^5)\sim(5\times10^6)$,具有高强度、高模量、低密度的特性,其强度可达 2.65N/tex 左右,模量可达 93.548N/tex 左右,密度则仅为 $0.96g/cm^3$。超高分子量聚乙烯纤维具有良好的疏水性、耐化学品性、防紫外线和抗老化性能,其耐磨性、耐疲劳性、抗震性和柔软弯曲性也很好,耐冲击性和能量吸收能力高。这种纤维的主要缺点是耐热性差,熔点仅为 145~155℃,因此在使用时要注意温度的影响。

超高分子量聚乙烯纤维的应用领域很广,如航海用制品、防护用制品、体育用品等,主要用于制造帆布、高强度绳索、渔网、防弹背心、降落伞、耐冲击织物、防切割手套等。

(4)聚四氟乙烯纤维(PTFE)。聚四氟乙烯纤维在我国商品名称为氟纶,美国为特氟纶(Teflon)。其聚合物的分子结构式为$\mathrm{-\!\!\!\left[CF_2-CF_2\right]_n}$。

聚四氟乙烯最初用作塑料,1954 年由美国杜邦公司首先将其制成纤维并实现了工业化生产。产品有单丝、复丝、短纤维和膜裂纤维等。

聚四氟乙烯纤维是耐高温阻燃纤维中发展最早的品种,它具有独特的综合性能,是迄今为止最耐腐蚀的纤维,能耐氢氟酸、王水、发烟硫酸、浓碱、过氧化氢等强腐蚀性试剂的作用。只有熔融的碱金属和高温高压下的氟才能对其产生轻微的腐蚀作用,它是现有化学纤维中耐气候性最优良的一个品种,在室外暴露 15 年以后,其机械性能不会发生明显的变化。PTFE 还是目前化学纤维中最难燃的纤维之一,其极限氧指数(LOI)高达 95%,即在氧浓度为 95% 以上的气体中才能燃烧。PTFE 长期使用温度为 -120~250℃,强度失效温度为 310℃,加热至 390℃ 以上时,开始发生解聚。另外,聚四氟乙烯纤维还具有良好的电绝缘性能和抗辐射性能,摩擦因数低、不黏着、不吸水。

聚四氟乙烯纤维由于具有以上的特殊性能,在原子能工业、国防、航天、电子、电器、化工和医疗等方面有着重要的用途,可用于制作火箭发射台等的屏蔽物、宇航服、原子能工业防护服、各种耐腐蚀和耐高温的密封材料、各种人造血管及人造气管、医用缝合线等。

## 第九节 环保纤维

所谓环保纤维(evironmental protection textile fibre),是采用在生产过程无污染的纤维。环保纤维的种类很多，包括在前面章节中介绍过的天然彩色棉纤维、天丝、大豆蛋白纤维、海藻纤维等均属于环保纤维，另外还有甲壳素纤维、可回收再利用的纤维、可降解的纤维、无毒功能性保健纺织品等。

以高新技术发展和应用新型纺织纤维原材料是21世纪的重要课题之一。应用新型环保纤维开发的针织、纺织品在市场上很受消费者欢迎，并受到社会上的广泛关注。西方发达国家，特别是欧洲的一些国家，对进口的纺织品制定了非常严格的环保标准，涉及纺织品无害化的项目就有近10个指标，如pH值、染色牢度、甲醛残留、挥发性物质含量、阻燃性等，其中大多是强制性标准。中国加入世贸组织以后，随着纺织品出口配额等限制的取消，以“绿色贸易壁垒”为代表的新的壁垒将是国内纺织企业必须面对的新问题。因此，发展“绿色纺织业”是纺织业新的发展方向，是保护人类健康、保护环境、提高国际竞争力的需要。

## 一、甲壳素纤维

甲壳素纤维（chitoin fibre）是从自然界中虾、蟹等甲壳纲类动物的外壳中制取的。

早在1811年，法国学者Bracont就发现了甲壳素这种物质，他利用稀碱处理菌类物质，得到了含氮量比木质纤维还要多的纤维物质，称为真菌（Fungine）。1823年，Odier等从甲壳中得到了同样的物质，并命名为不溶性甲壳质或甲壳素（CHITIN），CHITIN经浓碱加热处理即脱去乙酰基生成脱乙酰甲壳质或壳聚糖（CHITOSAN）。近十几年来，国际上对该资源的开发利用极为重视，甲壳素已成为一门独立的学科分支——甲壳素化学，并已成为发展诸多高科技的新兴工业材料。

甲壳素为白色或灰白色、半透明片状固体，不溶于水、稀无机酸、稀碱及一般有机溶剂，可溶于浓无机酸。壳聚糖是白色或灰白色略带珍珠光泽的半透明片状固体，不溶于水和碱溶液，可溶于大多数稀酸（如盐酸、醋酸、环烷酸、苯甲酸等）而生成盐，常将其溶于稀酸中使用。甲壳素纤维的制取比较简单，将虾蟹甲壳粉碎后，先用3%～5%的盐酸水溶液浸泡，除去碳酸钙，接着用3%～5%的稀碱溶液浸泡除去蛋白质，可得到灰分在0.2%以下的甲壳素粉末。将粉末溶于氨基酸溶液，得到含有10%甲壳素的黏稠纺丝液。喷丝细流（纺丝液）通过乙醇溶液凝固成丝，一般为2.2～22tex的复丝，经水洗烘干就可得到无色而有光泽的甲壳素纤维。最近有人研究成功采用液晶纺丝技术，可制得拉伸强度为0.36～0.72N/tex，初始模量为13.5～23.5N/tex的高强度高模量甲壳素纤维，它是以甲壳、壳糖酸及其醋酸为原料，如采用壳糖的醋酸甲酯衍生物，溶于适当的溶剂中调制成浓度为10%的液晶纺丝溶液，然后浸入惰性气体中凝固成型，再用碱溶液处理后制得。

甲壳素兼具有高等动物组织中胶原质和高等植物组织中纤维素两者的生物功能，制成的甲壳素纤维具有生物相容性和生物可降解性。近十年来，通过基础研究得知，“甲壳素”的机能惊人，被现代科学称之为继糖、蛋白、脂肪、维生素、矿物质五大生命要素之后的第六生命要素，具有一定的保健作用和医疗价值。由于它对人体无毒害、无刺激，甲壳素纤维呈碱性和高度的化学活性，具有良好的吸附性、黏结性、杀菌性和透气性，甲壳素纤维制成的纺织品广泛用于医疗卫生行业。甲壳素纤维也是能自然降解和资源再生的环保型纤维。

## 二、生物可降解纤维

生物可降解纤维是指在自然界中的光、热和微生物的作用下能自行降解的纤维。在纺织纤维中，天然纤维与再生纤维（如黏胶纤维、天丝、铜氨纤维和蛋白质纤维）是本身具有可降解性的纤维，合成纤维由于本身的组成与结构，使其难以生物降解，因此给环境带来了日益严重的污染。因此，从改善生态环境和可持续发展的角度来看，开发生物降解性纤维具有十分积极的意义。目前重点开发的有两类，一类是聚己酸内酯纤维，简称 PCL 纤维；另一类是以全脂肪族聚酯为基础的纤维。

### 1. 聚乳酸可生物降解纤维

聚乳酸（PLA）纤维是在20世纪90年代初由日本岛津（Shimadzu）公司和钟纺（Kanebo）公司联合开发成功的一种可完全生物降解的化学纤维，其商品名为 Lactron。

聚乳酸纤维是以玉米和小麦为原料提炼出来的，以乳酸为基础结构。乳酸是一种存在于动植物和微生物体内的常见天然化合物，它极易在土壤或海水中受微生物的作用而造成自然完全分解，因此不会造成环境污染。聚乳酸被认为是当今最有前途的可降解聚合物之一。

聚乳酸的熔点在180℃左右，结晶温度为103℃，玻璃化温度为58℃，可以通过熔融纺丝法加工制成纤维。日本钟纺公司生产的聚乳酸纤维有短纤维和长丝两种，其线密度短纤维为0.11～2.22tex，长丝为2.22～111tex。纤维的断裂强度可达0.39～0.54N/tex，断裂伸长率为20%～35%，初始模量达到5.90～6.90N/tex，密度为1.27g/cm$^3$，沸水收缩率为8%～15%，回潮率较低，仅有0.6%。

聚乳酸纤维具有良好的耐热性、热稳定性，手感柔软，外观透明，具有真丝般的光泽，可采用分散染料进行染色，而且颜色较深。目前，聚乳酸纤维已有长丝、短纤维、单丝、复丝和非织造布等各类品种，可用于服装、日常用品（如包装袋、抹布、餐巾等）、农林园艺用材料、卫生与医用材料等。聚乳酸纤维是一种可完全降解、资源可再生的完全环保型纤维。

### 2. 聚己酸内酯纤维

聚己酸内酯纤维是一种全微生物分解性合成高分子纤维，也是目前价格较低的可降解合成纤维，采用己酸内酯环状单体，制成聚己酸内酯纤维。

聚己酸内酯一般采用熔融纺丝法制取单丝、复丝和短纤维。由于纤维的熔点和玻璃化温度较低，分别为60℃和－60℃，结晶温度为22℃，与室温接近，所以在采用熔融纺丝法纺丝时，要比涤纶和锦纶困难得多。

聚己酸内酯纤维的强度较高，拉伸强度可达70.56cN/tex以上，结节强度也在44.1cN/tex以上，而且湿态强度降低较少，因此，它具有较好的纺织加工性和良好的使用性能，可以用于服装、日常用品、土木工程、卫生医疗、农林园艺以及水产等领域。

与黏胶纤维相似，聚己酸内酯纤维的生物可降解性较好，它不仅能在土壤中降解，而且在海水和活性污泥中也具有较好的可降解性。

### 3. 聚乙烯可生物降解纤维

聚乙烯纤维又称乙纶，是由德国齐格勒（Zieglar）博士于1954年发明的，它是不可生物降解的。日本 Unitika 公司于1991年研制成功生物可降解的聚乙烯纤维。这种纤维采用97%的高密度聚乙烯与3%含3% ~30%聚已内酯混合制得的切片，在280℃下进行熔融纺丝，经水冷却、拉伸、热定型，最后制成可生物降解的聚乙烯纤维。

**4. 光热可降解的聚烯烃纤维**

降解法是公认的处理废弃高分子材料的最佳方法，引起全世界的普遍关注。从降解的机理上看，降解法又可分为微生物降解、热降解和光降解等。因此，也可利用光和热的方法使高分子化合物分解成低分子化合物，这样就拓宽了环保的思路。国外曾有人将球状聚丙烯与铜、铁硬脂酸盐等混合制成球粒，然后在常规的纺丝机上将此混合物进行熔融纺成长丝。对这种长丝在实验室经加速老化测试，表明这种聚烯烃长丝在长期热稳定条件下降解了。荷兰有一家公司研制成功一种光热可降解的纱线，它的基本材料是聚烯烃类聚合物，其中还加有常用的紫外线稳定剂和涂料。由这种纱线加工成的纺织品，在正常季节里不会变质，能完全满足使用要求，但放在混合肥料堆上或热地上，当温度升高到50℃以上时就发生降解了。目前这种纺织品被广泛地应用于园艺中。

## 复习指导

1. 了解合成纤维的分类及纺丝方法，熟悉异形纤维和复合纤维的类型及特性。
2. 了解涤纶的结构，掌握涤纶的主要物理化学性质，了解涤纶性能与染整加工的关系。了解改性涤纶的品种及改性方法。
3. 了解锦纶的结构，掌握锦纶的主要物理化学性质，了解锦纶性能与染整加工的关系。
4. 了解腈纶的结构，掌握腈纶的主要物理化学性质，了解腈纶的性能与染整加工的关系。
5. 了解丙纶、氨纶、维纶的结构，熟悉丙纶、氨纶、维纶的性能。
6. 了解新型合成纤维的改性技术，熟悉改性新型合成纤维及制品的应用。
7. 了解环保纤维的种类及应用。

## 思考题

1. 请举例说明合成纤维的分类。
2. 合成纤维的纺丝方法有哪三种？
3. 异形纤维和复合纤维有哪些特性？
4. 涤纶的学名是什么？试根据涤纶的结构分析其特点。
5. 为什么热定形可使涤纶的状态趋于稳定？应如何选择热定形温度？
6. 涤纶的耐酸性、耐碱性如何？
7. 锦纶的学名是什么？涤纶和锦纶同属合成纤维，为何其弹性及吸湿性不同？试分析原因。
8. 腈纶的学名是什么？腈纶纤维由哪些单体组成？各有何作用？
9. 为什么腈纶纤维适合制造膨体纱？
10. 丙纶的学名是什么？试从丙纶的分子结构来分析丙纶的吸湿性和强度。

11. 氨纶的学名是什么？氨纶为什么具有极高的弹性伸长和弹性回复能力？

12. 维纶的学名是什么？与其他合成纤维比较，维纶有哪些特性？

13. 新合纤改性技术有哪些？请举例说明新合纤及制品。

14. 请分别举例说明功能性纤维．高性能纤维及制品。

15. 什么是环保纤维？请举例说明。

# 第六章　纱线和织物的基本知识

## 第一节　纱线的基本知识

纱线(yarn)是以纺织纤维为原料制成的具有一定力学性质的连续线状物体。它们细而柔软,并具有适合纺织加工和最终产品使用所需要的基本性能。

### 一、纱、线、丝的概念

**1. 纱**

纱是只由一股纤维束捻合而成的。短纤维纱是以短纤维为原料经过纺纱工艺制成的纱。

短纤维的成纱工艺可分两个阶段,即第一阶段是成条,第二阶段是成纱。从纤维原料的松解到制成纤维束条的工艺过程称为"成条"。成纱的方法主要有环锭纺纱法、气流纺纱法、静电纺纱法、自捻纺纱法和包缠纺纱法等。

**2. 线**

由两根或两根以上的单纱并合加捻制成的材料称为线。用来形成股线的单纱,可以是短纤纱,也可以是长丝纱,可以是同一种原料,也可以是不同纤维原料的,可以同为短纤纱或长丝纱,也可以是不同的。

**3. 丝**

连续长丝纱,简称长丝或丝。有化学纤维长丝纱和天然纤维长丝纱两种。

化学纤维长丝是纤维成型的同时集束成纱的,它不需要像化学短纤维那样先经过短纤维纺纱工艺将纤维集聚成纱。成纤的高聚物通过喷丝板即形成连续丝条,丝条中含有的纤维根数取决于喷丝板上喷丝孔的数目。用多孔喷丝头制成的长丝,称为复丝长丝,若将复丝长丝加捻后形成的为有捻长丝纱,将几根有捻长丝纱再并合加捻,形成的就是复捻丝线。

天然长丝纱主要是以天然蚕丝为主的,是蚕体内分泌出来的绢腺物质经过固化之后形成的连续长丝纤维纱。天然蚕丝可以分家蚕丝和野蚕丝两大类。

### 二、纱线的分类

**1. 按组成纱线的纤维成分**

(1)纯纺纱线。纯纺纱线是由同一种纤维原料构成的纱线。如纯天然纤维纱线和纯化学纤维纱线,具体如纯毛、纯棉、纯麻、纯丝以及纯黏胶纤维、纯涤纶、纯锦纶等。

(2)混纺纱线。由两种或两种以上短纤维混合纺成的短纤维纱为混纺纱。如涤/棉、毛/涤、毛/腈/黏等短纤维纺成的纱线。

(3)混纤纱。由两种或两种以上长丝纱组成或一种长丝纱与另外的短纤纱组成的为混纤纱。棉/真丝纱、涤/真丝纱等。

**2. 按组成纱线的纤维长短**

(1)短纤维纱线。短纤维纱线是以短纤维为原料经过纺纱工艺制成的纱线。先将短纤维经过成纱系统纺制成单纱(指只有一股纤维束捻合而成的)使用,也可以将两根或两根以上的单纱并合加捻制成股线,再可以将几根股线进行加捻并合成为复捻股线,以供不同织物需要。毛线、棉纱、麻纱等都属于短纤维纱线。

(2)长丝纱线。有化学纤维长丝纱和天然纤维长丝纱两种。

天然长丝纱主要是以天然蚕丝为主,是以茧丝为原料经过缫丝工艺将多根茧子丝复合集束而成的长丝纱。天然长丝纱含有丝胶,俗称生丝、厂丝。

## 三、纱线的捻度和捻向

加捻是短纤维捻合形成纱线的必要加工手段,通过加捻提高纱中纤维之间的摩擦力与抱合力,提高纱线的强度、弹性、手感与光泽,同时使织物取得良好的服用性能。纱线的捻度与捻向是两个十分重要的工艺参数。

**1. 捻度**

捻度(twist)是指单位长度纱线中的捻回数,是可以表示纱线加捻程度大小的物理指标。根据单位长度的衡量方法不同,可将捻度分为公制捻度,特克斯制捻度和英制捻度:

(1)公制捻度($T_m$)。公制捻度表示1m长的纱线内具有的捻回数。长丝纱、精纺毛纱一般用公制捻度。

(2)特克斯制捻度($T_t$)。特克斯制捻度表示10cm长的纱线所具有的捻回数。棉纱、棉型化纤纱等一般用特克斯制来表示加捻程度。

(3)英制捻度($T_e$)。英制捻度表示1英寸长的纱线具有的捻回数。

**2. 捻向**

加捻的方向决定了纱线内纤维的倾斜方向。通常分为Z捻(反手捻)和S捻(正手捻)两个方向,如图6-1所示。加捻后纤维自左上方向右下方倾斜的,称为S捻;自右上方向左下方倾斜的,称为Z捻。股线捻向的表示方法是,第一个字母表示单纱捻向,第二个字母表示股线捻向。经过两次加捻的股线,第三个字母表示复捻捻向。如单纱捻向为S捻、第二次并捻为Z捻,则并捻之后股线的捻向以"SZ"表示。

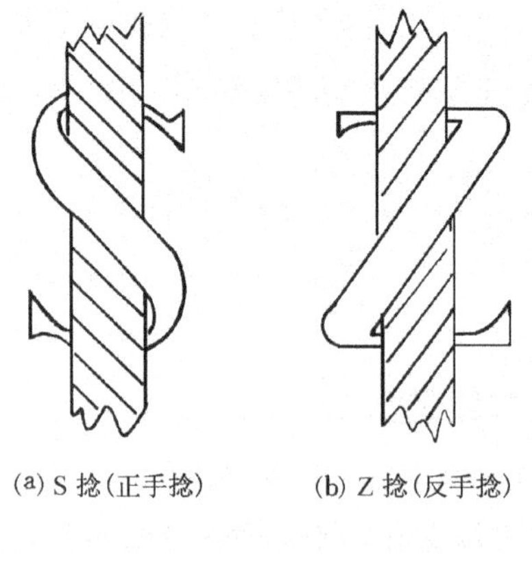


图6-1 纱线的捻向示意图

## 四、织物性能与纱线关系

**1. 织物的外观**

织物的表面光泽除了受纤维性质、织物组织和后整理加工的影响外，也与纱线的结构特征有关。

(1)纱线的长短与织物外观、性能的关系。由短纤维制成的纱线有毛茸，织物具有松软的感觉，透气而舒适，光泽柔和。根据短纤维纱线的结构，又可再将短纤维织物细分为单纱织物（经纱与纬纱都是单纱）、全线织物（经纬纱均是股线）和半线织物（单纱和股线交织）三种不同的类型。单纱织物的质地松软、表面光泽和光洁度稍差；全线织物厚实硬挺、织纹清晰、坚牢耐用；半线在两者之间。

由长丝纱制成的织物光泽明亮、光洁度好。如桑蚕丝、化纤长丝等织物表面光滑、发亮、均匀等。

(2)纱线的捻向、捻度与织物外观的光泽关系。当S捻和Z捻纱线捻合在一起或捻度大小不等的纱线捻合在一起织制成织物时，表面会呈现波纹形效应。当单纱的捻向与股线捻向相同时，纱中纤维倾斜程度大，光泽差，捻回不稳定，股线结构不平衡，容易产生扭结。当股线的捻向与单纱的捻向相反时，股线柔软，光泽好，捻回稳定，股线结构均匀、平衡。平纹织物如采用经纬纱捻向不同，织物表面反光一致，光泽比较好，织物松厚柔软。斜纹织物如华达呢，当经纱采用S捻、纬纱采用Z捻时，则经纬纱捻向与斜纹方向相垂直，因而纹路清晰。如果将S捻、Z捻纱线相间排列时，则织物表面将产生隐条、隐格效应。

纱线的捻度与织物的外观有很大的关系。短纤维织物的纱线对光线的反射因捻度的大小而异。如精梳棉纱在无捻时，因光线从各根纤维表面上反射，纱的表面显得暗淡，无光泽，而当该棉纱捻度达到一定值时，光线从比较光滑的表面反射，反射量大，光泽亮，但当捻度增加到一定值后，反射的光线随捻度的增加而减弱。

长丝纱捻度大，手感粗糙，光泽暗，表面可形成颗粒效应，如双绉织物。

**2. 织物的舒适性**

纱线的结构特征与服装的保暖性有一定关系，这是因为纱线的结构决定了纤维之间能否形成静止空气层。纱的蓬松性有助于衣服用来保持体温，但另一方面，结构松散的纱又会使空气顺利地通过纱线之间，加强衣服和身体之间空气的交换，有凉爽的感觉。结构紧密的纱线能防止空气在纱中通过，会产生暖和的感觉。

蓬松的羊毛衫能把空气留在纤维之间，无风时，纱线内留存的静止空气能起到身体和大气之间的隔热层作用。棉纱不太蓬松时，不能留存像羊毛衫毛纱中那样多的空气，其防止热传递的作用比较差。捻度大的低特纱，其绝热性比蓬松的高特纱差。纱线的热传导性随纤维原料的特性和纱线结构状态的不同而不同。

纱线的结构和手感满足了最终服装的要求。如纱线细、捻度高的精梳棉纱或亚麻纱线具有光亮的外观、滑爽的手感，织物是理想的夏装材料。光滑的黏胶长丝织物也有相似的效果。蓬松羊毛衫或变形纱织物手感丰满，有毛茸，具有温暖感；长丝纱织物光滑，有凉爽感，并且容易贴在身上，影响透气性。

**3. 织物的耐用性**

织物的耐用性除与纱线的拉伸强度、弹性和耐磨性能以及织物的紧密性、组织等有关外，还与纱线的结构有关。通常长丝纱的强度和耐磨性优于短纤维纱。

混纺纱线的强度总比其组分中性能好的那种纤维的纯纺纱强度低。通常膨体纱的拉伸断裂强度比较小。如果纱线中纤维可以移动，则能使织物具有可变性，反之，如果纤维被紧紧地固定在纱中，那么织物就会板硬。

纱的捻度对织物的耐用性有影响，捻度太低，纱很容易瓦解，耐用性降低；捻度过大，内应力增加而使纱的强度减弱。

## 第二节　织物的基本知识

### 一、织物的分类

根据其纤维原料、纱线的加工方式、结构、成形方法以及染整加工不同，各种织物可以形成多种不同的分类体系。

**1. 按织物的纤维构成分类**

(1)纯纺织物。纯纺织物的经纱和纬纱必须是同一种纤维纯纺的纱线，如纯棉、全毛织物等。

(2)混纺织物。混纺织物的经纱或纬纱应为混纺纱线，由于混纺纱线中必须有两种或两种以上的纤维原料，故混纺织物能体现各组分纤维的优良特性，弥补各自的不足，提高织物的服用性能，并能扩大织物的适用范围，如涤/棉、毛/涤、丝/毛/黏等。

(3)交织织物。交织织物的经纱和纬纱应分别为不同纤维原料组成的纱线，或是由两种不同类型的纱交织而成的。交织织物的性能与经纱和纬纱的性能有着密切的关系。如真丝纱与黏胶纤维纱、绢丝纱与毛纱交织等。

**2. 按织物中纱线的结构分类**

(1)短纤维织物。将短纤维原料纺成短纤维纱线，织成的织物成为短纤维织物。

(2)长丝纤维织物。长丝纤维织物是由化纤长丝纱或天然长丝纱为原料织制成的。

(3)长丝纱与短纤纱交织的织物。分别以长丝纱和短纤纱做经纱和纬纱织成的织物。

(4)花式纱织物。指全部或部分使用花式纱线做经纬纱织成的织物。

**3. 按形成织物的加工方法分类**

(1)机织物。机织物(woven)是由相互垂直排列的经纱和纬纱在织机上按一定的交织规律而织造成的织物。该类织物的主要特点是坚牢耐用、结构稳定、布面平整、外观挺括。

(2)针织物。针织物(knitting)是指用一根或一组纱线为原料，在纬编机或经编机上用织针将纱线弯成线圈，把线圈相互串联而织成的织物。针织物生产效率高、透气、松软，有良好的抗皱性、延伸性和弹性，但容易钩丝、起毛起球。

(3)非织造织物。非织造织物(non - woven fabric)是一种在织物成形原理上完全不同于传统成形方法的网状或扁平状纤维集合体（新型纺织材料），称为“无纺布”或“非织造布”等。该类产品结构松散、但生产效率高、使用范围广，通常用于农业基布、大棚以及包装材料、服装用的衬料和垫料等。

## 二、机织物

### 1. 机织物的基本结构特征

（1）织物的量度。织物的长是指织物的长度，工厂和贸易部门都以匹长来表示，以米为单位。织物的宽度也称幅宽，一般以厘米或毫米表示，某些外贸产品以英寸为单位。织物的厚度也以毫米为单位，由于直接度量厚度不方便，也可用织物的重量间接表征。一般以每米布重量（g/m）或每平方米重（$g/m^2$）为单位进行度量，丝绸常用量度单位为“姆米”。

（2）织物的密度与紧度。

①织物的密度。织物单位长度中排列的纱线数为织物的密度，密度有经、纬之分。密度表示织物中纱线排列的疏密程度，密度越大表示织物中纱线排列得越紧密。

②织物的紧度。由不同线密度纱线构成的紧密程度是不能用织物密度的指标做比较度量的。密度相同的两种织物，纱线线密度大则显得紧密。若要比较组织相同而纱线粗细不同的织物表面可能被纱线覆盖的程度，必须同时考虑经纬纱的直径和密度。织物经纬向的紧度分别是经纬纱的直径与相邻经纬纱间的平均中心距离。

### 2. 机织物组织

机织物组织是指机织物中经纱和纬纱的交织规律。织物组织对织物的外观（如表面织纹、光泽等）、手感和内在品质都具有极其重要的影响，是织物设计的一项重要内容。织物组织分为原组织、联合组织、复杂组织和提花组织。本文主要介绍三大原组织的主要特点。

原组织是最基本的织物组织，也是应用最为广泛的组织，分成平纹组织、斜纹组织和缎纹组织三大类。

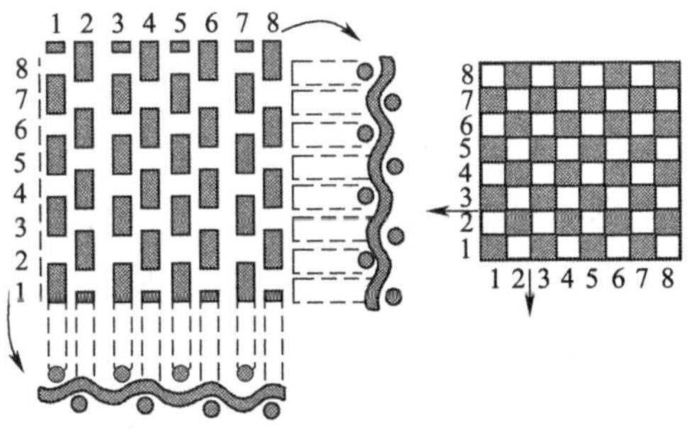

图6－2　平纹组织的结构和组织图

（1）平纹组织。平纹组织是最简单的织物组织，是由两根经纱和两根纬纱构成一个组织循环，如图6－2所示。平纹组织一般具有织物结构坚牢、透气性好、耐磨性强、手感硬、弹性较差、布面平整的特点。该组织的应用范围极为广泛，典型品种有平布、府绸、细布、泡泡纱、乔其、双绉等品种。

（2）斜纹组织。斜纹组织比平纹组织要复杂一些，构成一个组织循环所需要的纱线数最少是3根，相邻两根经纱或纬纱上的经（纬）组织点必须排列成斜线，引伸下去就会形成织物的斜向纹路，如图6－3所示。同平纹组织比，斜纹组织具有比较长的浮长，在线密度和密度等同的条件下，斜纹织物的身骨比平纹织物差。斜纹组织的应用也很广泛，如毛织物中的华达呢、哔叽，棉织物中的卡其、斜纹布，丝织物中的斜纹绸等。

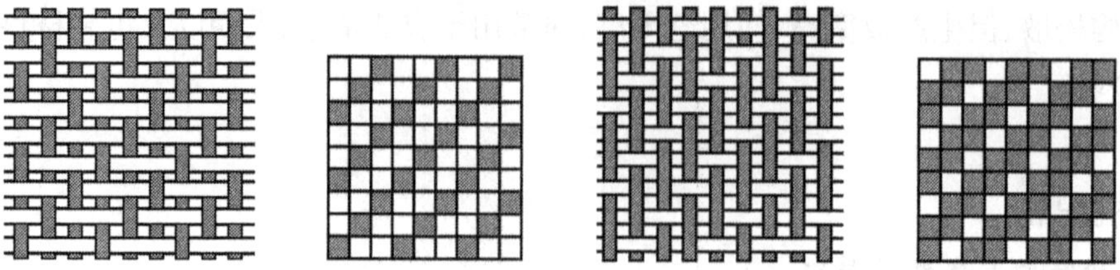

$\frac{1}{2}\nearrow$结构图　$\frac{1}{2}\nearrow$组织图　$\frac{2}{1}\nearrow$结构图　$\frac{2}{1}\nearrow$组织图

图6－3　斜纹组织的结构和组织图

(3)缎纹组织。缎纹组织是原组织中比较复杂的一种,其经纱或纬纱在织物中形成一些单独的、互不相连的经组织点或纬组织点。单独组织点分布均匀。构成一个完全组织的纱线数至少5根,浮长大。在其他条件不变的情况下,缎纹组织循环越大,浮线越长。织物表面平滑均匀,质地柔软,富有光泽,悬垂性好,但牢度比较差,不耐磨(图6－4)。

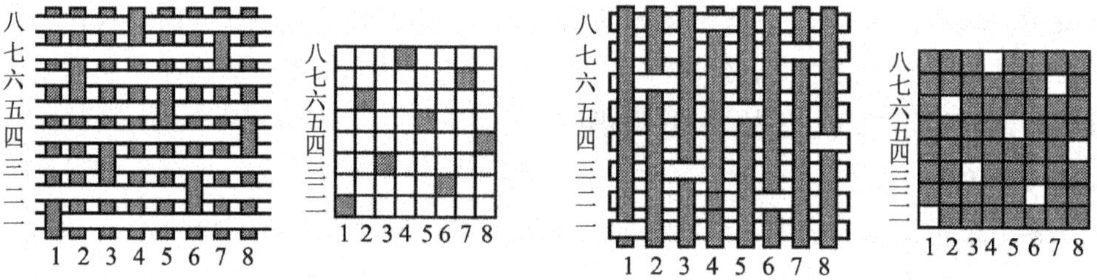


(a) 8枚5飞纬面缎纹组织　(b) 8枚5飞经面缎纹组织

图6－4　8枚5飞经/纬面缎纹组织图

**3. 典型机织物品种与性能**

织物品种很多,过去常按照材质的不同来区分面料种类,如将由棉花制作成的纺织品称棉布,由蚕丝制作成的称丝绸,由羊毛制作成的称为呢绒等。现在由于化学纤维的发展,以传统的以物质属性命名的方法已不适应,比较确切的方法是按风格来区分织物的种类和属性,如用合成纤维制作成的仿真丝绸全归为丝绸,丝绸已经不单纯作为一种蚕丝织物的概念,而是作为一种风格的概念被消费者所接受。由此,根据风格属性的不同将现有的纺织面料分成棉型织物、毛型织物、麻型织物、绸型织物、交叉型织物五种类型。

(1)棉型织物。由棉纤维或用化学短纤维的纯纺、混纺纱织造的如棉布一样风格的织物称为棉型织物。纯棉织物的弹性比较差、容易发霉,但有良好的吸湿性,穿着透气,柔软舒适,染色性好,一般用作内衣料。

商业部门按棉型织物的色彩和加工方法不同,将其分为本色布、色布、花布、色织布四类;工业部门将棉型织物分为本色棉布、印染棉布、色织棉布、绒类和其他棉布类。

①中平布。市场上所见的本色棉布,具有棉纤维天然色泽,质地坚牢,布面平整,耐磨,缺少

弹性，质地不纯净，带有浆料，手感比较硬，使用中经多次洗涤，会越洗越白。除纯棉织物外，还有化纤中平布，如黏胶纤维、涤/棉等。

②府绸。府绸具有良好的外观，有丝绸的风格。特点是布面洁净平整，质地细致，布面上有均匀的菱状颗粒，颗粒纹饱满清晰，光泽柔和，手感柔软滑爽，舒适。

府绸的原料有纯棉，也有涤/棉、黏/棉、锦/棉等，织物采用低特高密的经纬纱和平纹或提花组织，经纱密度比纬纱密度大。府绸的品种也很多，有漂白、染色、印花、色织等。高级府绸适用于作夏季衬衫、童装等，厚型府绸可做裤子、外衣等衣料。

③卡其。卡其沿经纱方向有细密的斜向纹路，质地坚实，布身紧密，硬挺、坚牢，布面光洁、手感丰满厚实。

卡其品种也很多，有双面卡其、单面卡其、线卡和纱卡等。双面卡其采用$\frac{2}{2}$加强斜纹，布的正面纹路为右斜，正反面均有明显的斜纹路，经纬纱都使用股线，也称为线卡，线卡质地紧密坚硬，容易折，保形性好；单面卡其采用$\frac{3}{1}$斜纹组织，经纱用单纱，纬纱为股线，布面纹路是右斜，但反面没有明显的斜纹路，也称为半线卡；纱卡也采用$\frac{3}{1}$斜纹组织，布面纹路是左斜，经纬纱都是单纱，纱卡质地柔软，耐磨性低于线卡。卡其主要做春秋季以及冬季服装。

④灯芯绒。灯芯绒的原料大部分用棉纱，也有用涤纶、腈纶、锦纶等化学纤维的。

灯芯绒的表面呈现耸立的绒毛，排列成条状，形似灯芯草。布面绒毛丰满，手感厚实，保暖性好，条纹清晰，绒面整齐，耐磨，不容易脱落，但缩水率大。

⑤泡泡纱。泡泡纱所用的原料为棉，也有用涤棉混纺纱的，组织为平纹。根据加工工艺不同，泡泡纱又分印染泡泡纱与色织泡泡纱。印染泡泡纱是采用细布坯，先经染整加工，把碱液按起泡位置印到布面上，印有碱液的布面会收缩，而没有碱液的布面则不收缩，从而形成波浪形的泡泡。色织泡泡纱是用两组张力不同的经纱织出来的，一组地经张力大而且细，一组泡经张力小而粗，织物形成后产生布面的松紧不一，纱粗以及张力松的地方，就产生泡泡状的皱纹。

泡泡纱的特点是布面有泡泡状颗粒，布面凹凸不平，不仅有立体感，而且做内衣时可不紧贴身体，布身轻薄，凉爽舒适，洗后不需熨烫。

⑥牛津布。牛津布的原料一般为纯棉纱线，也有纯棉纱与涤/棉纱交织的，还有用合纤的牛津布。牛津布的织物为平纹组织，但为使针点突出，通常采用平纹变化组织。

牛津布的特点是布面上能呈现色织效果，既有立体感，又不易褪色；另一个重要特征是织物表面具有针点效应，让经纬纱的组织点凸出于布面，颗粒饱满，并具有手感松软，透气性好的特点。

⑦牛仔布。牛仔布又称为劳动布或坚固呢。以全棉纱为主，也有采用多种原料结构的，如棉锦混纺、弹力纱、花式纱等作原料的。组织结构有平纹、斜纹、条格、提花等。传统的牛仔布一般经向紧度大于纬向紧度，总紧度也比较大。现在也有轻薄型的。

牛仔布的颜色大多为靛蓝，也有浅蓝、黑色、灰色等。但不管用什么颜色，色经白纬是它最基本配置形式，经纱需要在织前染色。

牛仔布的后整理种类多，最主要有石磨整理、水磨整理、雪洗整理、磨毛整理、酶洗整理等。

⑧贡缎。贡缎有素色、杂色和花等类型，组织采用缎纹。该类织物布面润滑而富有光泽、手感柔软，有丝绸风格。

（2）毛型织物。用羊毛或特种动物毛为原料、或用羊毛与其他纤维混纺纱交织的以及用化学纤维织成的仿毛织物称为毛型织物。毛织物因用纱线纺纱系统不同，产品风格也随之变化，通常分精纺毛织物和粗纺毛织物两大类。精纺毛织物的风格特点是呢面洁净、织纹路清晰、手感滑糯、富有弹性、光泽柔和，织物重量范围一般在 $100 \sim 380g/m^2$。粗纺织物手感丰满厚实，织物重量一般在 $180 \sim 840g/m^2$。

①华达呢。华达呢也称为新华呢、轧别丁，属精纺呢绒品种，为中厚型斜纹织物，呢面斜纹方向纹路比较陡，倾斜角为60°左右，纹道距离比较狭，纹路线凸出粗壮，身骨结实，呢面光洁平整，手感滑挺、丰厚、柔顺而富有弹性，耐磨性好。

②哔叽。哔叽是精纺呢绒的传统品种，斜纹组织。呢面织纹清晰，斜纹为倾角50°左右的右斜纹，织纹与华达呢相似，但哔叽的经纬密度比较接近，纹路间隔距离宽，显得比较平坦，斜纹线不如华达呢的粗壮凸出，身骨不如华达呢紧密厚实。

③凡立丁。凡立丁是精纺呢绒中用单纱织造的薄型织物，经纬密度小，重量约 $240 \sim 340g/m^2$。毛纱细而捻度大，织物稀松但仍然保持滑爽挺括的风格，不起毛，织纹清晰，光泽自然柔和，手感滋润、不糙。

④啥味呢。啥味呢也称为春秋呢，外观与哔叽很相似，也采用斜纹组织，斜纹角在50°左右。它的风格特点是用部分混色毛纱织制的混色织物，以毛面啥味呢为主，经过缩绒处理，正反面呢面都有毛绒覆盖，毛绒短小均匀；也有光面啥味呢，经过烧毛处理，呢面平整光洁，无毛绒覆盖，织纹清晰，手感柔糯丰厚，具有滋润感，光泽自然，有膘光，雅致大方。采用的原料有全毛、毛/黏、毛/涤等。啥味呢的经纬纱都为股线，经密为 300 ~ 350 根/10cm，纬密为 240 ~ 280 根/10cm，色泽以米灰、烟灰为主，其他有咖啡、绿灰、蓝灰、深蓝等色，也有条子花纹。

⑤板司呢。板司呢是精纺呢绒中的传统中高档产品，通常为小方格、细格，织纹风格独特，属于花呢类品种，身骨比较厚重，手感略有粗糙，呢身平挺，弹性足，抗皱性好。

⑥法兰绒。法兰绒为粗纺呢绒类传统品种之一，产品是将一部分羊毛先染色后，渗进一定比例的原色羊毛，均匀混合后纺织成混色毛纱制织成的，夹花的呢面效果是它的独特风格。

法兰绒呢坯经缩绒拉毛整理，织物表面有密密的绒毛覆盖，一般不露底；绒面丰满细腻，混色均匀，手感柔软而有弹性，身骨松软，保暖性好，穿着舒适。

⑦花呢。花呢是精纺呢绒中花色变化最多的品种，也是呢绒的主要品种。薄花呢经纬纱支细，重量轻，呢身活络富有弹性，手感柔软滑爽，呢面细洁平整，不起毛，花纹清晰，花色雅致。厚花呢身骨紧密厚实，弹性好，手感丰厚柔软，不板硬，保暖性好。

（3）绸类织物（丝绸）。丝绸织物手感光滑柔软，织纹细腻，色彩鲜艳，光泽柔和悦目，贴肤性好，透气吸湿，既飘逸又有悬垂感。

丝绸既有优秀的传统产品，又有各类新品种，分类方法也很复杂。根据原料种类不同分为真丝绸、合纤绸、人丝绸、交织绸、柞丝绸等7大类；根据染整工艺不同分为练白、染色、漂白、印花绸等；根据织物的组织结构和外观特征的不同将它分为纱、罗、绫、绸、缎、绡、绉、纺、锦、呢、葛等14大类。常见的具体品种如下：

①电力纺。电力纺也称纺绸，是纺类品种中具有代表性的品种。经纬纱都不加捻，由生丝织造，经炼染的织物。织物组织为平纹，原料通常为真丝。

电力纺的质地平整细密，织物无正反之分，身骨比绸类轻薄，柔软飘逸，绸面光泽柔和。

②富春纺。通常是黏胶长丝纱与黏胶短纤维纱交织的化纤丝绸，绸面光泽，色泽鲜艳，吸湿性好，穿着舒适，但湿强度差。采用平纹组织，有素色和印花两类。富春纺在原有组织、原料、结构的基础上加以调整，再增加一些可使表面光泽的措施（烧毛），印典型的丝绸花纹，就成为桑面绸，有良好的丝绸效果，但价格比较低。

③双绉。双绉是平经绉纬的薄型丝绸。经纱采用不加捻的蚕丝长丝纱线，纬纱采用高捻蚕丝长丝纱，并以两根左捻和两根右捻的顺序交替织入，采用平纹组织，绸面的起绉是由于左右捻向交替织入纬纱，练漂后在退捻扭矩作用下形成了三维起拱的螺旋形态。

双绉表面有均匀细致的凹凸皱纹，手感柔软，质地轻柔。悬垂性好，色光柔和。

④软缎。软缎是我国的传统产品。原料采用真丝和黏胶人丝或真丝与锦纶交织，织物组织为缎纹。绸面色泽鲜艳，明亮细腻，手感柔软光滑，有华丽富贵之感，背面呈细斜纹状的风格特点，但由于浮长长，不耐磨，容易破。产品有素色和印花两种。

⑤织锦缎、古香缎。织锦缎是由我国古代宋锦发展而成的，与古香缎一起并称为中国的“姐妹缎”。所用原料有：蚕丝与黏胶丝交织的熟织提花织物，也有全部用黏胶长丝织成，也有用真丝与锦纶长丝交织的等。组织是在缎纹地上起纬浮花，织物表面色彩丰富多变，背面呈现明显的彩色横条。

织锦缎的表面光亮洁净，鲜艳夺目。图案大多采用具有民族特色的四季花卉，禽鸟动物和自然景物，现在也有用写意的几何图形等，造型精细活泼，为传统高档丝绸产品。

⑥乔其纱。乔其纱有人丝乔其和真丝乔其等，组织为平纹。经纬纱都采用强捻，经纱采用两根左捻和两根右捻反复排列，纬向也以两根左捻两根右捻排列。精练整理后，其退捻扭矩使经纬纱之间方形孔隙被扭曲成不规则的三维纱孔。

乔其纱的绸面呈现均匀细微的皱纹和明显的小纱孔，手感柔软滑爽，富有弹性，质地轻薄，透明飘逸，有悬垂性，抗皱，无正反面之分。

⑦莨纱。莨纱也称香云纱，经纱与纬纱均为桑蚕丝，经纬纱都加捻，一般以平纹地上提花织成坯绸，再进行拷制处理形成。多为黑色，布面油亮、滑爽，不沾油，但不适宜折叠，摩擦后易受损。

（4）麻型织物。麻类织物通常以苎麻、亚麻为原料，现今也有用黄麻等为原料的，此外，也有全部用化学纤维制成的仿麻织物。纯麻织物的特点是强度高，硬，耐磨性比棉好，具有良好的吸湿性，容易散热，舒适不黏，滑爽透凉，适宜做夏季面料。

①亚麻布。亚麻布是以天然亚麻纤维为原料的织物。通常以平纹组织为主，也有变化组织的，品种比较简单，分亚麻原色布和亚麻漂布。特点是散热快、吸湿好，穿着舒适凉爽，但易褶皱。

②苎麻布。苎麻布是以苎麻为原料的麻织物，一般采用平纹组织。其中手工土织的称为夏布（专供夏令服装和蚊帐使用而得名），品种规格比较简单，按织物的色调分，有原色、染色、漂白、印花苎麻布。苎麻布的特点是布面光洁，纱支匀净，强度、刚性大，手感硬挺，散热性好，穿着舒适凉爽不黏身体，抗虫蛀。

③麻纱。麻纱所用原料为棉，也用涤棉等混纺纱的，组织为变化纬重平组织和提花组织，采用捻度比较高的细特纱，密度低，经纱采用双纱和单纱相互排列，使织物的布面有阔狭不一的条纹和不同细小孔隙的产品。根据织物外观不同，可分凸条麻纱和提花麻纱等。

麻纱的特点是布面呈现宽窄不同的直形条纹，外观与手感很像天然的麻布。布身轻薄挺滑，穿着舒适凉爽，为轻薄织物。

（5）交叉风格的织物。具有交叉风格的织物是仿真织物开发技术的一种延续。一些风格特征介于两种风格之间的织物称为交叉风格的织物。典型的交叉风格织物介绍如下：

①巴厘纱。巴厘纱是一种以棉纱或涤/棉、涤/黏纱为主要原料的仿真丝乔其纱的织物，既有棉布的风格又有丝绸的风格。该织物轻薄柔软，布孔清晰，透明度好，透气性好，富有弹性等类似于乔其纱的丝绸风格，而在感觉上却有着棉纤维的滑糯的触感，不像丝绸样光滑。

②水洗麻。该织物主要使用合纤长丝为原料，经纱的一部分用不规则牵伸丝，所以在织物染色后能因为纱的吸色不匀而在布面上形成有不等长度的深浅色段，取得雨水丝状的杂色效果。

水洗麻织物的特点是具有雨水丝状深浅色花纹的杂色调风格织物，而且在织物表面分散有极微细的凹凸颗粒——麻粒。具有滑爽、粗糙的手感，类似于麻类织物，但由于是长丝产品，仍有丝绸的飘逸和悬垂性好的效果，归于既有麻的风格又有丝绸格调的织物。

③卡丹绒。卡丹绒是一种以涤纶长丝为原料，经纱必须选用由两种热收缩率不同的长丝纱拼装成的，纬纱一般采用高捻的涤纶低弹长丝纱，通常采用经面斜纹或经面缎纹的组织，具有丝绸的外貌，却又有类似于精梳呢绒样手感的织物。织物松软而富有弹性，有良好的抗皱性，隐现丝绒般的光泽，良好的悬垂性，是兼具丝绒和呢绒风格特点的织物。

## 三、针织物

### 1. 针织物的基本结构特征

（1）针织物的量度。

①长度。针织物的匹长由工厂的具体条件而定，主要考虑原料、品种和染整等要素。一种是用定长表示，另有用定重表示的。

②宽度。经编针织的成品幅宽随产品品种和组织结构而定，一般为 80～150cm；纬编织物的成品幅宽主要与加工用的针织机的规格、纱线和组织结构等因素有关，约为 40～50cm。

③厚度。当原料种类和纱线细度一定时，用单位面积重量可间接反映针织物的厚度和蓬松度，考核针织物质量的重要指标之一，是用每平方米面积的干燥重量表示。在每平方米干燥重量一定时，厚度越大织物的蓬松性越好，手感和保暖性也好。

（2）线圈与线圈长度。线圈是组成针织物的基本单元。线圈的结构不同和组合方式不同，就构成了各种不同的组织。无论是经编针织物还是纬编针织物，线圈都是按一定规律排列的，纵向串套的线圈称之为纵行，横向连接的线圈称之为横列。线圈长度与针织物的密度有关，对织物的脱散性、延伸性、弹性、耐磨性、强度、抗起毛起球性和钩丝等都有很大的影响。线圈长度是针织物的一项重要物理指标。

针织物的线圈长度越长，单位面积针织物内的线圈数越少，纱线间接触点越少，纱线之间的摩擦力小，织物容易变形，尺寸的稳定性和弹性都比较差，耐磨性、抗起毛起球性、保暖性等差，但透气性好。

(3)针织物的密度和未充满系数。密度是直接反映在单位长度或单位面积内的线圈数，通常用横向密度、纵向密度和总密度来表示。横向密度用5cm内线圈横列方向的线圈纵行数表示；纵向密度用5cm内线圈纵行方向的线圈横列数表示；总密度是用$25cm^2$内的线圈数表示，等于横向密度和纵向密度的乘积。

密度对针织物的物理—机械性能影响很大。密度大的针织物比较厚实，保暖性好，强度、弹性、耐磨性、抗起毛起球性都比较好，而且不容易钩丝。

未充满系数($\delta$)是线圈长度(mm)与线圈直径(mm)的比值。当两种针织物的密度相同，但纱的粗细不同时，这两种针织物的紧密程度是不同的。因此，要真正表示针织物的紧密程度需要采用未充满系数这一指标。

**2. 针织物的组织结构**

(1)纬编针织物组织。纬编针织物组织分为原组织、变化组织和花色组织三大类。原组织是所有针织物组织的基础，如单面的纬平针组织、双面的罗纹组织和双反面组织。变化组织是由两个或两个以上的原组织复合而成的新组织，以改变原组织的结构和性能。

①纬平针组织。该组织是由连续的单元线圈相互串套而成的，正反面具有不同的外观，其组织结构如图6－5所示。

采用纬平针组织的针织物会产生很大的变形，当在织物的纵向和横向受到外力作用时能表现出很高的延伸性，织物的正面平整、光洁，但具有明显的脱散性、卷边性。

②罗纹组织。该组织是由正面线圈的纵行和反面线圈的纵行以一定形式组合配置而成的。其种类很多，常用1＋1、1＋2等数字表示正、反面线圈纵行在一个完全组织中的组合情况。组织结构如图6－6所示。

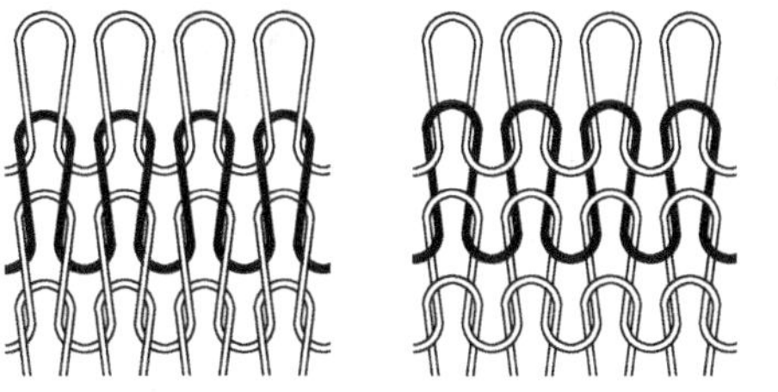

(a) 正面　　(b) 反面

图6－5　纬平针组织图

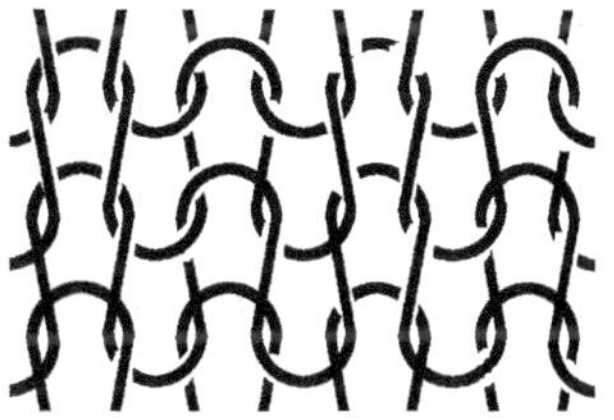

图6－6　1＋1罗纹组织图

采用该组织的纬编针织物，在横向受到外力作用时有比较大的延伸性，但当外力去除以后，变形的回复能力很强，具有良好的弹性，但罗纹组织也会产生脱散、卷边现象。

③纬编双罗纹组织。该组织是纬编变化组织的一种，在一个罗纹组织的线圈纵行之间配置着另一个罗纹组织的线圈纵行，如图 6－7 所示。

采用双罗纹组织的纬编针织物具有结构稳定、厚实、柔软、保暖性好，无卷边性、有弹性和稳重性等特点。

(2)经编针织物组织。

①经编链组织。该组织的特点是每一个线圈纵行由同一根经纱形成，编织时每根经纱始终在同一根针上垫纱，根据垫纱方式不同，再分为闭口编链和开口编链两种形式，如图 6－8 所示。

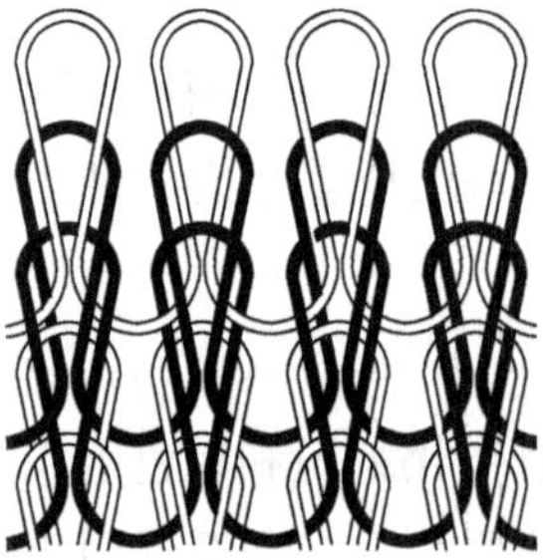

图 6－7　双罗纹组织图

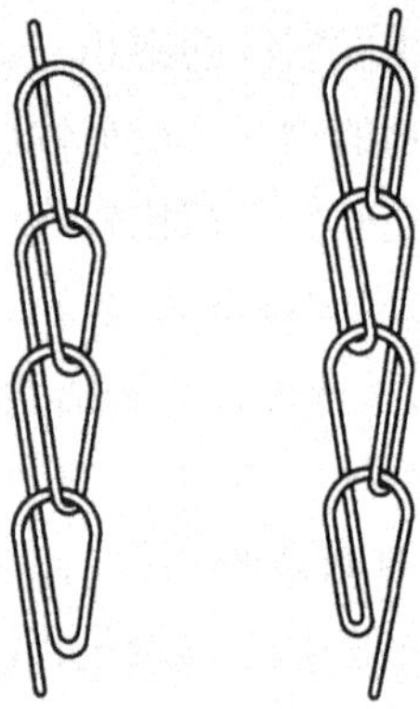

(a) 闭口编链　(b) 开口编链

图 6－8　经编链组织图

该组织线圈纵行之间无任何联系，织物横向不会发生卷边现象，织物纵向延伸性比较小，主要取决于纱线的拉伸性能。

②经平组织。经平组织是经编针织物的基本组织之一，利用每根经纱在相邻两只织针上依次交替垫纱编织成的，两个横列完成一个完全组织，如图 6－9 所示。

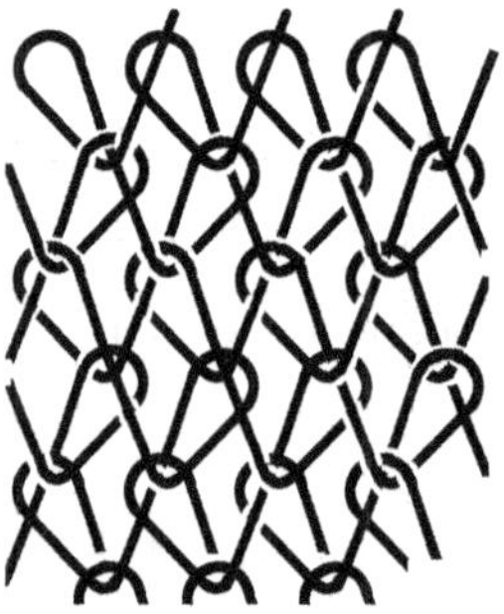

图 6－9　经平组织图

采用经平组织的针织物，正反面外观很相似，由于线圈成倾斜状，所以纵向和横向均有一定的延伸性。卷边性不显著，当织物上一个线圈断裂并受到横向外力作用时，线圈会从断裂处开始沿纵行逆编织方向逐一脱散，使织物分成两片。

③经缎组织。经缎组织是利用每根经纱顺序地在 3 根或 3 根以上织针上垫纱成圈，然后在顺序地返回原位过程中逐针垫纱成圈而成的组织，如图 6－10 所示。

经缎组织线圈形态接近于纬平针组织，织物的卷边性和其他的物理性能与纬平针相似，由于不同方向倾斜的线圈横列对光线的反射不同，因而在织物表面形成横向条纹。经缎组织与其他组织符合，可得到一定的花纹效果。

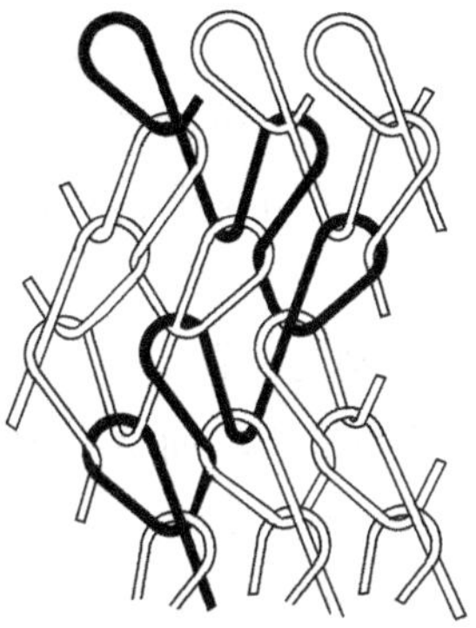

图 6 – 10　经缎组织图

**3. 典型针织物品种与性能**

针织物的织物中的一大品种，根据成纱方式不同分为纬编织物和经编织物两大类。该类织物具有很大的伸缩性、柔软性、透气性，穿着舒适性，但纬编织物有脱散、卷边、尺寸不稳定以及钩丝等问题，在设计时应予以考虑。现简单介绍几个典型品种：

(1)汗布。汗布是最简单的针织物，组织为纬平组织，原料为棉纱，也有用涤棉混纺纱等。汗布柔软、透气，但容易产生线圈歪斜和脱散、卷边的问题。

(2)丝盖棉。织物的正面是化学纤维，如合纤长丝纱等，反面是天然纤维布，如棉纱或蚕丝等。由两种原料制作成的针织品在穿用时，与皮肤接触的是棉或真丝等天然纤维，而正面是坚牢、耐磨、弹性好的合成纤维。产品有纬编与经编、单面和双面。

(3)棉毛布。棉毛布具有厚实、柔软、保暖性好，无卷边和有弹性等特点。组织通常是双罗纹，也有变化组织的。广泛用来制作棉毛衫裤等。原料可用棉、毛纱或化学纤维等。

## 四、非织造布

**1. 非织造织物的成形**

非织造布在成形原理上完全不同于传统织物。其成形过程一般有纤维制备、成网、黏合、烘燥、后整理、卷装 6 个主要程序。

具体的成形方法主要有干法成形、湿法成形、水刺法、静电法、缝编法、熔喷法、裂膜法、针刺法等。

(1)纤维制备。原料的选用是由最终用途决定的，用于制作非织造织物的纤维类型与传统织物的原料是一样的。

(2)成网。纤维成网是将分散的纤维制成网状纤维集合体的工艺过程，纤维在纤维网中的排列方向有平行、交错和随机型三种。

(3)黏合。黏合是在纤维网中的纤维间进行黏合的工艺过程，方法很多。主要有机械黏合、化学黏合、热熔黏合、自身黏合三种。

(4)烘燥。烘燥主要是减少织物内的水分，使纤维的黏结牢度增强的工艺过程。

(5)后整理。后整理是利用化学、物理或机械作用，使最终产品的外观和品质满足预期的设计要求的工艺过程。可以采用轧光、起绒等机械处理，使产品的外观和手感发生明显变化。经过染色、印花、阻燃、防静电等处理，可以使织物获得一定的色彩和功能效果。

**2. 非织造织物的基本结构特征**

为达到结构稳定的目的，纤维网必须通过黏合剂的热黏合作用、纤维与纤维之间的缠结、外加纱线缠结等方式予以加固。大多数非织造织物的基本结构是由纤维网和加固系统形成的。

非织造织物可以被看成是由纤维和孔隙构成的集合体。纤维的排列方式和与排列方式有关的孔隙形状、大小、数量、分布就构成了集合体构造特征的表示体系。

**3. 典型的品种与性能**

非织造织物的应用领域非常广泛，可用于服装与制鞋业、家用装饰材料、土木工程与建筑业、汽车工业、农业和园艺业、包装材料、医学卫生与保健用品和军事航空等。按产品的重复使用次数和使用时间长短，分为即弃型与耐久型。服装用非织造织物主要是用衬里、垫、填充材料。现作简单介绍：

(1)衬料。外观要求比较低，一般只是要求衬料与面料匹配，便于缝制与保管。

(2)保暖材料。该类织物成形时，是将松散的纤维按照一定规则铺叠成松软而富有弹性的絮片状的集合体，具有重量轻，弹性好，保暖好等特点。可以作为棉被、冬装的填料。

(3)服装面料。缝编法非织造织物可用做外衣材料，以超细纤维制成的织物可作为基布进行涂层，制作仿皮织物。纺粘法制成的织物可用做手术服、防护服等，它们对纤维牢度要求高，需要经常更换。

## 复习指导

1. 掌握纱、线、丝的类型与特征。
2. 掌握捻度的定义、捻向的判断以及加捻与纱线形态、性能的影响。
3. 掌握机织物的特点，三元组织的结构特征与产品特点。
4. 掌握纬编、经编织物的基本结构、特点以及性能。
5. 掌握非织造织物的定义、基本结构、特点用途。

## 思考题

1. 请分别说出单纱、股线、复合丝的定义与特点。
2. 捻度如何表示的？如何判断捻向？加捻与纱线的形态有什么关系？
3. 机织物的特征是什么？请说出平纹、斜纹、缎纹的基本特征与产品特点。
4. 经编与纬编有何区别？经编的特点有哪些？纬编中平纹、罗纹的特点是什么？
5. 什么是非织造布？有何特点？形成的方法有哪些？有哪些用途？

# 参考文献


[1]王菊生．染整工艺原理(第一分册)[M]. 北京:纺织工业出版社,1982.

[2]包德隆．染整工艺学[M]. 北京:纺织工业出版社,1984.

[3]美怀．纺织材料学[M]. 北京:中国纺织出版社,1996.

[4]郑佩芳．服装面料及其判别[M]. 北京:中国纺织大学出版社,1994.

[5]姜繁昌．苎麻纺纱学[M]. 北京:纺织工业出版社,1988.

[6]解子燕．纤维化学[M]. 北京:中国纺织出版社,2002.

[7]周蓉．新型再生纤维素纤维的性能与应用[J]. 中原工学院学报,2004,15(1):19－22.

[8]叶嗣平．21 世纪的纤维——Lyocell 纤维[J]. 福建轻纺,1999(10):4－7.

[9]吴雄英．Tencel 纤维及其产品开发[J]. 国外纺织技术,1998(3):27－29.

[10]钟安华．新型再生纤维的开发现状及纤维性能[J]. 毛纺科技,2004(8):57－59.

[11]朱碧红．Modal 纤维面料的开发[J]. 棉纺织技术,2002,30(1).

[12]吴红玲．Modal 纤维的纺纱工艺研究[J]. 广西化纤通讯,2003(1).

[13]赵博．竹纤维素纤维性能及其产品开发[J]. 毛纺科技,2004(2):29－31.

[14]孙焕良．苎麻韧皮纤维细胞超微结构研究[J]. 中国麻作,1997,19(1):4－7.

[15]吴雄英．纤维素类纤维定性鉴别方法[J]. 印染,2003(12):32－34.

[16]晏春耕．苎麻韧皮纤维超微结构的研究[J]. 湖南农业大学学报,2000,26(1):31－33.

[17]张玉忠．天然纤维素超显微结构的扫描隧道显微镜研究[J]. 生物物理学报,1997,13(3):375－379.

[18]刘洁．天然纤维素超显微结构的扫描隧道显然镜研究[J]. 电子显微学报,1997(6):729－732.

[19]刘正初．苎麻纤维形态结构物理特性与脱胶方法的关系[J]. 纺织学报,1994,15(12):567－571.

[20]金永安．苎麻纤维的改性和变性[J]. 毛纺科技,2004(7):53－55.

[21]吴晓燕．苎麻纤维化学改性及新进展[J]. 纺织学报,2003,4(2):173－176.

[22]刘裕明．低温等离子体对棉纺织物表面改性及时效研究[J]. 应用基础与工程科学学报,2004,12(2):128－132.

[23]叶金鑫．棉的改性以提高其染色性(上)[J]. 现代纺织技术,2003,11(3):44－49.

[24]叶金鑫．棉的改性以提高其染色性(下)[J]. 现代纺织技术,2003,11(4):39－43.

[25]郭雅琳．纤维素纤维表面接枝改性的化学机理[J]. 印染,2000(7):46－49.

[26]周秀梅．纤维素酶在织物整理中的应用[J]. 纺织学报,2004,25(3):114－116.

[27]董合忠．彩色棉纤维发育与色素形成[J]. 中国棉花,2004,31(2):2－4.

[28]万震．天然彩色棉织物的生态整理加工[J]. 纺织导报,2002(6):86－88.

[29]陈英．彩色棉中色素对纤维微结构的影响[J]. 印染,2004(6):4－6.

[30]杨志清．天然彩色棉及其纺织产品开发[J]. 北京纺织,2004,25(2):60－61.

[31]唐志荣．天然彩色棉发展中存在的问题及对策[J]. 中国棉花,2004. 31(1):2－4.

[32]梁光雁．天然彩色棉色素变化机理探讨及其应用研究[J]. 纺织学报,2004,25(3):11－14.

[33]袁建国．转基因技术与现代棉纺织新原料[J]．西安工程科技学院学报,2003,17(4):296－300.
[34]李建强．彩色棉及色牢度评定概述[J]．中国纤检,2003(11):18－22.
[35]王建坤．天然彩色棉及其工艺性能综述[J]．天津工业大学学报,2004,23(2):31－35.
[36]李庆春.竹纤维的性能及其开发技术关键[J].四川纺织科技,2003(5):56－58.
[37]唐人成.纺织用天然竹纤维的结构和热性能[J].林产化学与工业,2004(1):43－47.
[38]周衡书.竹纤维的开发与应用[J].纺织科学研究,2003(4):30－36.